建筑施工技术(中职)

主　编　钟振宇
副主编　周　良

ZHEJIANG UNIVERSITY PRESS
浙江大学出版社

图书在版编目（CIP）数据

建筑施工技术：中职 / 钟振宇主编. —杭州：浙江
大学出版社，2016.6(2022.8 重印)
ISBN 978-7-308-15596-0

Ⅰ.①建… Ⅱ.①钟… Ⅲ.①建筑工程—工程施
工—中等专业学校—教材 Ⅳ.①TU74

中国版本图书馆 CIP 数据核字（2016）第 024001 号

内容简介

本书是一本建筑施工技术教材，系统地阐述了建筑工程施工的基本内容，包括土方工程、基础工程、砌体工程、钢筋混凝土工程、预应力混凝土工程、结构安装工程、防水工程和装饰工程等八大部分内容。

本书采用理论和实践相结合的体例编写，各章前部提出了能力目标要求，同时每部分内容根据实际情况增加了实训部分。此外，每章还有详尽的历史沿革、注意事项、工程实例等供读者参考。通过对本书的学习，读者可以掌握建筑工程施工技术基本理论和施工操作能力，并具备工程质量检验的能力。

本书既可作为中等职业学校建筑工程技术及相关专业的课程教材，也可作为建筑工种考核培训教材，以及从业人员的参考书。

建筑施工技术（中职）

主　编　钟振宇
副主编　周　良

责任编辑　王　波
责任校对　王文舟
封面设计　林智广告
出版发行　浙江大学出版社
　　　　　（杭州市天目山路 148 号　邮政编码 310007）
　　　　　（网址：http://www.zjupress.com）
排　　版　杭州林智广告有限公司
印　　刷　嘉兴华源印刷厂
开　　本　787mm×1092mm　1/16
印　　张　20.5
字　　数　500 千
版 印 次　2016 年 6 月第 1 版　2022 年 8 月第 5 次印刷
书　　号　ISBN 978-7-308-15596-0
定　　价　49.00 元

版权所有　翻印必究　印装差错　负责调换

浙江大学出版社市场运营中心联系方式：(0571) 88925591；http://zjdxcbs.tmall.com

前　言

我国的职业教育正面临着深刻的历史变革,2014年全国职业教育会议上明确提出建立现代职业教育体系。由于种种原因,我国中高职专业教育缺乏必要的区分度,特别是如何区分中职和高职课程和教材的内容和难易程度一直是一大难题。为适应21世纪土建类高等职业教育课程改革和发展需要,培养建筑行业不同层次的应用型人才,我们多次召集多所中高职学校开研讨会,并多方征求企业专家意见。在土建类专业最重要的专业课——建筑施工技术课程上完成了定位和内容划分,并编写了本书。

在中高职一体化教材内容的制定上,我们采取了分层分类法,将中职教材定位为简明直观,内容上强调基础性,编写上要求通俗易懂;而高职教材定位为有一定的理论性,内容上体现较新的施工技术。在实训上两本教材有一定的差异,高职教材设置了以理论计算为主的课程设计,中职教材设置工种实训的操作项目。

本书为中职部分的教材,全书内容共分八章,主要包括土方工程、基础工程、砌体工程、钢筋混凝土工程、预应力混凝土工程、结构安装工程、防水工程和装饰工程等内容。此外,为便于读者学习,每章都有相应的思考题和选择题。

本书内容可按照125学时左右安排,其中理论教学约65课时,推荐学时分配:绪论1学时,第一章6学时,第二章6学时,第三章12学时,第四章8学时,第五章4学时,第六章8学时,第七章6学时,第八章1学时。教师可根据不同的教学情况灵活安排学时,课堂重点讲解每章主要知识模块,章节中的知识链接模块可安排学生课后阅读。本书按理论和实践相结合的教学设计,实训教学部分共有6个项目,约60学时,教师可以根据本校教学资源配备情况,灵活组织实训教学,并选取适当的工程项目课题。

本书适合于中职院校开设任务导向、理论实践一体化课程。书中采用新体例编写,内容丰富,案例翔实。

本书由浙江工业职业技术学院钟振宇担任主编,绍兴市柯桥区职教中心周良担任副主编。绪论、第三章由钟振宇编写,第一章由冯晓君编写,第二章由李少和编写,第四章由周良编写,第五章由甘静艳编写,第六章由吕燕霞编写,第七章由张慧坤编写,第八章由周银堂编写。全书由钟振宇统稿。

本书在编写过程中,参考和引用了国内外大量文献资料,在此谨向原书作者表示衷心感谢。由于编者水平有限,本书难免存在不足和疏漏之处,敬请各位读者批评指正。

编　者

2015年10月

目 录

绪　论

建筑业是国民经济的支柱产业,它与整个国家经济的发展、人民生活的改善有着密切的关系。中国正处于从低收入国家向中等收入国家发展的过渡阶段,建筑业在国民经济发展和四个现代化建设中起着举足轻重的作用。从投资来看,国家用于建筑安装工程的资金,约占基本建设投资总额的 60% 左右。另一方面,建筑业的发展对其他行业起着重要的促进作用,它每年要消耗大量的钢材、水泥、地方性建筑材料和其他国民经济部门的产品;同时建筑业的产品又为人民生活和其他国民经济部门服务,为国民经济各部门的扩大再生产创造必要的条件。目前,我国建筑业的增长速度很快,2014 年国内建筑业产值突破 17 万亿,走在国民经济发展的前列。

0.1　课程的性质和目的

建筑物的施工是一个复杂的过程,我们可以将其分为许多分部工程,而每一项分部工程需要不同的施工方案、施工技术、机械设备和组织管理。建筑施工技术是土建施工类专业核心课程,涉及工程材料、施工方法、操作步骤、质量安全监控技术,是土建施工技术人员必须掌握的基本知识。

本教材分为上下两册,分别对应中职阶段和高职阶段的学习内容,中职阶段要求掌握施工各分部工程的基本知识和操作技能,高职阶段要求掌握当代主流施工技术和施工专项方案的设计和计算能力。上下册既有一定的区分,同时又相互联系,适合土建类职业教育两阶段培养的需要。

0.2　建筑施工技术发展简介

我国的建筑业发展历史悠久,在施工技艺方面出现了许多能工巧匠,出现的很多营造技法一直保留至今。早在两千多年前,就出现了土木工匠祖师鲁班;宋代的《营造法式》更是系统收集工匠讲述的各工种操作规程、技术要领及各种建筑物构件的形制、加工方法。在具体的工程项目上,我们有着辉煌的成就,如殷代用木结构建造的宫室,秦朝所修筑的万里长城,唐代的山西五台山佛光寺大殿,辽代修建的山西应县 67m 高的木塔(见图 0.2.1)及北京故宫建筑(见图 0.2.2),都说明了历史上我国的建筑技术已达到了相当高的水平。

新中国成立 60 多年来,随着社会主义建设事业的发展,我国的建筑施工技术也得到了不断的发展和提高。在施工技术方面,不仅掌握了大型工业建筑、多层、高层民用建筑与公共建筑施工的成套技术,而且在地基处理和基础工程施工中推广了钻孔灌注桩、旋喷桩、挖孔桩、振冲法、深层搅拌法、强夯法、地下连续墙、土层锚杆、"逆作法"施工等新技术。在现浇钢筋混凝土模板工程中推广应用了爬模、滑模、台模、筒子模、隧道模、组合钢模板、大模板、早拆模板体系。粗钢筋连接应用了电渣压力焊、钢筋气压焊、钢筋冷压连接、钢筋螺纹连接等先进连接技术。混凝土工程采用了泵送混凝土、喷射混凝土、高强混凝土以及混凝土制备和运输的机械化、自动化设备。在预制构件方面,不断完善了挤压成型、热拌热模、立窑和折线形隧道窑养护等技术。在预应力混凝土方面,采用了无黏结工艺和整体预应力结构,推广了高效预应力混凝土技术,使我国预应力混凝土的发展从构件生产阶段进入了预应力结构生产阶段。在钢结构方面,采用了高层钢结构技术、空

图 0.2.1 应县木塔

图 0.2.2 北京故宫

间钢结构技术、轻钢结构技术、钢—混凝土组合结构技术、高强度螺栓连接与焊接技术和钢结构防护技术。在大型结构吊装方面,随着大跨度结构与高耸结构的发展,创造了一系列具有中国特色的整体吊装技术,如集群千斤顶的同步整体提升技术,能把数百吨甚至数千吨的重物按预定要求平稳地整体提升安装就位。在墙体改革方面,利用各种工业废料制成了粉煤灰矿渣混凝土大板、膨胀珍珠岩混凝土大板、煤渣混凝土大板、粉煤灰陶粒混凝土大板等各种大型墙板,同时发展了混凝土小型空心砌块建筑体系、框架轻墙建筑体系、外墙保温隔

热技术等,使墙体改革有了新的突破。近年来,激光技术在建筑施工导向、对中和测量以及液压滑升模板操作平台自动调平装置上得到应用,使工程施工精度得到提高,同时又保证了工程质量。

在施工管理方面以 BIM(Building Information Modeling)为代表的信息化管理技术正在逐渐取代传统的管理模式,BIM 是指在建筑设计、施工、运维过程的整个或者某个阶段中,应用多维信息模型来进行协同设计、协同施工、虚拟仿真、设施运行的技术和管理手段。应用 BIM 信息技术可以消除各种可能导致工期拖延的隐患,提高项目实施中的管理效率。

经过改革开放以来 30 多年的大规模基本建设,我国施工技术逐渐成长发展,一些领域已经达到世界领先水平。但总体而言,我国建筑企业和国外总承包公司还存在着一定差距,特别是专业项目承包领域和国外企业相比缺乏竞争力,因此还需要一代又一代土木人的共同努力把我国施工技术水平推向新的高度。

0.3 课程主要内容

本课程是土建专业核心课程,在内容设置上基本上囊括了现行建筑施工技术大部分内容,各部分内容根据中高职各阶段的特点做了不同的编排,具体包括了土方工程、基础工程、砌筑工程、脚手架工程、钢筋混凝土工程、预应力混凝土工程、结构安装工程、钢结构工程、防水工程、装饰工程、墙体保温工程和冬雨期施工十二部分,其中土方工程、基础工程、钢筋混凝土工程、预应力混凝土工程、防水工程在中、高职两册均设置了章节,内容和难度做了区分。

在本书中也设置了系列实训项目。中职分册主要设置 L 型墙体砌筑、基础模板施工、框架梁钢筋加工与绑扎、防水卷材粘贴、墙面抹灰和瓷砖粘贴六个操作项目,目的是通过操作让学生学会一般建筑工种的操作方法,体会质量控制要点。高职分册设置了土方开挖方案设计、脚手架设计、模板和支撑设计、钢结构安装方案设计四个项目的课程设计,旨在让学生掌握施工专项方案的设计方法。

0.4 课程学习要求

建筑施工技术是综合性和实践性很强的课程,与建筑材料、房屋建筑构造、建筑测量、建筑力学、建筑结构、地基与基础、建筑机械、施工组织设计与管理、建筑工程计算与计价等课程有密切的关系。它们既相互联系,又相互影响,因此,要学好建筑施工技术课,必须有前序课程的基础。

本课程和工程实践联系紧密,在学习上我们要多联系实际工程,有条件的可以开展现场教学。书本案例也是理论和实践相结合的途径,可以通过案例学习和了解特殊施工问题的处理方法。国家制定的规范既有理论依据又结合了工程经验,是国家的技术标准,是我国建筑科学技术和实践经验的结晶,必须认真学习国家颁布的建筑工程施工及验收规范,对一些重要条文应该熟记于心。

　　本门课程还涉及建筑工种操作,指导教师一定要做好安全教育工作,可以利用实训机会普及施工现场安全管理知识。同时在项目场地和时间安排上必须做细致安排,每日由负责教师和每组组长进行课前检查,检查设备、用电系统的完好,检查并排除场地内的安全隐患。实训中期组织学生进行安全互检,对电气、设备等进行专项检查。每班成立安全小组,定时检查学生不合规范的操作和有碍安全的举动。

　　由于本学科涉及的知识面广、实践性强,而且技术发展迅速,在具体教学中要运用多种教学手法灵活进行处理,技术上可以采用幻灯、录像等电化教学手段来进行直观教学;并应重视习题和课程设计、现场教学、生产实习、技能训练等实践性教学环节,让学生应用所学施工技术知识来解决实际工程中的一些问题,做到学以致用。

第1章 土方工程

土方工程是建筑工程施工中的主要工程之一,它包括土的开挖、运输和填筑等主要施工过程,排水、降水和土壁支撑等准备工作与辅助工作,基坑支护及土方压实的施工等。土方工程的特点是:工程量大,劳动强度高,施工工期长;土方工程施工条件复杂又多为露天作业,受地区的气候条件影响大;土的种类繁多,成分复杂,工程地质及水文地质变化多,难以确定的因素较多。因此,在组织土方工程施工前,必须做好施工组织设计,选择好施工方法和机械设备,实行科学管理,以保证工程质量,取得较好的经济效益。

 学习目标

1. 了解土的野外鉴别方法;
2. 掌握土的工程分类与工程性质;
3. 了解土料的填筑与压实;
4. 掌握土方工程施工工艺与工序。

学习要求

知识要点	能力要求
土的概述	了解土的野外鉴别方法
	掌握土的工程分类与工程性质
土方工程施工准备与辅助工作	了解土方工程施工准备工作
	掌握土方边坡与土壁支撑施工工艺
	掌握土方施工排水与降水工艺
土方填筑与压实	了解土料的选用与处理
	掌握填土的方式
	掌握填土压实方法
	了解填土压实的影响因素
	了解填土压实的质量要求

1.1 概　述

"万丈高楼平地起",一个建设场地的地质条件对建筑物有很大影响,土质的好坏往往就决定了一栋建筑物的结构类型和基础选型。而我们工程施工的首道工序就是土方工程(见图 1.1.1),从甲方的"三通一平"(水通、电通、路通、场地平整)到乙方的土方工程、基础开挖皆是这样。

【基本概念】　土方工程的工程内容包括按施工图进行土方开挖、场内装运、场外运输、除草、清淤、回填、碾压、密实度检测、边坡处理、土方平衡调配、排水措施、场内外地上地下设施保护措

图 1.1.1　土方工程施工现场

施等全部工作内容。它需完成拟建项目的场地平整,为建筑物的基础开工创造条件,完成整个场地景观的初步造型;完成整个场地后期的土方基本平衡调配,包括基础开挖土方在整个场地的平衡调配;在场地具备的条件下,为后期种植土回填储备种植土资源;完成整个场地的竖向标高控制。同时土方工程也是整个工程成本控制的重点。

1.1.1　土方工程施工特点

土方工程的施工特点是:工程量大,劳动强度高,施工工期长;土方工程施工条件复杂又多为露天作业,受地区的气候条件影响大;土的种类繁多,成分复杂,工程地质及水文地质变化多,难以确定的因素较多。

1. 工程量大,劳动强度高,施工工期长

土方工程的工程量非常大,其工程量与主体结构的工程总量大致相当,往往需要花费很长一段时间来完成土方工程。大型项目的场地平整工程量可以达到上百万甚至上千万立方米,即使采用机械化施工,工期也长达几个月甚至几年之久。如上海市植物园的建造,从 1974 年开始到 1983 年完工,共十年时间,期间从 1974 年到 1980 年花费了整整六年才完成了土方工程。4 立方米解放牌汽车三班倒运土,共运了 25 万多次,其工程量的巨大不言而喻。

2. 施工条件复杂

土方工程多为地下作业,若地下地形条件复杂,在土方工程施工过程中需要根据不同的地形条件设计相应的施工方案来保证土方工程施工顺利。同时,由于在露天作业的条件下,受强风暴雨、洪涝石流等自然条件影响较大,故土方工程在施工时应尽量避开雨季施工。

3. 影响因素多

土方工程的施工对象土的种类繁多,成分也各异,不同的土所采用的填挖方式也不同,同时受地质环境以及水文气候条件的影响,土方工程在施工过程中所需考虑的因素有很多。

例如基坑的开挖、土方的留置和存放都会受到施工场地的影响,特别是城市内施工,场地狭窄,如果施工方案不妥,就会导致周围建筑设施出现安全稳定问题。道路土方工程施工流程如图 1.1.2 所示。

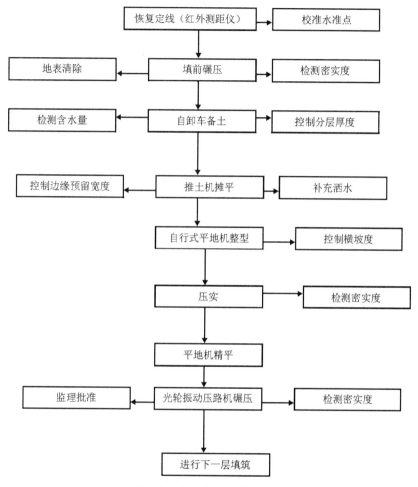

图 1.1.2 道路土方工程施工流程

1.1.2 土的工程分类

土的种类很多,其分类方法也很多。根据土的颗粒级配或塑性指数可分为碎石类土(分为漂石土、块石土、卵石土、碎石土、圆砾土和角砾土)、砂土(分为砾砂、粗砂、中砂、细砂和粉砂)和黏性土(分为黏土、亚黏土和轻亚黏土);根据土的沉积年代,黏性土又可分为:老黏性土,一般黏性土和新近沉积黏性土;根据土的工程特性还可分为特殊性土,如软土、人工填土、黄土、膨胀土、红黏土、盐渍土和冻土等。土又可按开挖的难易程度按表 1.1.1 分类;其中的松软土和普通土可直接用铁锹开挖,或者用铲运机、推土机、挖土机等机械施工;坚土、砂砾坚土和特殊坚硬的砂质土要用镐、撬棍等工具开挖。如用机械施工,一般需先松土,部分需用爆破方法施工;次坚石、坚石和特坚石,一般要用爆破方法施工。进行土方工程施工,应用简单方法在野外鉴别各类土(见表 1.1.1 至表 1.1.3)。

表 1.1.1　土的工程分类及可松性系数

类别	土的名称	开挖方法	可松性系数	
			K_s	K'_s
第一类（松软土）	砂，粉土，冲积砂土层，种植土，泥炭（淤泥）	用锹、锄头挖掘	1.08～1.17	1.01～1.04
第二类（普通土）	粉质黏土，潮湿的黄土，夹有碎石、卵石的砂，种植土，填筑土和粉土	用锹、锄头挖掘，少许用镐翻松	1.14～1.28	1.02～1.05
第三类（坚土）	软及中等密实黏土，重粉质黏土，粗砾石，干黄土及含碎石、卵石的黄土、粉质黏土、压实的填筑土	主要用镐，少许用锹、锄头，部分用撬棍	1.24～1.30	1.04～1.07
第四类（砂砾坚土）	重黏土及含碎石、卵石的黏土，粗卵石，密实的黄土，天然级配砂石，软泥灰岩及蛋白石	先用镐、撬棍，然后用锹挖掘，部分用锲子及大锤	1.26～1.37	1.06～1.09
第五类（软石）	硬石炭纪黏土，中等密实的页岩、泥灰岩、白垩土，胶结不紧的砾岩，软的石灰岩	用镐或撬棍、大锤，部分用爆破方法	1.30～1.45	1.10～1.20
第六类（次坚石）	泥岩，砂岩，砾岩，坚实的页岩、泥灰岩，密实的石灰岩，风化花岗岩、片麻岩	用爆破方法，部分用风镐	1.30～1.45	1.10～1.20
第七类（坚石）	大理岩，辉绿岩，玢岩，粗、中粒花岗岩，坚实的白云岩、砾岩、砂岩、片麻岩、石灰岩，风化痕迹的安山岩、玄武岩	用爆破方法	1.30～1.45	1.10～1.20
第八类（特坚石）	安山岩，玄武岩，花岗片麻岩，坚实的细粒花岗岩、闪长岩、石英岩、辉长岩、辉绿岩，玢岩	用爆破方法	1.45～1.50	1.20～1.30

注：K_s 为最初可松性系数，供计算装运车辆和挖土机械用；K'_s 为最后可松性系数，供计算填方所需挖土工程量用

表 1.1.2　土的野外鉴别法

项目		黏土	亚黏土	轻亚黏土	砂土
湿润时用刀切		切面光滑，有黏刀阻力	稍有光滑面，切面平整	无光滑面，切面稍粗糙	无光滑面，切面粗糙
湿土用手捻摸时的感觉		有油腻感，感觉不到有砂粒，水分较大时很黏手	稍有滑腻感，有黏滞感，感觉到少量砂粒	有轻微黏滞感或无黏滞感，感觉到砂粒较多，粗糙	无黏滞感，感觉到全是砂粒，粗糙
土的状态	干土	土块坚硬，用锤才能打碎	土块用力可压碎	土块用手捏或抛扔时易碎	松散
	湿土	易黏着物体，干燥后不易剥去	能黏着物体，干燥后较易剥去	不易黏着物体，干燥后一碰就掉	不能黏着物体

项目	黏土	亚黏土	轻亚黏土	砂土
湿土搓条情况	塑性大,能搓成直径小于0.5mm的长条(其长度不短于手掌),手持一端不易断裂	有塑性,能搓成直径为0.5~2mm的土条	塑性小,能搓成直径为2~3mm的土条	无塑性,不能搓成土条

表 1.1.3　碎石类土密实度的野外鉴别

密实度	密实	中密	稍密
骨架和填充物的含量与状态	骨架颗粒含量大于总重的70%,呈交错紧贴,连续接触。孔隙填满,充填物密实	骨架颗粒含量等于总重的60%~70%,呈交错排列,大部分接触。孔隙内填满,中密	骨架颗粒含量小于总重的60%,排列混乱,大部分不接触。孔隙内的填充物稍密
可挖性	铺挖困难,用撬棍方能松动;坑壁稳定,从坑壁取出大颗粒时,砂土能保持凹面形状	镐开挖;坑壁有掉块现象,从坑壁取出大颗粒处,砂土不能保持凹面形状	锹可以挖;坑壁易坍塌,从坑壁取出大颗粒时,砂土即塌落
可钻性	钻进困难,冲击钻探时钻杆、吊锤跳动剧烈,孔壁较稳定	钻进较困难,冲击钻探时钻杆跳动不剧烈,有塌孔现象	钻进较易,冲击钻探时钻杆稍有跳动剧烈,孔壁易塌

1.1.3　土的工程性质

土一般由土颗粒(固相)、水(液相)和空气(气相)三部分组成,这三部分之间的比例关系随着周围条件的变化而变化,三者相互间比例不同,反映出土的物理状态不同,如稍湿或很湿,密实、稍密或松散。这些指标是最基本的物理性质指标,对评价土的工程性质、进行土的工程分类具有重要意义。土的三相物质是混合分布的,为阐述方便,一般用三相图(见图1.1.3)表示。在三相图中,把水的固体颗粒、水、空气各自划分开。

1. 土的可松性与可松性系数

天然土经开挖后,其体积因松散而增加,虽经振动夯实,仍然不能完全复原,这种现象称为土的可松性。土的可松性用可松性系数表示,即

最初可松性系数:

$$K_s = \frac{V_2}{V_1}$$

最后可松性系数:

$$K'_s = \frac{V_3}{V_1}$$

式中:K_s、K'_s——土的最初、最后可松性系数;

V_1——土在自然状态下的体积(m^3);

V_2——土挖后的松散状态下的体积(m^3);

V_3——土经压(夯)实后的体积(m^3)。

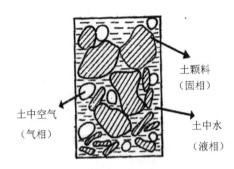

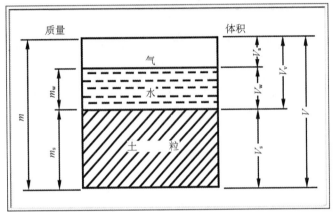

m——土的总质量,kg,$m=m_s+m_w$; m_s——土中固体颗粒的质量,kg;
m_w——土中水的质量,kg; V——土的总体积,m^3,$V=V_a+V_w+V_s$;
V_a——土中空气体积,m^3; V_w——土中水的体积,m^3;
V_s——土中固体颗粒的体积,m^3; V_v——土中孔隙体积,m^3,$V_v=V_a+V_w$

图 1.1.3 土的三相示意图

可松性系数对土方的调配、土方运输计算都有影响。各类土的可松性系数见表 1.1.1。

2. 土的天然含水量与固体

在天然状态下,土中水的质量与固体颗粒质量之比的百分率叫土的天然含水量,反映了土的干湿程度,用 ω 表示。即

$$\omega = \frac{m_w}{m_s} \times 100\%$$

式中：m_w——土中水的质量(kg);

m_s——土中固体颗粒的质量(kg)。

3. 土的天然密度和干密度

土在天然状态下单位体积的质量,叫土的天然密度(简称密度)。一般黏土的密度为 $1800\sim2000\text{kg/m}^3$,砂土的密度为 $1600\sim2000\text{kg/m}^3$。土的密度 ρ 按下式计算:

$$\rho = \frac{m}{V}$$

式中：m——土的总质量(kg);

V——土的体积(m^3)。

干密度 ρ_d 是土的固体颗粒重量与总体积的比值,用下式表示:

$$\rho_d = \frac{m_3}{V}$$

各种类型土的干密度值见表1.1.4。

表 1.1.4　各种类型土的干密度

土的种类		砾类土	砂类土	粉土	粉质黏土	黏土
土粒密度/ (g/cm³)	常见值	2.65～2.75	2.65～2.70	2.65～2.70	2.68～2.73	2.72～2.76
	平均值	2.66	2.66	2.68	2.71	2.74

4. 土的孔隙比和孔隙率

孔隙比和孔隙率反映了土的密实程度。孔隙比和孔隙率越小,土越密实。

孔隙比 e 是土的孔隙体积 V_v 与固体体积 V_s 的比值,用下式表示:

$$e = \frac{V_v}{V_s}$$

孔隙率 n 是土的孔隙体积 V_v 与总体积 V 的比值,用下式表示:

$$n = \frac{V_v}{V} \times 100\%$$

孔隙比和孔隙率之间的关系:

$$n = \frac{e}{1+e} \text{ 或 } e = \frac{n}{1-n}$$

5. 土的渗透系数

土的渗透系数表示单位时间内水穿透土层的能力,单位以 m/d 表示,即水每天穿透土层的深度。

根据土的渗透系数不同,可分为透水性土(如砂土)和不透水性土(如黏土)。土的透水性影响施工降水与排水速度,一般土的渗透系数见表1.1.5。

表 1.1.5　土的渗透系数参考表

土的名称	渗透系数/(m/d)	土的名称	渗透系数/(m/d)
黏土	<0.005	细砂	1.00～5.00
粉质黏土	0.005～0.10	中砂	35～50
粉土	0.10～0.50	均质中砂	20～50
黄土	0.25～0.50	圆砾石	50～100
粉砂	0.50～1.00	卵石	100～500

6. 摩擦系数和黏结力

摩擦系数和黏结力是土的两个重要力学性质。摩擦是由于土的固体颗粒间相互位移而产生的阻力,黏结则表示颗粒间的凝聚能力。一般讲,黏土的黏结力大而摩擦系数小,砂土则摩擦系数大而黏结力小。因此,在土方施工时,填方或挖方的边坡砂土放坡大,而黏性土放坡小。

【知识拓展】

湿陷性黄土:

这种土也叫"大孔土",在遇水后,土的结构被迅速破坏,产生严重变形,强度大大降低。

主要分布在陕西、山西、甘肃、宁夏、青海、河北、河南等地区,新疆、山东、辽宁等地的局部地区也有发现。

湿陷性黄土的颜色与普通黄土相似,呈褐黄或灰黄色,天然状态下用肉眼可见到较大孔隙和生物形成的管状孔隙。土块浸入水中,会冒出大量气泡并迅速崩解,但在干燥时,其强度则较大,挖土时能保持直立的土壁。在施工中如用湿陷性黄土做天然地基时,应避免地基被水浸泡,做好防水和排水工作,要保证各种地下管道的质量,避免漏水。

膨胀土:

在我国西南和中南地区常有膨胀土分布。膨胀土的外观近似黏土,一般强度较大,压缩性小。干燥时坚硬,易脆裂,手感比黏土滑润,无颗粒,干旱时有明显的竖向裂缝和水平开裂,裂缝平滑且有蜡样光泽,浸水后,裂缝回缩或闭合。此种土具有遇水膨胀、失水收缩的特性,会造成基础位移、地面开裂,甚至发生建筑物破坏。因此,采用膨胀土作为天然地基时,施工中要注意防水,严禁基槽和基坑灌水,也不能让土曝晒,尽可能保持天然湿度。

1.2 施工准备与辅助工作

所谓磨刀不误砍柴工,在进行土方工程施工前做好相应的准备工作和辅助工作有利于保证土方工程的工程质量,提高工程经济效益,同时也能降低施工风险。土方工程的施工准备工作包括:施工场地的清理,地面水的排除,临时道路的修筑,供电、供水管线的铺设与有关设备的准备,机械停放和修理车间的搭设,油料和其他材料的准备,土方工程的放线工作等。在有些土方工程施工过程中,必须完成有关的辅助工作后,才能顺利施工,如基坑(槽)边坡保护和临时支撑、降低地下水位等。

1.2.1 施工前的准备工作

土方开挖前要做好下列主要准备工作。

1. 清理场地

清理场地包括拆除施工区域内的房屋、古墓,拆除或改建通信和电力设备、上下水道及其他建筑物,迁移树木及含有大量有机物的草皮、耕植土、河塘淤泥等。

2. 排除地面水

为了不影响施工,应及时排除地面水或雨水。排除地面水一般采用排水沟、截水沟、挡水土坝等。临时性排水设施应尽量与永久性排水设施相结合。排水沟的设置应利用自然地形特征,使水直接排至场外或流向低洼处再用水泵抽走。主排水沟最好设置在施工区域的边缘或道路的两旁,其横断面和纵向坡度应根据最大流量确定。但是排水沟的横断面不应小于 0.5m×0.5m,纵坡一般不应小于 3‰。

在低洼地区施工时除开排水沟外,必要时应修筑挡水土坝,以阻挡雨水的流入。在山区施工的场地平整时,应在较高一面的土坡上开挖截水沟。

3. 修筑临时设施

根据土方和基础工程规模、工期长短、施工力量等安排修建简易的临时性生产和生活设施(如工具库、材料库、油库、机具库、修理棚、休息棚、茶炉棚等),同时敷设现场供水、供电、供压缩空气(爆破石方用)管线路,并进行试水、试电、试气。

修筑施工场地内机械运行的道路,主要临时运输道路宜结合永久性道路的布置修筑。行车路面按双车道,宽度不应小于7m,最大纵向坡应不大于6%,最小转弯半径不小于15m;路基底层可铺砌20~30cm厚的块石或卵(砾)石层作简易泥结石路面,尽量使一线多用,重车下坡行驶。道路的坡度、转弯半径应符合安全要求,两侧作排水沟。道路通过沟渠应设涵洞,道路与铁路、电信线路、电缆线路以及各种管线相交处,应按有关安全技术规定设置平交道和标志。

1.2.2 土方边坡与土壁支撑

为了防止塌方,保证施工安全,在基槽、基坑开挖深度(或填方高度)超过一定限度时应设置边坡,或者加设临时支撑以保持土壁的稳定。

1. 土方边坡

土方开挖或填筑的边坡可以做成直线形、折线形及阶梯形。边坡的大小与土质、开挖深度、开挖方法、边坡留置时间的长短、边坡附近的震动和有无荷载、排水情况等有关。雨水、地下水或施工用水渗入边坡,往往是造成边坡塌方的主要原因。根据《建筑地下室基础工程质量验收规范》(GB 5202—2002)的规定,当地质条件良好、土质均匀且地下水位低于基坑(槽)或管沟底面标高时,挖方边坡可做成直立壁不必加支撑,但不宜超过下列规定:密实、中密的砂土和碎石类土(填充物为砂土),不超过1.0m;硬塑、可塑的轻亚黏土及亚黏土,不超过1.25m;硬塑、可塑的黏土和碎石类土(充填物为黏性土),不超过1.5m;坚硬的黏土,不超过2m。挖方深度超过上述规定时,应考虑放坡或做直立壁加支撑。

当地质条件良好、土质均匀且地下水位低于基坑(槽)或管沟底面标高时,挖方深度在5m以内(不加支撑),边坡的最陡坡度应符合表1.2.1的规定。

表1.2.1 深度在5m内的基坑(槽)、管沟边坡的最陡坡度(不加支撑)

土的类别	边坡坡度(高：宽)		
	坡顶无荷载	坡顶有静荷载	坡顶有动荷载
中密的砂土	1：1.00	1：1.25	1：1.50
中密的碎石类土(充填物为砂土)	1：0.75	1：1.00	1：1.25
硬塑的轻亚黏土	1：0.67	1：0.75	1：1.00
中密的碎石类土(充填物为黏性土)	1：0.50	1：0.67	1：0.75
硬塑的亚黏土、黏土	1：0.33	1：0.50	1：0.67
老黄土	1：0.10	1：0.25	1：0.33
软土(经井点降水后)	1：1.00	—	—

注：①静荷载指堆土或材料等,动荷载指机械挖土或汽车运输作业等。静荷载或动荷载距挖方边缘的距离应保证边坡和直立壁的稳定,堆土或材料应距挖方边缘0.8m以外;高度不超过1.5m。

②当有成熟施工经验时,可不受本表限制

永久性挖方边坡坡度应按设计要求放坡。对使用时间较长的临时性挖方边坡坡度,在山坡整体稳定情况下,如地质条件良好、土质较均匀、高度在10m以内的边坡应符合表1.2.2的规定。

表1.2.2　使用时间较长、高10m以内的临时性挖方边坡坡度值

土的类别		边坡坡度(高:宽)
砂土(不包括细砂、粉砂)		1:1.25～1:1.5
一般黏性土	坚硬	1:0.75～1:1
	硬塑	1:1～1:1.25
碎石类土	充填坚硬、硬塑黏性土	1:0.5～1:1
	充填砂土	1:0.5～1:1

注:①使用时间较长的临时性挖方是指使用时间超过一年的临时道路、临时工程的挖方。
②挖方经过不同类别的土(岩)层或深度超过10m时,其边坡可做成折线形或台阶形。
③有成熟施工经验时,可不受本表限制

2. 土壁支撑

在基坑(槽)开挖时,如地质和周围条件允许,可放坡开挖,但遇到建筑稠密地区或周围条件不允许放坡开挖时,为缩小工作面、减少土方量,可采用设置土壁支撑的方法施工。支撑结构的种类甚多,如用于较窄沟槽的横撑;用于基坑的板桩、灌注桩、深层搅拌桩、地下连续墙、母子桩等。这里只介绍横撑式支撑。

开挖较窄的沟槽或基坑时,多用横撑式土壁支撑。横撑式支撑根据挡土板的不同,分断续式水平挡土板支撑(见图1.2.1(a))、连续式水平挡土板支撑和连续式垂直挡土板支撑(见图1.2.1(b))。

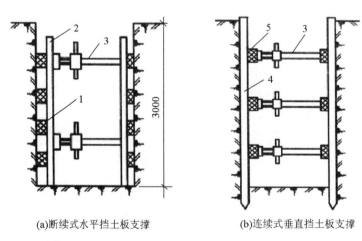

(a)断续式水平挡土板支撑　　　(b)连续式垂直挡土板支撑

1-水平挡土板;2-竖楞木;3-工具式横撑;4-竖直挡土板;5-横楞木

图1.2.1　横撑式支撑

对湿度小的黏性土,当挖土深度小于3m时,可用断续式水平支撑;对松散、湿度大的土可用连续式水平挡土板支撑,挖土深度可达5m;对松散和湿度很高的土,可用垂直挡土板支撑,挖土深度不限。

1.2.3　土方施工排水与降水

开挖基坑或沟槽时,土的含水层被切断,地下水会不断地渗入基坑。雨期施工时,地面水也会流入坑内,如果坑内的水不及时排走,会造成边坡塌方和地基承载力下降。因此,在基坑开挖前和开挖时,必须做好排水降水工作。基坑的排水方法,可分为明排水法和人工降低地下水位法。

1. 明排水法

明排水法采用截、疏、抽的方法进行排水,即在开挖基坑时,沿坑底周围或中央开挖排水沟,再在沟底设置集水井,使基坑内的水经排水沟流入集水井内,然后用水泵抽出坑外,如图1.2.2、图1.2.3所示。如果基坑较深,可采用分层明沟排水法(见图1.2.4),一层一层地加深排水沟和集水井,逐步达到设计要求的基坑断面和坑底标高。

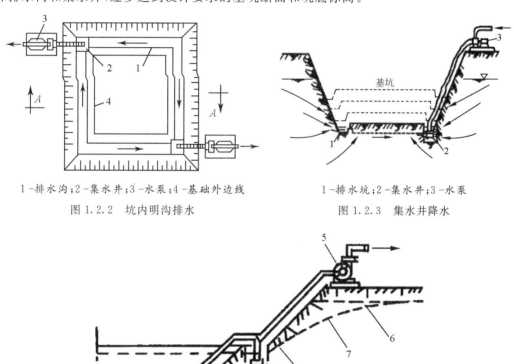

1-排水沟;2-集水井;3-水泵;4-基础外边线　　　　1-排水坑;2-集水井;3-水泵

图1.2.2　坑内明沟排水　　　　　　　　　图1.2.3　集水井降水

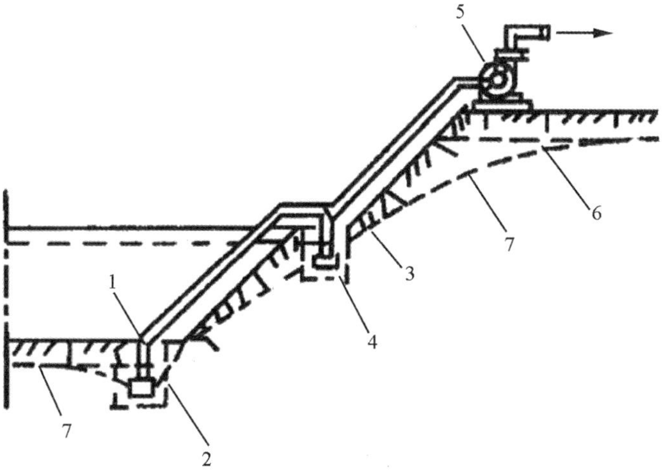

1-底层排水沟;2-底层集水井;3-二层排水沟;4-二层集水井;
5-水泵;6-原水位线;7-水位降低线

图1.2.4　分层明沟排水

根据地下水量、基坑平面形状及水泵的抽水能力,每隔20～40m设置一个集水井。集水井的直径或宽度一般为0.6～0.8m,其深度随着挖土的加深而加深,并保持低于挖土面

0.8～1.0m。井壁可用竹、木等做简易加固。当基坑挖至设计标高后,井底应低于坑底1～2m,并铺设0.3m厚碎石滤水层,以免由于抽水时间较长而将泥砂抽出,并防止井底的土被搅动。

基坑四周的排水沟及集水井必须设置在基础范围以外,以及地下水流的上游。

2. 流砂的形成及其防治

用明排水法降水开挖土方,当开挖到地下水位以下时,有时坑底下的土会成流动状态,随地下水一起涌进坑内,这种现象称为流砂。

流砂是水在土中渗流而产生的,如图1.2.5所示。由于高水位(图(a)中左端,其水头为h_1)与低水位(图(a)中右端,其水头为h_2)之间存在压力差,水经过长度为l、断面积为F的土体由左端向右端渗流。

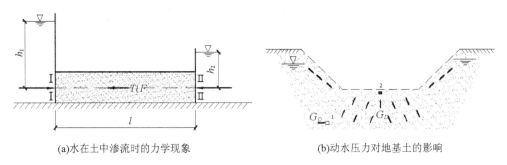

(a)水在土中渗流时的力学现象   (b)动水压力对地基土的影响

1、2—土粒

图1.2.5 动水压力原理

水在土中渗流时,作用在土体上的力有以下几个。

$9.8\gamma_w h_1 F$:作用于土体左端Ⅰ-Ⅰ截面处的总水压力,其方向与水流方向一致(γ_w为水的重力密度);

$9.8\gamma_w h_2 F$:作用于土体右端Ⅱ-Ⅱ截面处的总水压力,其方向与水流方向相反;

TlF:水渗流时受到土颗粒的阻力(T为单位土体阻力)。

由静力平衡条件(设向右的力为正)得

$$9.8\gamma_w h_1 F - 9.8\gamma_w h_2 F - TlF = 0$$

化简得

$$T = \frac{h_1 - h_2}{l}9.8\gamma_w$$

其中$\frac{h_1-h_2}{l}$为水头差与渗透路程长度之比,称为水力坡度,以I表示,则上式可写成

$$T = 9.8I\gamma_w$$

设水在土中渗流时对单位土体的压力为G_D,由作用力与反作用力相等、方向相反的定律可得下式:

$$G_D = -T = -9.8I\gamma_w$$

G_D又称为动水压力,其单位为kN/m^3或N/cm^3。由上述式子可知,动水压力G_D的大小与水力坡度I成正比(即水位差h_1-h_2愈大,则G_D愈大),与水的渗透路程成反比(即l愈长,G_D愈小)。动水压力的作用方向与水流方向相同。当水流在水位差作用下对土颗粒产

生向上的压力时,动水压力不但使土颗粒受到水的浮力,而且还使土颗粒受到向上的压力。当动水压力等于或大于土的浸水重力密度 γ_w' 时,即

$$G_D \geqslant 9.8\gamma_w'$$

则土颗粒失去自重,处于悬浮状态,土的抗剪强度等于零,土颗粒能随渗流的水一起流动,就会产生流砂现象。

【注意事项】 发生流砂时,土完全丧失承载力,砂土边挖边冒,难以开挖到设计深度。流砂严重时会引起基坑倒塌(见图1.2.6),附近建筑物会因地基被流空而下沉、倾斜,甚至倒塌。因此,施工中要十分重视流砂现象。

工程经验表明,流砂现象经常发生在细砂、粉砂及亚砂土中。可能发生流砂的土质,当基坑挖深超过地下水位线 0.5m 左右,就会发生流砂现象。

图 1.2.6 流砂事故

细颗粒(颗粒直径为 0.005 ~ 0.05mm)、颗粒均匀、松散(土的天然孔隙比大于 75%)、饱和的非黏性土容易发生流砂现象,但是否出现流砂现象的重要原因是动水压力的大小。因此,在基坑施工中要设法减小动水压力和使动水压力向下,其具体措施是:

(1)水下挖土法。采用不排水施工,使坑内水压与地下水压平衡,从而防止流砂产生。此法在沉井挖土下沉过程中常采用。

(2)打板桩法。将板桩(常用钢板桩)沿基坑外围打入坑底下面一定深度,增加地下水从坑外流入坑内的渗流长度,从而减小动水压力,防止流砂产生(见图1.2.7)。

(3)抢挖法。此法是组织分段抢挖,使挖土速度超过冒砂速度,挖到设计标高后立即铺竹筏、芦席,并抛大石块以平衡动水压力,压住流砂。此法用以解决局部或轻微的流砂现象是有效的。

图 1.2.7 打板桩法

图 1.2.8 地下连续墙法

（4）人工降低地下水位。一般采用井点降水方法，使地下水的渗流向下，水不致渗流入坑内，动水压力的方向朝下，因而可以有效地制服流砂现象，达到局部区域降低地下水位的效果。此法实用性较强。

（5）地下连续墙法。此法是在基坑周围先浇灌一道混凝土或钢筋混凝土的连续墙，以支承土壁，截水并防止流砂发生（见图1.2.8）。

（6）冻结法。在含有大量地下水的土层或沼泽地区施工时，采用冻结土壤的方法防止流砂发生。

3. 井点降低地下水位的方法

人工降低地下水位的方法在工程中较多采用，有轻型井点、喷射井点、电渗井点、管井井点及深井泵等方法，可根据土的渗透系数、要求降低水位的深度、工程特点及设备条件等，参照表1.2.3选用适合的方法。下面介绍轻型井点法。

表 1.2.3　各类井点的适用范围

项次	井点类型	土层渗透系数/(m/d)	降低水位深度/m	项次	井点类型	土层渗透系数/(m/d)	降低水位深度/m
1	单层轻型井点	0.1～50	3～6	4	电渗井点	<0.1	根据选用的井点确定
2	多层轻型井点	0.1～50	6～12(由井点层数而定)	5	管井井点	20～200	3～5
3	喷射井点	0.1～2	8～20	6	深井井点	10～250	>15

（1）轻型井点设备

轻型井点设备由管路系统和抽水设备组成，如图1.2.9所示。

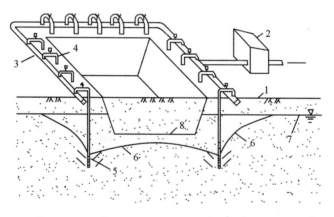

1-地面；2-水泵；3-总管；4-井点管；5-滤管；6-降低后的水位；
7-原地下水位；8-基坑底

图 1.2.9　轻型井点设备

管路系统由滤管、井点管、弯联管及总管等组成。

滤管（见图1.2.10）是长1.0～1.2m、外径为38mm或51mm的无缝钢管，管壁上钻有直径为12～19mm的星棋状排列的滤孔。滤孔面积为滤管表面积的20%～25%。滤管外面包两层孔径不同的滤网,内层为细滤网,采用每平方厘米 30～40 眼的铜丝布或尼龙丝布;外层为粗滤网,采用每平方厘米 5～10 眼的塑料纱布。为使水流通畅,管壁与滤网之间用塑料管或铁丝绕成螺旋形隔开,滤管外面再绕一层粗铁丝保护,滤管下端为一铸铁塞头。

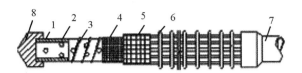

1-钢管;2-管壁上的孔;3-塑料管;4-细滤网;
5-粗滤网;6-粗铁丝保护网;7-井点管;8-铸铁塞头
图 1.2.10　滤管的构造

井点管由直径 38mm 或 51mm、长 5～7m 的无缝钢管或焊接钢管制成。下接滤管、上接弯联管与总管。

集水总管为直径 100～127mm 的无缝钢管,每节长 4m,各节间用橡皮套管联结,并用钢箍箍紧,防止漏水。总管上装有与井点管联结的短接头,间距为 0.8m 或 1.2m。

抽水设备由真空泵、离心泵和水气分离器(又称为集水箱)等组成,其工作原理如图 1.2.11 所示。抽水时,先开动真空泵 10,将水气分离器 6 内部抽成一定程度的真空。在真空吸力作用下,地下水经滤管 1 进入井点管 2 吸上,经弯联管 3 和阀门进入集水总管 4,再经过滤室 5(防止水流中的细砂进入离心泵引起磨损)进入水气分离器 6。当水气分离器内的水多起来时,浮筒上升,此时即可开动离心泵 13,将在水气分离器内的水和空气向两个方向排出,水经离心泵排出,空气集中在上部由真空泵排出。

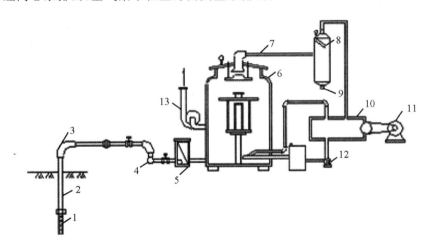

1-滤管;2-井点管;3-弯联管;4-集水总管;5-过滤室;6-水气分离器;7-进水管;
8-副水气分离器;9-放水口;10-真空泵;11-电动机;12-冷却循环水泵;13-离心泵
图 1.2.11　轻型井点抽水设备工作原理

为防止水进入真空泵(因为真空泵为干式),水气分离器顶装有阀门,并在真空泵与进气管之间装副水气分离器 8。为对真空泵进行冷却,特设一个冷却循环水泵 12。

一套抽水设备的负荷长度(即集水总管长度),与其型号、性能和地质情况相关。如采用 W5 型泵时,总管长度不大于 100m;采用 W6 型泵时,总管长度不大于 120m。

（2）轻型井点的布置

轻型井点的布置，应根据基坑大小与深度、土质、地下水位高低与流向、降水深度要求等而定。

①平面布置：当基坑或沟槽宽度小于 6m，水位降低值不大于 5m 时，可用单排线状井点，应布置在地下水流的上游一侧，两端延伸长度以不小于槽宽为宜。如宽度大于 6m 或土质不良，则用双排线状井点。面积较大的基坑宜采用环状井点，有时也可布置为 U 形，以利挖土机械和运输车辆出入基坑（见图 1.2.12）。井点管距离基坑壁一般为 0.7～1.0m，以防止局部发生漏气。井点管间距一般为 0.8m、1.2m、1.6m，由计算或经验确定。

井点管：在总管四角部分应适当加密。

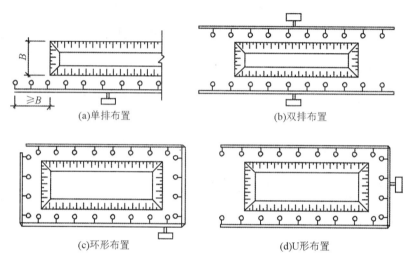

(a)单排布置 　　　　　　　　(b)双排布置

(c)环形布置 　　　　　　　　(d)U形布置

图 1.2.12　轻型井点平面布置

②高程布置：轻型井点的降水深度一般为 6～7m。井点管的埋设深度 H（不包括滤管）按下式计算：

$$H \geqslant H_1 + h + IL$$

式中：H_1——井壁管埋设面至坑底的距离（m）；

　　　　h——基坑中心处的坑底面（单排井点时，为远离井点一侧坑底边缘）至降低后地下水位的距离，一般取 0.5～1.0m；

　　　　I——水力坡度，环状井点为 1/10，单排井点为 1/4～1/5；

　　　　L——井点管至基坑中心的水平距离（m）；单排井点中为井点管至基坑另一侧的水平距离，如图 1.2.13 所示。

根据上式计算出的 H 值如果大于井点管长度，则应降低井点管的埋置面，以适应降水深度的要求。井点系统的布置标高宜接近地下水位线（要事

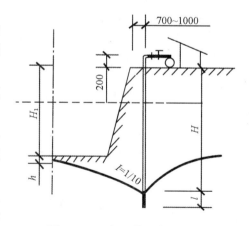

图 1.2.13　轻型井点高程布置

先挖槽），当布置井点处上层土的土质较好时，可先用明排水法挖去一层土再布置井点系统，

就能充分利用抽吸能力,使降水深度增加。

当一级井点达不到降水深度的要求时,可采用二级井点,即可挖去第一级井点所疏干的土,然后再在挖出的坑底面装设第二级井点系统,如图 1.2.14 所示。

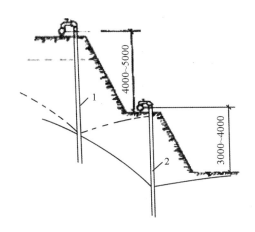

1-第一级井点管;2-第二级井点管
图 1.2.14 二级轻型井点

(3)轻型井点的安装与使用

轻型井点的安装程序是先排放总管,再埋设井点管,然后用弯联管将井点管接通,最后安装抽水设备。轻型井点安装的关键工作是井点管的埋设。

井点管的埋设利用水冲法进行,分为冲孔与埋管两个过程,如图 1.2.15 所示。

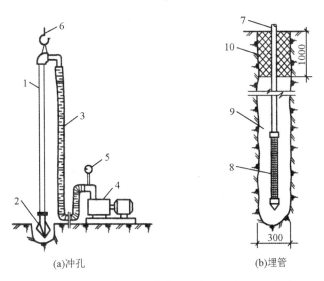

(a)冲孔   (b)埋管

1-冲管;2-冲头喷嘴;3-胶皮管;4-高压水泵;5-压力表;
6-起重机吊钩;7-井管;8-滤管;9-砂滤层;10-黏土封口
图 1.2.15 井点管的埋设

冲孔时,先用起重设备将冲管吊起并插在井点的位置上,然后开动高压水泵,利用高压水由冲孔管头部的喷水小孔,以急速的射流冲刷土壤,同时使冲孔管上、下、左、右转动,将土冲松,冲管则边冲边沉,逐渐在土中形成孔洞。井孔形成后,随即拔出冲孔管,插入井点管并及时在井点管与孔壁之间填灌砂滤层,以防止孔壁塌土。

冲孔直径一般为 300mm,冲孔深度宜比滤管底深 0.5m 左右,以防冲管拔出时,部分土颗粒沉于底部而触及滤管底部。砂滤层的填灌质量是保证轻型井点顺利抽水的关键;宜选用干净粗砂,均匀填灌,并填至滤管顶上 1.0～1.5m,以保证水流畅通。井内填砂后,在地面以下 0.5～1.0m 的范围内,应用黏土封口,以防漏气。

井点系统全部安装完毕后,应接通总管与抽水设备进行试抽,检查有无漏气、漏水现象。

在轻型井点使用时,应该连续抽水,以免引起滤孔堵塞和边坡塌方事故。抽吸排水要保持均匀,达到细水长流,正常的出水规律是"先大后小,先浊后清"。使用中如发现异常情况应及时检修好后再使用。

井点降水时,由于地下水流失造成井点周围的地下水位下降,往往会影响周围建筑物基础下沉或房屋开裂,要有防范措施。一般采用在井点出、入口区域和原有建筑之间的土层中设置一道固体抗渗屏幕,以及用回灌井点补充地下水的办法来保持地下水位,从而达到不影响周围建筑物的目的。

【注意事项】 不管是明排水法还是人工降水法,在排出基坑水的同时一定要注意对周边建筑物基础的影响(见图 1.2.16)。

图 1.2.16 地下水抽取对周边建筑物基础的影响

1.2.4 基坑(基槽)支护

为保证地下结构施工及基坑周围环境的安全,对基坑侧壁及周边环境采用的支挡、加固与保护措施称为基坑支护。它能确保基坑开挖和基础结构施工安全、顺利,确保基坑邻近建筑物或地下管道正常使用,防止地面出现塌陷、坑底管涌现象的发生。基坑支护主要用于挡土、挡水、控制边坡变形。

图 1.2.17 水泥土墙

1. 水泥土墙

水泥土墙(见图 1.2.17)是利用水泥等作为固化剂,通过深层搅拌机在地基中将原状土和固化剂强制拌和,形成具有一定强度、整体性和水稳性的水泥土桩,来维持基坑边坡土体的稳定,保证地下工程的施工和周围环境的安全。水泥土墙适用于饱和软黏土,加固深度可达到 50～60m。

2. 排桩式支护

排桩墙支护结构包括灌注桩、预制桩、板桩等按队列式布置构成的支护结构(见图 1.2.18)。对于不能放坡或者受场地限制不能采用水泥土墙支护,开挖深度在 6～10m 左右的基坑,可以采用排桩式支护。

(a)柱列式排桩支护

(b)连续式排桩支护

(c)钢板桩支护

(d)桩墙结合支护

(e)多支撑支护

(f)单支撑支护

图 1.2.18 排桩式支护

当土质良好,地下水位较低时,可以采用柱列式排桩支护;在软土中,采用连续式排桩支护;地下水位较高的软土地区,采用钻孔灌注桩与水泥土桩防渗墙相结合的形式。

按照基坑开挖深度及支挡结构受力情况,排桩支护可分为无支撑结构(悬臂结构)、单支撑结构和多支撑结构。

在排桩支护结构中,钢板桩是一种施工简单、经济的支护方式,但在使用时,需要注意钢板桩本身柔性较大,要注意支撑和锚拉系统的设置,否则变形会很大。

3. 土钉墙支护

土钉墙由被加固土体、放置在土中的土钉体和喷射混凝土面板组成,形成一个以土挡土的重力式挡土墙(见图1.2.19)。它以土钉与土体形成复合体的形式,来提高边坡稳定性和超载能力,增强土体破坏延性。适用于边坡坡度 70°~90°,地下水位以上的杂填土、黏性土、非松散砂土等土质类型的情况。

图 1.2.19 土钉墙

土钉墙的施工工艺包括:挖土→喷射混凝土→打孔→插筋、注浆→铺放、压固钢筋网→喷射混凝土→挖下层土等过程。自上而下施工,土钉墙支护具备土体稳定性好、位移小、施工简便、费用低、对邻近建筑物影响小的优点。一般要求分层分段施工,对开挖和支护的时间与流程要求比较严格,否则基坑会变形过大而造成事故。

4. 土锚杆支护

锚杆是一种埋入土层深部的受拉杆件,它一端与构筑物相连,另一端锚固在土层中,利用锚杆与土层的摩擦力来抵抗土层的重力。土层锚杆适用于地下水低于土坡开挖段或降水措施后使地下水位低于开挖层的情况,但其失效影响较大,不适用于没有临时自稳能力的淤泥、饱和软弱土层(见图1.2.20和1.2.21)。

工艺顺序包括:钻孔→安放拉杆→灌浆→养护→安装锚头→张拉锚固和挖土。

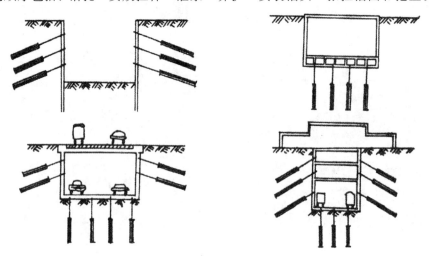

图 1.2.20 各种类型的土锚杆支护

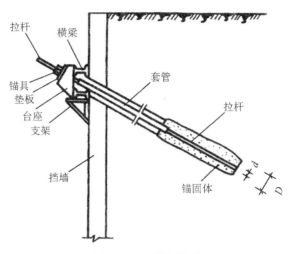

图 1.2.21 锚杆构造

5. 地下连续墙

地下连续墙（见图 1.2.22）作为目前深基坑的主要支护结构之一,对地下结构层数多的深基坑的施工非常有利。它是在地面上采用一种挖槽机械,沿着深开挖工程的周边轴线,在泥浆护壁的条件下,开挖出一条狭长的深槽,清槽后在槽内吊放入钢筋笼,然后用导管法灌筑水下混凝土,筑成一个单元槽段,如此逐段进行,以特殊接头方式,在地下筑成一道连续的钢筋混凝土墙壁,作为截水、防渗、承重、挡水结构。地下连续墙不仅能防渗、挡土,同样也是地下室外墙的一部分。

图 1.2.22 地下连续墙

地下连续墙适用于坑深大、土质差、地下水位高的基坑类型。其施工工艺包括:作导槽→钻槽孔→放钢筋笼→水下灌注混凝土→基坑开挖与支撑。具有结构整体性好、刚度大、可作防渗墙、形状灵活等优点,同时也存在需用专用机械、成本较高的缺点。

使用地下连续墙作为基坑支护的工程需准备较多机具、设备。另外由于其施工工艺较复杂,需具有一定的技术水平,若施工掌握不好,则易出现塌孔、混凝土夹层、渗漏等问题。此外,要有适合于不同的地质条件的护壁泥浆的管理方法以及发生故障时要采取的相应措施。

1.3 土方的填筑与压实

土方回填是将已挖出的土填充到需要填方的部位。为了保证填方工程在强度和稳定性方面的要求,必须正确选择土料及填筑压实的方法。

1.3.1 土料的选用与处理

含有大量有机物的土、石膏或水溶性硫酸盐含量大于5%的土,冻结或液化状态的泥炭、黏土或粉砂质黏土等,一般不能做填土用。但在场地平整过程中,除房屋和构筑物的地基填土外,其余各部分填方所用的土则不受此限。填方土料应符合设计要求,设计无规定时应符合表1.3.1的规定。

各种土都有最佳含水量,一般以手握成团、落地松散为宜。含水量过大的土料,可采取晒干、风干后回填的方法,含水量偏低时,可预先洒水湿润后回填。填土应分层进行,并尽量采用同类土填筑。如采用不同类土填筑时,应将透水性较大的土层置于透水性较小的土层之下,不能将各种土混杂在一起使用,以免填方内形成水囊。

对墙基、室内地坪或基槽的回填,必须将土夯实。当填方位于倾斜的地面时,应先将斜坡改成阶梯状,然后分层填土以防止填土滑动。

在填土施工时,土经压实后的实际干密度大于或等于控制干密度,填土才符合质量要求。土的控制干密度以设计规定为检查标准,土的实际干密度可用"环刀法"测定。环刀为圆环形的切土刀,用来切取土样。采用环刀取样时,基坑回填每20~50m³取样一组;基槽或管沟回填每层按长度20~50m取样一组;室内填土每层按100~500m²取样一组;场地平整填方每层按400~900m²取样一组。取样部位应在每层压实后的下半部。然后,由土样计算出土的实际干密度数值。

表 1.3.1 填方土料的选择

填方土料种类	适宜回填部位
碎石类土、砂土和爆破石渣(粒径不大于每层铺厚的2/3)	表层以下的填料
含水量符合压实要求的黏性土	可用作各层填料
碎块草皮和有机质含量大于5%的土	仅用于无压实要求的填方
淤泥和淤泥质土	一般不能用作填料,但在软土或沼泽地区,经过处理其含水量符合压实要求后,可用于填方中的次要部位
含盐量符合规定的盐渍土	一般可以使用,但填料中不得含有盐晶、盐块或含盐植物的根茎
冻土、膨胀性土	不得使用

1.3.2 填土的方法

回填土的填土方法有两种:人工填土法与机械填土法(见图1.3.1)。

1. 人工填土法

人工填土法是以人力用手推车送土,用铁锹、耙、锄等工具进行填土。由场地最低部分开始,由一端向另一端由下而上分层铺填。用人工木夯夯实时,对于砂质土,每层虚铺厚度不得大于30cm,黏性土为20cm;用打夯机械夯实时,每层虚铺厚度应不大于30cm。

人工夯填土用60~80kg的木夯或铁、石夯,由4~8人拉绳,两人扶夯,举高不小于0.5m,一夯压半夯,按次序进行。较大面积人工回填用打夯机夯实。两机平行时其间距不得小于3m,在同一夯行路线上,前后间距不得小于10m。

深浅坑(槽)相连时,应先填深坑(槽),相平后与浅坑全面分层填夯。如分段填筑,交接填成阶梯形。墙基及管道回填在两侧用细土同时回填夯实。

2. 机械填土法

(1) 推土机填土

填土应由下而上分层铺填,每层虚铺厚度不宜大于30cm。大坡度堆填土,不得居高临下,不分层次,一次堆填。推土机运土回填,可采用分堆集中,一次运送方法,分段距离约为10~15cm,以减少运土漏失量。土方推至填方部位时,应提起一次铲刀,成堆卸土,并向前行驶0.5~1.0m,利用推土机后退时将土刮平。用推土机来回行驶进行碾压,履带应重叠宽度的一半。填土程序宜采用纵向铺填顺序,从挖土区段至填土区段,距离以40~60m为宜。

(2) 铲运机填土

铲运机铺土,铺土区段长度不宜小于20m,宽度不宜小于8m。铺土应分层进行,每次铺土厚度一般为30~50cm(视所用压实机械的要求而定),每层铺土后,利用空车返回时将地面刮平。填土程序一般尽量采取横向或纵向分层卸土,以利行驶时初步压实。

(3) 自卸汽车填土

自卸汽车为成堆卸土,须配以推土机摊开摊平。每层的铺土厚度一般为30~50cm(随选用压实机具而定)。填土可利用汽车行驶做部分压实工作,行车路线须均匀分布于填土层上。汽车不能在虚土上行驶,卸土推平和压实工作须采取分段交叉进行。

(a)人工填土

(b)推土机填土

图1.3.1 填土的方法

(c)铲运机填土　　　　　　　　　　　　(d)自卸汽车填土

图 1.3.1　填土的方法(续)

1.3.3　压实的方法

填土压实方法一般有碾压、振动压实、夯实和振动碾压等数种,如图 1.3.2 所示。对于大面积填土工程,多采用碾压和利用运土工具压实;对于小面积的填土工程,宜采用夯实机具压实。

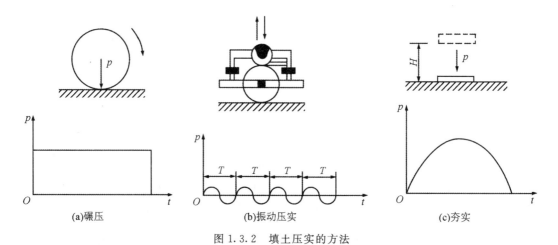

(a)碾压　　　　　　　　(b)振动压实　　　　　　　　(c)夯实

图 1.3.2　填土压实的方法

1. 碾压机械

碾压是以机械的滚轮沿土层表面滚动,借滚轮的重量压实填土。碾压主要用于大面积的填土,如场地平整、大型车间的室内填土等工程。常用的碾压机械有平碾、羊蹄碾和气胎碾(见图 1.3.3)。

平碾又称压路机,常用的为双滚轮和三管轮平碾。压路机按重量可分为轻型(2～6t)、中型(6～10t)、重型(10～15t)和特重型(15～20t),适用于黏性土和非黏性土。

羊蹄碾常用拖拉机牵引进行碾压。它是在碾轮表面上固装许多羊蹄形的滚压凸脚,碾压时由于作用力集中,所压实的土层较厚,但羊蹄压入土层又从土中拔出,致使土层上部翻松。因此,不宜用于无黏性土及面层的压实。

气胎碾是一种拖式碾压机械,由装载荷载的金属车厢和装在轴上的 4～6 个充气轮胎组成,碾压时在金属车厢内加载并将气胎充气至设计压力。气胎碾在压实土料时,充气轮胎随土体变形而发生变形。开始时,土体很松,轮胎变形小,土体的压缩变形大。随着土体压实密度的增大,气胎的变形也相应增大,气胎与土体的接触面积也增大,始终能保持较均匀的压实效果。通过调整气胎内压,来控制作用于土体上的最大应力不致超过土料的极限抗压强度。相对于平碾和羊蹄碾,由于碾滚是刚性的,不能适应土壤的变形,当荷载过大就会使碾滚的接触应力超过土壤的极限抗压强度,而使土壤结构遭到破坏。气胎碾既适于压实黏性土,又适于压实非黏性土,适用条件好,压实效率高,是一种十分有效的压实机械。

(a)平碾   (b)羊蹄碾   (c)气胎碾

图 1.3.3 碾压机械

2. 夯实机械

夯实是利用夯锤自由下落的冲击力来夯实土壤。夯实有人工夯实和机械夯实两种。人工夯实所用的工具有木夯、石夯等;常用的夯实机械有夯锤、内燃夯土机和蛙式打夯机等(见图 1.3.4)。

夯锤借助起重设备提起并落下,起重量大于 15kN,落距 2.5～4.5m,夯土影响深度可达 0.6～1.0m,常用于夯实砂性土、湿陷性黄土、杂填土以及含有土块的填土。

内燃夯土机是利用内燃机为动力制成的一种夯实机械,适用于电力供应困难的施工场地。

内燃夯土机的夯板面积小(0.042～0.09m²),因此适用于坑槽边角部位的填土夯实,夯实影响深度为 0.4～0.7m。

蛙式打夯机是一种体积小、重量轻、操作方便的小型夯土机械,适用于零星分散、坑槽边角的填土夯实。

(a)人工夯实   (b)夯锤

图 1.3.4 夯实机械

(c)内燃夯土机   (d)蛙式打夯机

图 1.3.4　夯实机械(续)

3. 振动夯实机械

振动夯实是将振动压实机放在土层表面,借助振动机构使土颗粒发生相对位移而达到紧密状态,主要用于压实非黏性土。振动碾压是对光面碾加上振动装置,使土受到振动及碾压作用,这种机械适用于大面积填方工程。常用的振动压实机械有板式振动夯实机和振动压路机(见图 1.3.5)。

(a)板式振动夯实机   (b)振动压路机

图 1.3.5　振动压实机械

1.3.4　影响填土压实的因素

填土压实的主要影响因素为压实功、填土的含水量以及每层铺土厚度。

1. 压实功的影响

填土压实后的密度与压实机械在其上所施加的功有一定的关系,如图 1.3.6 所示。当土的含水量一定,在开始压实时,土的密度急剧增大,等到接近土的最大密度时,压实功虽然增加许多,而土的密度则没有变化。所以,在实际施工中,应根据不同的土以及压实密度要求和不同的压实机械来决定填土压实的遍数。此外,松土不宜用重型碾压机械直接滚压,否则土层会有强烈的起伏现象,效率不高。如果先用轻碾压实,再用重碾压实就会取得较好的效果。

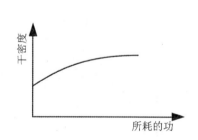

图 1.3.6　土的密度与压实功的关系

2. 含水量的影响

在同一压实功的条件下,填土的含水量对压实质量有直接影响。较为干燥的土,由于颗粒之间的摩阻力较大,因而不易压实。当土具有适当含水量时,水起了润滑作用,土颗粒之间的摩阻力减少,土较容易被压实。各种土使用同样的压实功进行压实,只有处在最佳含水量时,才能得到最大密度(见图1.3.7)。各种土的最佳含水量和最大干密度可参考表1.3.2。

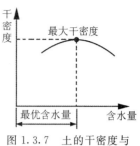

图1.3.7　土的干密度与含水量关系

表1.3.2　土的最佳含水量和最大干密度参考表

项次	土的种类	变动范围		项次	土的种类	变动范围	
		最佳含水量(质量比)/%	最大干密度/(g/cm³)			最佳含水量(质量比)/%	最大干密度/(g/cm³)
1	砂土	8～12	1.80～1.88	3	粉质黏土	12～15	1.85～1.95
2	黏土	19～23	1.58～1.70	4	粉土	16～22	1.61～1.80

3. 铺土厚度的影响

土在压实功的作用下,其应力随深度增加而逐渐减小(见图1.3.8),各种压实机械的压实影响深度与土的性质和含水量有关。铺土厚度应小于压实机械压土时的作用深度,但其还有最优土层厚度问题。铺得过厚,要压很多遍才能达到规定的密实度,铺得过薄,则也要增加机械的总压实遍数。最优的铺土厚度应能使土方压实而机械的功耗费最少。施工时,可参照表1.3.3选用。

表1.3.3　填方每层的铺土厚度和压实遍数

压实机具	每层铺土厚度/mm	每层压实遍数/遍
平碾	200～300	6～8
羊蹄碾	200～350	8～16
蛙式打夯机	200～250	3～4
推土机	200～300	6～8
拖拉机	200～300	8～16
人工打夯	200	3～4

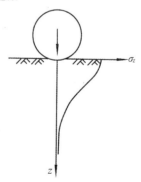

图1.3.8　压实作用沿深度的变化

1.3.5　填土压实的质量检查

填土压实后应达到一定的密实度及含水量要求。检验指标为压实系数(压实度)λ_c,即

$$\lambda_c = \frac{\rho_d}{\rho_{max}}$$

式中:ρ_d——土的控制干密度,一般用"环刀法"测定;

ρ_{max}——土的最大干密度,一般由击实试验确定。

桩基、基坑、基槽和管沟基底的土质必须符合设计要求,并严禁扰动基底土层。填方的基底处理也必须符合设计要求或施工规范规定。

填方和桩基、基坑、基槽、管沟的回填，必须按规定分层夯实。取样测定压实后土的干密度，应有 90% 以上符合设计要求，其余 10% 的最低值与设计值的差不得大于 $0.08g/cm^3$，且应分散，不得集中。

填土压实的质量控制应符合表 1.3.4 的规定，土方工程外形尺寸的允许偏差和检验方法应符合表 1.3.5 的规定。

表 1.3.4　填土压实的质量控制

结构类型	填土部位	压实系数 λ_c	控制含水量/%
砌体沉重结构和框架结构	在地基主要受力层范围内	0.97	$\omega_{op} \pm 2$
	在地基主要受力层范围以外	0.95	
排架结构	在地基主要受力层范围内	0.96	
	在地基主要受力层范围以外	0.94	

注：①压实系数 λ_c 为压实填土的控制干密度 ρ_d 与最大干密度 ρ_{max} 的比值，ω_{op} 为最优含水量
②地坪垫层以下及基础底面标高以上的压实填土，压实系数不应小于 0.94

表 1.3.5　土方工程外形尺寸的允许偏差和检验方法

项次	项目	允许偏差/mm					检验方法
		桩基、基坑基槽、管沟	挖方、填方、场地平整		排水沟	地基(路)面层	
			人工施工	机械施工			
1	标高	$+0$ -50	± 50	± 100	$+0$ -50	$+0$ -50	用水准仪检查
2	长度、宽度(由设计中心线向两边量)	-0	-0	-0	$+100$ -0	—	用经纬仪、拉线和尺量检查
3	边坡坡度	-0	-0	-0	-0	—	观察或用坡度尺检查
4	表面平整度	—	—	—	—	20	用 2m 靠尺和楔形塞尺检查

本章小结

土方工程是建筑工程施工中的主要工程之一，是建筑工程的基础部分，它包括土方的开挖、运输、填筑等主要施工过程，具有工程量大、劳动强度高、施工工期长、施工条件复杂、露天作业多、受地质条件和地区气候条件影响大的特点。施工时，应因地制宜、采用恰当的施工方案，并要考虑技术和经济的统一，力求既保证工程质量，又取得良好的经济效益。

在土方工程施工中，应根据当地土的性质和类别，选用适合的施工方法，做好施工准备与辅助工作(如平整场地、排除地面水和降低地下水等)是施工中不可缺少的重要程序，它对

工程质量的提高起着重要的作用。完成土方开挖任务的关键是选择和使用合适的土方施工机械。常用的土方施工机械有单斗挖土机、推土机和铲运机等。土方回填和压实必须要正确地选择土料,采用有效的压实方法,以达到填方工程的强度和稳定性。因此,应十分重视填土压实的影响因素,如压实功、土的含水量和铺土深度等。

 **思考题**

1. 试述土的组成。

2. 土按开挖的难易程度分几类? 各类土的特征是什么?

3. 试述土的含水量对施工的影响。

4. 何谓湿陷性黄土和膨胀土? 用它们做地基,施工中应注意哪些问题?

5. 试述明沟排水的施工方法。

6. 何谓流砂? 试述流砂发生的原因及在施工中如何防治流砂。

7. 试述井点降水的工作原理和轻型井点的组成、设备、布置及安装。

8. 常用的土方机械有哪些? 试述它们的工作特点和使用范围。

9. 土方填筑时对土料的选择及填筑方法有哪些基本要求?

10. 填土压实方法有几种? 各有什么特点?

11. 影响填土压实质量的主要因素有哪些?

12. 试述土方工程有哪些质量标准。

习题

1. 根据土的开挖的难易程度,将土分为(　　)类
   A. 8　　　　　　B. 7　　　　　　C. 6　　　　　　D. 5

2. 根据土的可松性,下面正确的是(　　)。
   A. $K_s > K'_s$　　B. $K_s < K'_s$　　C. $K_s = K'_s$　　D. 无法判断大小

3. 土体被水所透过的性质称为土的(　　)。
   A. 渗透性　　　B. 压缩性　　　C. 膨胀性　　　D. 可松性

4. 土的渗透性主要取决于土体的(　　)。
   A. 孔隙特征和水力坡度　　　　B. 水力坡度
   C. 孔隙特征　　　　　　　　　D. 地下水位

5. 衡量土的渗透性强弱的指标是(　　)。
   A. 穿透系数　　B. 渗透系数　　C. 可松性系数　　D. 渗透能力

6. 场地平整前,必须确定(　　)。
   A. 挖填方工程量　　B. 选择土方机械　　C. 场地的设计标高　　D. 拟定施工方案

7. 土方边坡坡度是以其(　　)表示。
   A. 高度 H　　　　　　　　　B. 底宽 B
   C. 高度 H 的倒数　　　　　　D. 高度 H 与底宽 B 的比

8. 相邻基坑(槽)开挖时,应遵循(　　)进行的施工顺序,并应及时做好基础。

A. 先浅后深　　　　B. 分开　　　　　　C. 先浅后深或同时　D. 先深后浅或同时

9. 基坑的排水方法可分为明排水法和(　　)。

A. 人工降低地下水位　　　　　　　　B. 井点降水法

C. 集水井将水法　　　　　　　　　　D. 轻型井点法

10. 当开挖深度大、地下水位较高而土质又不好时,用明排水法降水,挖至地下水位以下时,有时坑底下面的土会形成流动状态,随地下水涌入基坑,这种现象称之为(　　)。

A. 管涌现象　　　B. 流砂现象　　　C. 水涌现象　　　D. 涌土现象

11. 如果计算出的 H 值大于井点管长度,则应(　　)(但以不低于地下水位为准)以适应降水深度的要求。

A. 降低井点管的埋置面　　　　　　　B. 减少井点管的长度

C. 减少滤管的长度　　　　　　　　　D. 增加滤管的长度

12. 在确定井点管埋深时,要考虑到井点管一般要露出地面(　　)左右。

A. 0.2m　　　　　B. 0.5m　　　　　C. 1m　　　　　　D. 2m

13. 基坑挖好后应立即验槽做垫层,如不能,则应(　　)。

A. 在上面铺设防护材料　　　　　　　B. 放在那里等待验槽

C. 继续进行下一道工序　　　　　　　D. 在基底预留 20～30cm 土层

14. 明排水法是在基坑或沟槽开挖时,采用(　　)的方法来进行排水。

A. 截　　　　　　B. 疏　　　　　　C. 截、疏、抽　　D. 截、抽

15. (　　)多用于场地清理和平整、开挖深度1.5m以内的基坑,填平沟坑以及配合铲运机、挖土机等工作。

A. 推土机　　　　B. 铲运机　　　　C. 单斗挖土机　　D. 装载机

16. 在基槽底以下2～3倍基础宽度的深度范围内,土的变化和分布情况,以及是否有空穴或软弱土层,需要(　　)。

A. 观察验槽　　　B. 夯探　　　　　C. 地基验槽　　　D. 钎探

17. 下列关于回填土料的说法,正确的是(　　)。

A. 黏性土在任何情况下都能用于填土工程

B. 淤泥和淤泥土质一般不能用于填土料,但经过含水量处理后可用于部分填方土料

C. 含10%有机质的土可用回填土料

D. 盐渍土都能用作回填土料

18. 利用压路机械的滚轮的压力压实土层,使其达到所需的密实度,多用于大面积填土工程的土方压实方法是(　　)。

A. 碾压法　　　　B. 夯实法　　　　C. 振动压实法　　D. 利用运土工具压实

19. 借助振动设备使压实机械振动,土层颗粒在振动力作用下发生相对位移达到紧密状态的土方压实方法是(　　)。

A. 碾压法　　　　B. 夯实法　　　　C. 振动压实法　　D. 利用运土工具压实

20. 工地在施工时,简单检验黏性土含水量的方法一般是以(　　)为宜。

A. 手握成团,落地开花　　　　　　　B. 含水量达到最佳含水量

C. 施工现场做实验检测含水量　　　　D. 实验室做实验

第 2 章　基础工程

建筑物的全部荷载都是由它下面的地层来承担,受建筑物影响的那部分地层称为地基,建筑物向地基传递荷载的下部结构称为基础,所以地基基础是保证建筑物安全和满足使用要求的关键之一。如果从埋深角度来划分,基础可以分为浅基础和深基础,浅基础即为埋置深度不大(小于或相当于基础底面宽度,一般认为小于5m)的基础,反之为深基础。

 学习目标

1. 了解浅埋式钢筋混凝土基础的类型;
2. 掌握条形基础、杯形基础和箱形基础的施工工艺。

 学习要求

知识要点	能力要求
浅埋式钢筋混凝土基础施工	了解条形基础、杯形基础和箱形基础的钢筋构造要点
	了解条形基础、杯形基础和箱形基础的施工工艺步骤
	掌握条形基础、杯形基础和箱形基础的模板工程、混凝土工程和钢筋的构造及搭接要求和注意事项
桩基础工程	了解桩基的作用和分类
	掌握静力压桩施工工艺、现浇混凝土桩施工工艺
	掌握桩基础的检测与验收

2.1　浅埋式钢筋混凝土基础施工

基础的类型与建筑物的上部结构形式、荷载大小、地基的承载能力、地基土的地质与水文情况、基础选用的材料性能等因素有关,构造方式也因基础样式及选用材料的不同而不同。基础按受力特点及材料性能不同可分为刚性基础和柔性基础;按构造方式不同可分为条形基础、独立基础、片筏基础、箱形基础等。本章主要讲解条形基础、杯形基础和箱形基础。

2.1.1 条形基础

条形基础是指基础长度远大于宽度和高度的基础形式,分为墙下钢筋混凝土条形基础和柱下钢筋混凝土条形基础。柱下条形基础又可分为单向条形基础和十字交叉条形基础。

条形基础必须有足够的刚度将柱子的荷载较均匀地分布到扩展的条形基础底面积上,并且调整可能产生的不均匀沉降。当单向条形基础底面积仍不足以承受上部结构荷载时,可以在纵、横两个方向将柱基础连成十字交叉条形基础,以增加房屋的整体性,减小基础的不均匀沉降。

1. 条形基础施工工艺

条形基础施工的工艺流程为:清理→混凝土垫层→清理→钢筋绑扎→支模板→相关专业施工→清理→混凝土搅拌→混凝土浇筑→混凝土振捣→混凝土找平→混凝土养护。

2. 条形基础钢筋工程

垫层浇灌完成达到一定强度后,在其上弹线、支模、铺放钢筋网片。

上、下部之间用垂直钢筋绑扎牢,将钢筋弯钩朝上,底板钢筋网片四周两行钢筋交叉点应每点扎牢,中间部分交叉点可相隔交错扎牢,但必须保证受力钢筋不位移。双向主筋的钢筋网,则须将全部钢筋相交点扎牢。底部钢筋网片应用与混凝土保护层同厚度的水泥砂浆或塑料垫块垫塞,以保证位置正确。柱插筋除满足搭接要求外,应满足锚固长度的要求。

当基础高度在900mm以内时,插筋伸至基础底部的钢筋网上,并在端部做成直弯钩;当基础高度较大时,位于柱子四角的插筋应伸到基础底部,其余的钢筋只需伸至锚固长度即可。

3. 条形基础模板工程

侧板和端头板制成后,应先在基槽底弹出中心线、基础边线,再把侧板和端头板对准边线和中心线,用水平仪抄测校正侧板顶面水平,经检测无误后,用斜撑、水平撑及拉撑钉牢,如图2.1.1所示。条形基础要防止出现这些现象:沿基础通长方向模板上口不直,宽度不够,下口陷入混凝土内;拆模时上段混凝土缺损,底部钉模不牢。

预防措施:

(1)模板应有足够的强度、刚度和稳定性,支模时垂直度要准确。

(2)模板上口应钉木带,以控制带形基础上口宽度,并通长拉线,保证上口平直。

(3)隔一定间距,将上段模板下口支承在钢筋支架上。

(4)支撑直接在土坑边时,下面应垫以木板,以扩大其承力面,两块模板长接头处应加拼条,使板面平整,连接牢固。

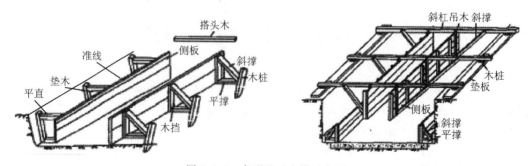

图2.1.1 条形基础支模示意图

4.条形基础混凝土工程

浇筑现浇柱下条形基础时,注意柱子插筋位置的正确,防止造成位移和倾斜。在浇筑开始时,先满铺一层5~10cm厚的混凝土,并捣实,使柱子插筋下段和钢筋网片的位置基本固定,然后对称浇筑。对于锥形基础,应注意保持锥体斜面坡度的正确,斜面部分的模板应随混凝土浇捣分段支设并顶压紧,以防模板上浮变形;边角处的混凝土必须捣实。严禁斜面部分不支模,用铁锹拍实。基础上部柱子后施工时,可在上部水平面留设施工缝。施工缝的处理应按有关规定执行。条形基础根据高度分段分层连续浇筑,不留施工缝,各段各层间应相互衔接,每段长2~3m,做到逐段逐层呈阶梯形推进。浇筑时先使混凝土充满模板内边角,然后浇筑中间部分,以保证混凝土密实。分层下料,每层厚度为振动棒的有效振动长度。防止由于下料过厚、振捣不实或漏振、吊帮的根部砂浆涌出等原因造成蜂窝、麻面或孔洞。

5.条形基础平面识图要点及钢筋构造要点

(1)条形基础的平面识图要点

条形基础整体上可分为梁板式条形基础和板式条形基础两类,梁板式条形基础适用于钢筋混凝土框架结构、框架—剪力墙结构、框支结构和钢结构;板式条形基础适用于钢筋混凝土剪力墙结构和砌体结构。

条形基础编号分为基础梁、基础圈梁编号和条形基础底板编号,分别按表2.1.1和表2.1.2的规定。

表 2.1.1　条形基础梁、基础圈梁编号

类型	代号	序号	跨数及有无外伸
基础梁	JL	XX	(XX)端部无外伸 (XXA)一端有外伸 (XXB)两端有外伸
基础圈梁	JQL	XX	

表 2.1.2　条形基础底板编号

类型	基础底板截面形状	代号	序号	跨数及有无外伸
条形基础底板	坡形	TJB$_P$	XX	(XX)端部无外伸 (XXA)一端有外伸 (XXB)两端有外伸
	阶梯	TJB$_J$	XX	

(2)条形基础钢筋构造要点

①条形基础的纵向钢筋和箍筋的构造

条形基础基础梁钢筋和箍筋的构造如图2.1.2所示。

当纵筋需要搭接连接时,在搭接区中受拉区箍筋间距不大于搭接纵筋较小直径的5倍且不大于100mm,在搭接区中受压区箍筋间距不大于搭接纵筋较小直径的10倍且不大于200mm;当两毗邻跨的底部纵筋配筋不同时应将配置较大的底部纵筋延伸至配筋较小的毗邻跨跨中进行连接。

②条形基础端部钢筋构造

条形基础端部一般有三种形式:端部等截面外伸、端部变截面外伸和端部无外伸。三种形式基础梁的钢筋构造形式分别有所不同,如图2.1.3所示。

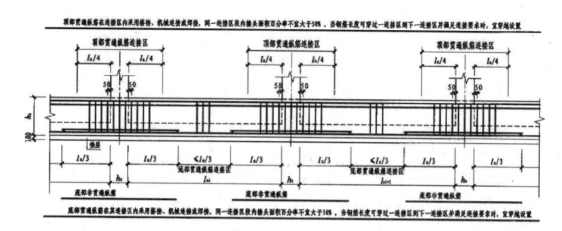

图 2.1.2　条形基础基础梁纵向钢筋和箍筋的构造

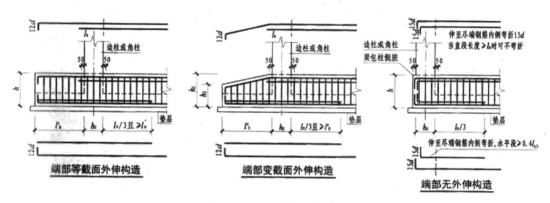

图 2.1.3　端部钢筋构造

③条形基础处底板筋的构造

条形基础基础梁底板配筋可以按 90% 的设计长度进行交错分布(进入交接区和无交接底板的第一排钢筋不应减短),交接及拐角处底板筋的构造如图 2.1.4 所示。

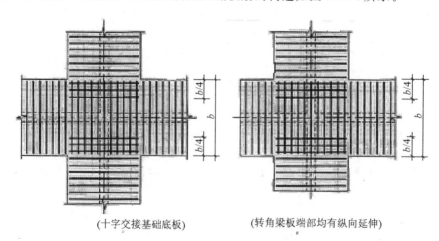

(十字交接基础底板)　　　(转角梁板端部均有纵向延伸)

图 2.1.4　钢筋混凝土条形基础交接和拐角处底板配筋

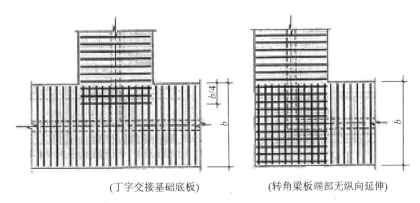

(丁字交接基础底板) (转角梁板端部无纵向延伸)

图 2.1.4 钢筋混凝土条形基础交接和拐角处底板配筋(续)

2.1.2 杯形基础

杯形基础如图 2.1.5 所示。

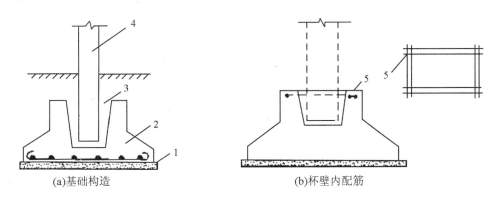

(a)基础构造 (b)杯壁内配筋

1-垫层;2-杯形基础;3-杯口;4-钢筋混凝土柱;5-杯壁内钢筋

图 2.1.5 杯形基础

1. 杯形基础的施工工艺流程

垫层混凝土→基础钢筋绑扎→支设杯基侧模、杯芯模板→钢筋隐检、模板预检→混凝土浇筑、振捣、找平→混凝土养护→芯模、侧模的拆除。

2. 杯形基础的施工要点

(1) 将基础十字控制线引到基槽下,做好控制桩,并核实其准确性。

(2) 垫层混凝土振捣密实,表面抹平。

(3) 利用控制桩放施工控制线、基础边线到垫层表面,复查地基垫层标高及中心线位置,无误后,绑扎基础钢筋。

(4) 自下往上支设杯基第一层、第二层外侧模板并加固,外侧模板一般用钢模现场拼制。

(5) 支设杯芯模板,杯芯模板一般用木模拼制,并在外侧刷隔离剂或用 0.5mm 厚薄铁板满包,四角做成小圆角。杯芯模打 ϕ20mm、间距 500mm 的小孔,利于排除浇筑混凝土时产生的气泡。

(6) 模板矫正,并整体加固;办理钢筋隐检、模板预检手续。

(7) 施工时应先浇筑杯底混凝土,注意在杯底一般有 50mm 厚的细石混凝土找平层,应仔细留出。

(8) 分层浇筑混凝土。浇筑混凝土时,须防止杯芯模板向上浮或向四周偏移,注意控制坍落度(最好控制在 70～90mm)及浇筑下料速度,在混凝土浇筑到高于上层侧模 50mm 时,稍作停顿,于混凝土初凝前,接着在杯芯四周对称均匀下料振捣。特别注意混凝土必须分层浇筑,在混凝土分层时须把握好初凝时间,保证基础的整体性。

(9) 杯芯模板拆除。视气温情况,在混凝土初凝后终凝前,将模板分体拆除或用撬棍撬动杯芯模,用倒链拔出,须注意拆模时间,以免破坏杯口混凝土,并及时进行混凝土养护。

2.1.3 箱形基础

箱形基础形如箱子,由钢筋混凝土底板、顶板和纵、横向的内、外墙所组成(见图 2.1.6)。箱形基础具有比筏板基础大得多的抗弯刚度,因此不致由于地基不均匀变形使上部结构产生较大的弯曲而造成开裂。当地基承载力比较低而上部结构荷载又很大时,可采用箱形基础。它比桩基础相对经济,与其他浅基础相比,箱形基础的材料消耗量大,施工要求比较高。近年来,我国新建的高层建筑中,不少采用箱形基础。

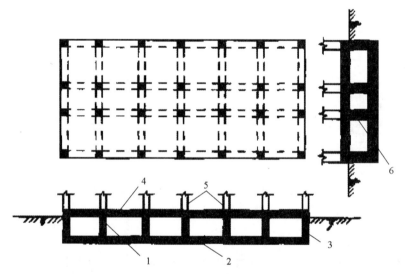

1-内横墙;2-底板;3-外墙;4-顶板;5-柱;6-内纵墙

图 2.1.6 箱形基础

1. 箱形基础施工要点

(1) 箱形基础基坑开挖。基坑开挖应验算边坡稳定性,并注意对基坑邻近建筑物的影响;基坑开挖如有地下水,应采用明沟排水或井点降水等方法,保持作业现场的干燥;基坑检验后应立即进行基础施工。

(2) 基础施工时,基础底板、顶板及内外墙的支模、钢筋绑扎和混凝土浇筑可分次进行连续施工。对于厚度较大的箱形基础底板,为防止出现温度裂缝,一般应设置后浇带,带宽不小于 800mm,后浇带的施工须待顶板浇捣后至少两周以上,使用比原来设计强度等级提高一级的混凝土,并加强养护。

(3) 箱形基础施工完毕,应立即回填土,尽量缩短基坑暴露时间,同时做好排水工作以保证基坑内干燥,然后分层回填并夯实。

（4）冬季施工时,对原材料的加热、搅拌、运输、浇筑和养护等,应根据冬季施工方案施工;要注意检查外加剂掺量,水及骨料的加热温度,混凝土的搅拌时间、出机温度、入模温度;初期养护温度不得低于防冻剂的规定温度,若低于规定温度时其强度不得小于4MPa。

2.箱形基础施工工艺流程

钢筋绑扎工艺流程:核对钢筋半成品→画钢筋位置线→绑扎基础钢筋（墙体、顶板钢筋）→预埋管线及铁件→垫好垫块及马凳铁→隐检。

（1）基础钢筋绑扎

①按照钢筋间距,从距模板端头、梁板边5cm起,用墨斗在混凝土垫层上弹出墨线。

②先铺底板下层钢筋,如设计没有要求,一般情况下先铺短向钢筋,再铺长向钢筋。

③钢筋绑扎时,靠近外围两行的相交点每点都绑扎,中间部分的相交点可相隔交错绑扎,双向受力的钢筋必须将钢筋交点全部绑扎。绑扎时采用八字扣或交错变换方向绑扎,保证钢筋不位移。

④底板如有基础梁,可预先分段绑扎骨架,然后安装就位,或根据梁位置线就地绑扎成型。

⑤基础底板采用双层钢筋时,绑完下层钢筋后,摆放钢筋马凳,间距以人踩不变形为准,一般为1m左右为宜。在马凳上摆放纵横两个方向的定位钢筋,钢筋上下次序与底板下层钢筋相反。

⑥钢筋绑扎完毕后,进行垫块的码放,间距1m为宜。厚度满足钢筋保护层要求。

⑦根据弹好的墙、柱位置线,将墙、柱伸入基础的插筋绑扎牢固,插入基础深度和甩出长度要符合设计及规范要求,同时用钢管或钢筋将钢筋上部固定,保证甩出钢筋位置的准确性。

（2）墙筋绑扎

①将预埋的插筋清理干净,调整钢筋位置使其保护层厚度符合规范要求。先绑2～4根竖筋,并画好横筋分档标志,然后在下部及齐腰处绑两根横筋定位,并画好竖筋分档标志。一般情况横筋在外,竖筋在里,所以先绑竖筋后绑横筋。

②墙筋为双向受力钢筋,所有钢筋交点都应绑扎,在竖筋搭接范围内,水平筋不少于三道。横竖筋搭接长度和搭接位置应符合设计和施工规范要求。

③双排钢筋之间应绑间距支撑和拉筋,以固定钢筋间距和保护层厚度。支撑或拉筋可用ϕ12mm和ϕ8mm钢筋制作,间距600mm左右,以保证双排钢筋之间的距离。

④各连接点的抗震构造钢筋及锚固长度,均应按设计要求进行绑扎。

（3）顶板钢筋绑扎

①清理模板上的杂物,用墨斗弹出钢筋间距。

②按设计要求,先摆放受力主筋,后放分布筋。绑扎板底钢筋一般用顺扣或八字扣,除外围两根筋的相交点全部绑扎外,其余各点可交错绑扎（双向板相交点须全部绑扎）。

③板底钢筋绑扎完毕后,及时进行水电管路的附设和各种埋件的预埋工作。

④水电预埋工作完成后,及时进行钢筋盖铁的绑扎工作。绑扎时要挂线绑扎,保证盖铁两端成行成线。盖铁钢筋相交点必须全部绑扎。

⑤钢筋绑扎完毕后,及时进行钢筋保护层垫块和盖铁马凳的安装工作。块垫厚度,如设

计无要求,为 15mm。钢筋的锚固长度按设计确定。

3. 箱形基础模板工程

模板安装工艺流程:确定组装模板方案→搭设内外支撑→安装内外模板(安装顶板模板)→预检。

(1)底板模板安装

①底板模板安装按线就位,外侧用脚手管做支撑,支撑在基坑侧壁上,支撑点处垫短块木板。

②由于箱形基础底板与墙体分开施工,且一般具有防水要求,所以墙体施工缝一般留在距底板顶部 30cm 处,这样,墙体模板必须和底板模板同时安装一部分。这部分模板一般高度为 600mm 即可。采用吊模施工时,内侧模板底部用钢筋马凳支撑,内外侧模板用穿墙螺栓加以连接,再用斜撑与基坑侧壁撑牢。如底板中有基础梁,则全部采用吊模施工,梁与梁之间用钢管加以锁定。

(2)墙体模板安装

单块墙模板就位组拼安装施工要点:

①在安装模板前,按位置线安装门窗洞口模板,与墙体钢筋固定,并安装好预埋件或木砖等。

②安装模板宜采用墙两侧模板同时安装。第一步模板边安装锁定边插入穿墙或对拉螺栓和套管,将两侧模对准墙线使之稳定,然后用方钢卡或碟形扣件与钩头螺栓固定于模板边肋上,调整两侧模的平直。

③用同样方法安装其他若干步模板到墙顶部,内钢楞外侧安装外钢楞,并将其用方钢卡或蝶形扣件与钩头螺栓和内钢楞固定,穿墙螺栓由内外钢楞中间插入,用螺母将蝶形扣件拧紧,使两侧模板成为一体。安装斜撑,调整模板垂直,合格后,与墙、柱、楼板模板连接。如图 2.1.7 所示。

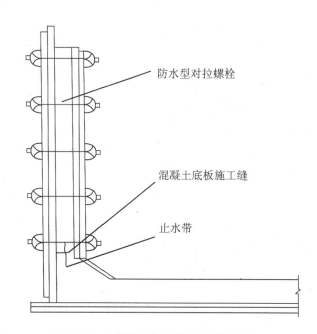

防水型对拉螺栓

混凝土底板施工缝

止水带

图 2.1.7 箱形基础墙体模板支模示意图

④钩头螺栓、穿墙螺栓、对接螺栓等连接件都要连接牢靠,松紧力度一致。

预拼装墙模板施工要点:

①检查墙模板安装位置的定位基准面墙线及墙模板编号,符合图纸后,安装门窗口等模板及预埋或木砖。

②将一侧预拼装墙模板按位置线吊装就位,安装斜撑或使工具型斜撑调整至模板与地面呈 75°,使其稳定坐落于基准面上。

③以同样方法就位另一侧墙模板,使穿墙螺栓穿过模板并在螺栓杆端戴上扣件和螺母然后调整两块模板的位置,与此同时调整斜撑角度,合格后,固定斜撑,紧固全部穿墙螺栓的螺母。

④模板安装完毕后,全面检查扣件、螺栓、斜撑是否紧固、稳定,模板拼缝及下口是否严密。

（3）顶板模板安装工艺

①支架的支柱,可用早拆翼托支柱从边跨一侧开始,依次逐排安装,同时安装钢（木）楞及横拉模杆,其间距按模板设计的规定。一般情况下,支柱间距为 80～120cm,钢（木）楞间距为 60～120cm,根据板厚计算确定。需要装双层钢（木）楞时,上层钢（木）楞间距一般为49～60cm。顶板模板应考虑 1/1000～3/1000 的起拱量。

②支架搭设完毕后,要认真检查板下钢（木）楞与支柱连接及支架安装的牢固与稳定,根据给定的水平线,认真调节支模翼托的高度,将钢（木）楞找平。

③铺设竹胶板。板缝下必须设钢（木）楞,以防止板端部变形。

④平模铺设完毕后,用靠尺、塞尺和水平仪检查平整度与楼板底标高,并进行校正。

4. 箱形基础混凝土工程

混凝土工艺流程：搅拌混凝土→混凝土运输→浇筑混凝土→混凝土养护。

（1）基础底板混凝土施工

①箱形基础底板一般较厚,混凝土方量一般也较大,因此,混凝土施工时,必须考虑混凝土散热的问题,防止出现混凝土温度裂缝。

②混凝土必须连续浇筑,一般不得留置施工缝,所以各种混凝土材料和设备必须保证供应。

③墙体施工缝处宜留置企口缝,或按设计要求留置（如止水带）。

④墙柱甩出钢筋必须用塑料套管加以保护,避免混凝土污染钢筋。

（2）墙体混凝土施工

①墙体浇筑混凝土前,在底部接槎处先浇筑 5cm 厚与墙体混凝土成分相同的减石子砂浆。用混凝土均匀入模,分层浇筑、振捣。混凝土下料点应分散布置,分层厚度一般控制在40cm 左右。墙体连续进行浇筑,上下层混凝土之间时间间隔不得超过水泥的初凝时间,一般不超过 2h。墙体混凝土的施工缝宜设在门洞过梁跨中 1/3 区段。当采用平模时可留在内纵横墙的交界处,墙应留垂直缝。接槎处应振捣密实。浇筑时随时清理落地灰。

②洞口浇筑时,使洞口两侧浇筑高度对称均匀,振捣棒距洞边 30cm 以上,宜从两侧同时振捣,防止洞口变形。大洞口下部模板应开口,并补充混凝土及振捣。

③振捣：插入式振捣器移动间距不宜大于振捣器作用半径的 1.5 倍,一般应小于50cm。门洞口两侧构造柱要振捣密实,不得漏振。每一振点的延续时间,以表面呈现浮浆和不再沉落为达到要求。避免碰撞钢筋、模板、预埋件、预埋管等,若发现有变形、移位,各有关工种相互配合进行处理。

④墙上口找平：混凝土浇筑振捣完毕,将上口甩出的钢筋加以整理,用木抹子按预定标高线,按比顶板底部高出 20mm 将混凝土表面找平。

（3）顶板混凝土施工

①浇筑顶板混凝土的虚铺厚度应略大于板厚,用平板振捣器垂直浇筑方向来回振捣,厚板可用插入式振捣器顺浇筑方拉振捣,并用钢插尺检查混凝土厚度,振捣完毕后用杠尺及长抹子抹平,表面拉毛。

②浇筑完毕后及时用塑料布覆盖混凝土,并浇水养护。

2.2 桩基工程

2.2.1 桩基的作用与分类

桩基础是深基础应用最多的一种基础形式。它由若干个沉入土中的桩和连接桩顶的承台或承台梁组成。桩的作用是将上部建筑物的荷载传递到深处承载力较强的土层上,或将软弱土层挤密实以提高地基土的承载能力和密实度。

桩按受力情况分为端承桩和摩擦桩两种,如图 2.2.1 所示。端承桩是穿过软土层而达到硬土层或岩层上的桩,上部结构荷载主要由岩层阻力承受,施工时以控制贯入度为主,桩尖进入持力层深度或桩尖标高可做参考。摩擦桩完全设置在软弱土层中,将软弱土层挤密实,以提高土的密实度和承载能力,上部结构的荷载由桩尖阻力和桩身侧面与地基土之间的摩擦阻力共同承受,施工时以控制桩尖设计标高为主,贯入度可参考相关资料。

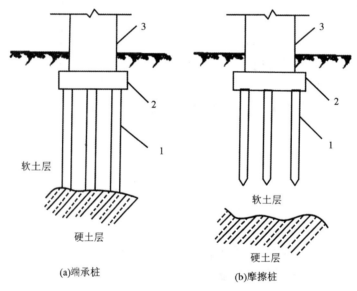

(a)端承桩   (b)摩擦桩

1-桩;2-承台;3-上部结构

图 2.2.1 桩基示意图

桩按施工方法分为预制桩和灌注桩。预制桩根据沉入土中的方法,可分打入桩、水冲沉桩、振动沉桩和静力压桩等;灌注桩是在桩位处成孔,然后放入钢筋骨架,再浇筑混凝土而成的桩。灌注桩按成孔方法不同,有钻孔灌注桩、挖孔灌注桩、冲孔灌注桩、套管成孔灌注桩及爆扩成孔灌注桩等。

2.2.2 静力压桩施工工艺

静力压桩是利用无噪声、无振动的静压力将桩压入土中,常用于土质均匀的软土地基的沉桩施工。静力压桩是利用压桩架的自重和配重,通过卷扬机牵引,由加压钢丝绳、滑轮和压梁,将整个桩机的重力(800～1500kN)反压在桩顶上,以克服桩身下沉时与土的摩擦力,迫使预制桩下沉,如图 2.2.2 所示。压桩施工一般采取分节压入、逐段接长的施工方法。

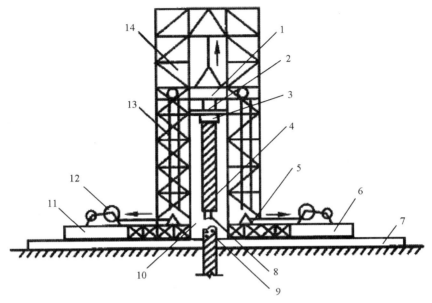

1-活动压梁;2-油压表;3-桩帽;4-上段桩;5-加重物仓;6、11-底盘;7-轨道;8-上段接桩锚筋;
9-下段接桩锚筋;10-导向架;12-卷扬机;13-加压钢丝绳、滑轮组;14-桩架

图 2.2.2　静力压桩机示意图

接桩的方法目前有三种：焊接法(见图 2.2.3)、法兰螺栓连接法、硫黄浆锚法。

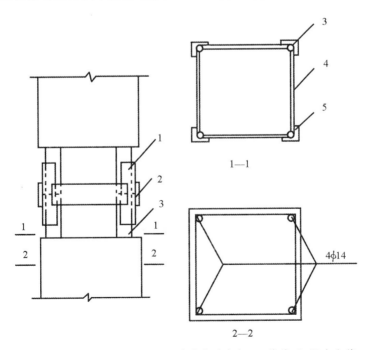

1-连接角钢;2-拼接板;3-与主筋连接的角钢;4-箍筋;5-纵向主筋

图 2.2.3　桩拼接的焊接接头示意图

2.2.3　现浇混凝土桩施工工艺

与预制桩相比,灌注桩施工具有施工噪声低、振动小、挤土影响小、无须接桩等优点。但成桩工艺复杂,施工速度较慢,质量影响因素较多。根据成孔工艺的不同,分为人工挖孔灌注桩、泥浆护壁钻孔灌注桩、沉管灌注桩和爆扩成孔灌注桩等,本节主要介绍前两种灌注桩的施工。

1. 人工挖孔灌注桩

人工挖孔灌注桩是用人工挖土成孔,吊放钢筋笼,浇筑混凝土成桩。这类桩由于其受力性能可靠,不需大型机具设备,施工操作工艺简单,在各地应用较为普遍,已成为大直径灌注桩施工的一种主要工艺方式。

（1）人工挖孔灌注桩的特点和适用范围

人工挖孔灌注桩的特点是:单桩承载力高,结构传力明确,沉降量小,可一柱一桩,不需承台,不需凿桩头;可作支撑、抗滑、锚拉、挡土等用;可直接检查桩直径、垂直度和持力土层情况,桩质量可靠;施工机具设备较简单,都为工地常规机具,施工工艺操作简便,占场地小;施工无振动、无噪声、无环境污染,对周围建筑物无影响;可多桩同时进行,施工速度快,节省设备费用,降低工程造价;桩成孔工艺存在劳动强度较大、单桩施工速度较慢、安全性较差等问题,这些问题一般可通过采取技术措施加以解决。

人工挖孔灌注桩适用于桩直径 800mm 以上,无地下水或地下水较少的黏土、粉质黏土、含少量的砂、砂卵石、姜结石的黏土层采用,特别适于黄土层使用,深度一般为 20m 左右。对有流砂、地下水位较高、涌水量大的冲积地带及近代沉积的含水量高的淤泥、淤泥质土层,不宜采用。

（2）施工工艺方法要点

挖孔灌注桩的施工程序是:场地整平→放线、定桩位→挖第一节桩孔土方→做第一节护壁→在护壁上二次投测标高及桩位十字轴线→第二节桩身挖土→校核桩孔垂直度和直径→做第二节护壁→重复第二节挖土、支模、浇筑混凝土护壁工序,循环作业直至设计深度→检查持力层后进行扩底→清理虚土、排除积水、检查尺寸和持力层→吊放钢筋笼就位→浇筑桩身混凝土。当桩孔不设支护和不扩底时,则无此两道工序。

①挖第一节桩孔土方、做第一节护壁:为防止坍孔和保证操作安全,一般按 1m 左右分节开挖分节支护,循环进行。施工人员在保护圈内用常规挖土工具(短柄铁锹、镐、锤、钎)进行挖土,将土运出孔的提升机具主要有人工绞架、卷扬机或电动葫芦。每节土方应挖成圆台形状,下部至少比上部宽一个护壁厚度,以利护壁施工和受力,如图 2.2.4 所示。

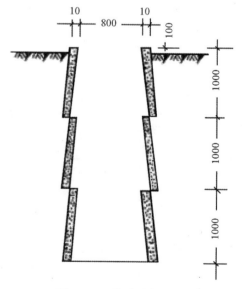

图 2.2.4　护壁示意图

护壁一般采用 C20 或 C25 混凝土,用木模板或钢模板支设,土质较差时加配适量钢筋,土质较好时也可采用红砖护壁,厚度为 1/4、1/2 和 1 砖厚。第一节护壁一般要高出自然地面 20～30cm,且高出部分厚度不小于 30cm,以防止地面杂物掉入孔中。同时把十字轴线引测到护壁表面,把标高引测到护壁内壁。

②校核桩孔垂直度和直径:每完成一节施工,均通过第一节混凝土护壁上设十字控制点拉十字线,吊线坠用水平尺杆找圆周,保证桩孔垂直度和直径,桩径允许偏差为＋50mm,垂直度允许偏差小于 0.5%。

③扩底:采取先挖桩身圆柱体,再按扩底尺寸从上到下削土,修成扩底形状,在浇筑混凝土之前,应先清理孔底虚土、排除积水,经甲方及监理人员再次检查后,迅速进行封底。

④吊放钢筋笼就位:钢筋笼宜分节制作,连接方式一般采用单面搭接焊;钢筋笼主筋混凝土保护层厚度不宜小于 70mm,一般在钢筋笼四侧主筋上每隔 5m 设置耳环或直接制作混凝土保护层垫块来控制;吊放钢筋笼入孔时,不得碰撞孔壁,防止钢筋笼变形,注意控制上部第一个箍筋的设计标高并保证主筋锚固长度。

⑤浇筑桩身混凝土:因桩深度一般超过混凝土自由下落高度 2m,下料采用串筒、溜管等措施;如地下水大(孔中水位上升速度大于 6mm/min),应采用混凝土导管水中浇筑混凝土工艺(见本节)。应连续分层浇筑,每层厚不超过 1.5m。小直径桩孔,6m 以下利用混凝土的大坍落度和下冲力使其密实;6m 以内分层捣实。大直径桩应分层捣实,或用卷扬机吊导管上下插捣。对直径小、深度大的桩,人工下井振捣有困难时,可在混凝土中掺水泥用量 0.25% 的木钙减水剂,使混凝土坍落度增至 13～18cm,利用混凝土大坍落度下沉力使之密实,但桩上部钢筋部位仍应用振捣器振捣密实。灌注桩每灌注 50m³ 应有一组试块,小于 50m³ 的桩应每根桩有一组试块。

⑥地下水及流砂处理

桩挖孔时,当地下水丰富、渗水或涌水量较大时,可根据情况分别采取以下措施:少量渗水可在桩孔内挖小集水坑,随挖土随用吊桶,将泥水一起吊出;当大量渗水时,可在桩孔内先挖较深集水井,设小型潜水泵将地下水排出桩孔外,随挖土随加深集水井;当涌水量很大时,如桩较密集,可将一桩超前开挖,使附近地下水汇集于此桩孔内,用 1～2 台潜水泵将地下水抽出,起到深井降水的作用,将附近桩孔地下水位降低;当渗水量较大、井底地下水难以排干时,底部泥渣可用压缩空气清孔方法清孔。

当挖孔时遇流砂层,一般可在井孔内设高 1～2m、厚 4mm、直径略小于混凝土护壁内径的钢套护筒,利用混凝土支护作支点,用小型油压千斤顶将钢护筒逐渐压入土中,阻挡流砂。钢套筒可一个接一个下沉,压入一段,开挖一段桩孔,直至穿过流砂层 0.5～1.0m,再转入正常挖土和设混凝土支护。浇筑混凝土至该段时,随浇混凝土随将钢护筒(上设吊环)吊出,也可不吊出。

(3)人工挖孔灌注桩施工常见问题

人工挖孔灌注桩施工常见问题主要有:孔底虚土多;成孔困难,塌孔;桩孔倾斜及桩顶位移偏差大;吊放钢筋笼与浇筑混凝土不当等。

(4)人工挖孔灌注桩的特殊安全措施

①桩孔内必须设置应急软爬梯供人员上下井,不得使用麻绳和尼龙绳吊挂或脚踏井壁凸缘上下。

②每日开工前必须检测井下有毒有害气体,并应有足够的安全防护措施,桩孔开挖深度超过 10m 时,应有专门向井下送风设备,风量不宜少于 25L/s。

③孔口四周必须设置不小于 0.8m 高的围护护栏。

④挖出的土石方应及时运离孔口,不得堆放在孔口四周 1m 范围内,机动车辆的通行不得对井壁的安全造成影响。

⑤孔内使用的电缆、电线必须有防磨损、防潮、防断等措施,照明应采用安全矿灯或工作电压为 12V 以下的安全灯,并遵守各项安全用电的规范和规章制度。

2. 泥浆护壁钻孔灌注桩

泥浆护壁钻孔灌注桩是通过桩机在泥浆护壁条件下慢速钻进,将钻渣利用泥浆带出,并保护孔壁不致坍塌,成孔后再使用水下混凝土浇筑的方法将泥浆置换出来而成的桩。它是国内最为常用和应用范围较广的成桩方法。

泥浆护壁钻孔灌注桩的特点:可用于各种地质条件、各种大小孔径(300～2000mm)和深度(40～100m),护壁效果好,成孔质量可靠;施工无噪声、无振动、无挤压;机具设备简单,操作方便,费用较低。但成孔速度慢,效率低,用水量大,泥浆排放量大,污染环境,扩孔率较难控制。适用于地下水位较高的软、硬土层,如淤泥、黏性土、砂土、软质岩等。

(1)泥浆制备

泥浆具有排渣和护壁作用,根据泥浆循环方式,分为正循环和反循环两种施工方法,如图 2.2.5 和图 2.2.6 所示。

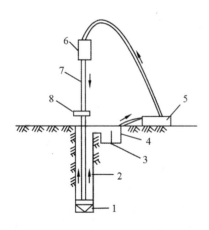 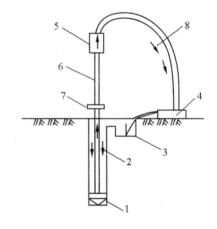

1-钻头;2-泥浆循环方向;3-沉淀池;4-泥浆池;　　1-钻头;2-新泥浆流向;3-沉淀池;4-砂石泵
5-循环泵;6-水龙头;7-钻杆;8-钻机回转装置　　5-水龙头;6-钻杆;7-钻杆回转装置;8-混合液流向
图 2.2.5　正循环回转钻机成孔工艺原理　　　　图 2.2.6　反循环回转钻机成孔工艺原理

正循环回转钻机成孔的工艺原理是由空心钻杆内部通入泥浆或高压水,从钻杆底部喷出,携带钻下的土渣沿孔壁向上流动,由孔口将土渣带出流入泥浆池。正循环具有设备简单、操作方便、费用较低等优点,但排渣能力较弱。适用于小直径孔(不宜大于 1000mm),钻孔深度一般以 40m 为限。

从反循环回转钻机成孔的工艺原理图中可以看出,泥浆带渣流动的方向与正循环回转钻机成孔的情况相反。反循环工艺泥浆上流的速度较高,能携带大量的土渣。反循环成孔是目前大直径桩成孔的一种有效的施工方法,适用于大直径孔和孔深大于30m的端承桩。

（2）施工工艺流程及施工要点

泥浆护壁钻孔灌注桩施工工艺流程:放样定位→埋设护筒→钻机就位→钻孔→第一次清孔→吊放钢筋笼→下导管→第二次清孔→灌注混凝土。

①埋设护筒

埋设护筒的作用主要是保证钻机沿着垂直方向顺利工作,同时还起着存储泥浆,使其高出地下水位和保护桩顶部土层不致因钻杆反复上下升降、机身振动而导致坍孔的作用。

护筒一般由钢板卷制而成,钢板厚度视孔径大小采用4~8mm,护筒内径宜比设计桩径大200mm。护筒埋置深度一般要大于不稳定地层的深度,在黏性土中不宜小于1m;砂土中不宜小于1.5m;上口高出地面30~40cm或高出地下水位1.5m以上,使保持孔内泥浆面高出地下水位1.0m以上。护筒中心与桩位中心线偏差不得大于50mm,筒身竖直,四周用黏土回填,分层夯实,防止渗漏。

②钻机就位

钻机就位前,先平整场地,铺好枕木并用水平尺校正,保证钻机平稳、牢固。移机就位后应认真检查磨盘的平整度及主钻杆的垂直度,控制垂直偏差在0.2%以内,钻头中心与护筒中心偏差宜控制在15mm以内,且在钻进过程中要经常复检、校正。桩径允许偏差为+50mm,垂直度允许偏差<1%。

③钻孔

泥浆制备时要注意:泥浆密度在砂土和较厚的夹砂层中应控制在$1.1\sim1.3t/m^3$;在穿过砂夹卵石层或容易坍孔的土层中应控制在$1.3\sim1.5t/m^3$;在黏土和粉质黏土中成孔时,可注入清水,以原土造浆护壁,排渣时泥浆密度控制在$1.1\sim1.2t/m^3$。泥浆可就地选择塑性指数$I_P\geqslant17$的黏土调制,质量指标为:黏结度为18~22s,含砂率不大于4%,胶体率不小于90%。施工过程中应经常测定泥浆密度,并定期测定黏结度、含砂率和胶体率。

钻孔作业应分班连续进行,认真填写钻孔施工记录,交接班时应交代钻进情况及下一班注意事项。应经常对钻孔泥浆进行检测和试验,应经常注意土层变化,在土层变化处均应捞取渣样,判明后记入记录表中并与地质剖面图核对。

开钻时,在护筒下一定范围内应慢速钻进,待导向部位或钻头全部进入土层后,方可加速钻进,钻进速度应根据土质情况、孔径、孔深和供水、供浆量的大小确定,一般控制在5m/min左右,在淤泥和淤泥质黏土中不宜大于1m/min,在较硬的土层中以钻机无跳动、电机不超荷为准。在钻孔、排渣或因故障停钻时,应始终保持孔内具有规定的水位和要求的泥浆相对密度和黏度。

钻头到达持力层时,钻速会突然减慢。这时应对浮渣取样与地质报告做比较予以判定,原则上应由地质勘查单位派出有经验的技术人员进行鉴定,判定钻头是否到达设计持力层深度,再用测绳测定孔深做进一步判断。经判定满足设计规范要求后,可同意施工收桩提升钻头。

④清孔

清孔分两次进行。

第一次清孔:在钻孔深度达到设计要求时,对孔深、孔径、孔的垂直度等进行检查,符合要求后进行第一次清孔;清孔根据设计要求和施工机械采用换浆、抽浆、掏渣等方法进行。

以原土造浆的钻孔,清孔可用射水法,同时钻机只钻不进,待泥浆相对密度降到 $1.10t/m^3$ 左右即认为清孔合格;如注入制备的泥浆,采用换浆法清孔,置换出的泥浆密度小于 $1.20t/m^3$ 时方为合格。

第二次清孔:钢筋笼、导管安放完毕,混凝土浇筑之前,进行第二次清孔。第二次清孔根据孔径、孔深、设计要求采用正循环、泵吸反循环、气举反循环等方法进行。

第二次清孔后的沉渣厚度和泥浆性能指标应满足设计要求,对沉渣厚度:摩擦桩≤150mm,端承桩≤50mm。沉渣厚度的测定可直接用沉砂测定仪,但在施工现场多使用测绳。将测绳徐徐下入孔中,一旦感觉锤质量变轻,可在这一深度范围,上下试触几次,确定沉渣面位置,继续放入测绳,一旦锤质量发生较大减轻或测绳完全松弛,说明深度已到孔底,这样重复测试 3 次以上,孔深取其中较小值,孔深与沉渣面之差即为沉渣厚度。泥浆性能指标:在浇筑混凝土前,孔底 500mm 以内的泥浆密度控制在 $1.15\sim1.20t/m^3$。

不论采用何种清孔方法,在清孔排渣时,必须注意保持孔内水头,防止塌孔。不应采取加深钻孔深度的方法代替清孔。

清孔合格后应及时浇筑混凝土,浇筑方法采用导管进行水下浇筑,对泥浆进行置换。导管直径宜为 $200\sim250mm$,壁厚不小于 $3mm$,分节长度视工艺要求而定,一般为 $2.0\sim2.5m$。水下混凝土的砂率宜为 $40\%\sim45\%$;用中粗砂,粗骨料最大粒径 $<40mm$;水泥用量不少于 $360kg/m$;坍落度宜为 $180\sim220mm$,配合比通过试验确定。水下浇筑法工艺流程见图 2.2.7。

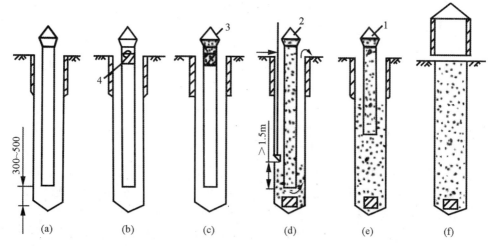

(a) 安设导管;(b) 设隔水栓使其与导管内水面贴紧并用铁丝悬吊在导管下口;
(c) 灌注首批混凝土;(d) 剪断铁丝使隔水栓下落;(e) 连续灌注混凝土,提升导管;(f) 拔出护筒

图 2.2.7 水下浇筑法工艺流程

【注意事项】 灌注混凝土的施工要点:开始浇筑水下混凝土时,管底至孔底的距离宜为 $300\sim500mm$,初灌量埋管深度不小于 $1m$;在以后的浇筑中,导管埋深宜为 $2\sim6m$。导管应不漏气、漏水,接头紧密;导管的上部吊装松紧适度,不会使导管在孔内发生较大的平移。拔管频率不要过于频繁,导管振捣时,不要用力过猛。桩顶混凝土宜超灌 500mm 以上,保证在凿除泛浆层后,桩顶仍达到设计标高。

⑤钻孔灌注桩施工记录

钻孔灌注桩施工记录一般包括测量定位(桩位、钢筋笼、护筒安置)记录、钻孔记录、成孔测定记录、泥浆相对密度测定记录、坍落度测定记录、沉渣厚度测定记录、钢筋笼制定安装检查表、混凝土浇捣记录、导管长度验算记录等。

3. 干作业钻孔灌注桩

干作业钻孔灌注桩施工过程如图2.2.8所示。

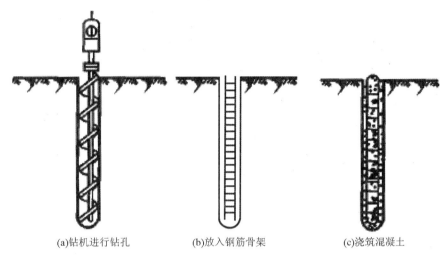

(a)钻机进行钻孔   (b)放入钢筋骨架   (c)浇筑混凝土

图2.2.8　干作业钻孔灌注桩施工过程

干作业成孔一般采用螺旋钻机钻孔。螺旋钻头外径分别为400mm、500mm、600mm,钻孔深度相应为12m、10m、8m。适用于成孔深度内没有地下水的一般黏土层、砂土及人工填土地基,不适于有地下水的土层和淤泥质土。钻机就位后,钻杆垂直对准桩位中心,开钻时先慢后快,减少钻杆的摇晃,及时纠正钻孔的偏斜或位移。钻孔至规定要求深度后,进行孔底清土,清孔的目的是将孔内的浮土、虚土取出,减少桩的沉降。方法是钻机在原深处空转清土,然后停止旋转,提钻卸土。钢筋骨架的主筋、箍筋、直径、根数、间距及主筋保护层均应符合设计规定,绑扎牢固,防止变形。用导向钢筋送入孔内,同时防止泥土杂物掉进孔内。钢筋骨架就位后,应立即灌注混凝土,以防塌孔。灌注时,应分层浇筑、分层捣实,每层厚度为500～600mm。

4. 沉管灌注桩

沉管灌注桩是利用锤击打桩设备或振动沉桩设备,将带有钢筋混凝土桩尖或带有活瓣式桩靴的钢管沉入土中(钢管直径应与桩的设计尺寸一致),形成桩孔,然后放入钢筋骨架并浇筑混凝土,随之拔出套管,利用拔管时的振动将混凝土捣实,形成所需要的灌注桩。利用锤击沉桩设备沉管、拔管成桩,称为锤击沉管灌注桩;利用振动器振动沉管、拔管成桩,称为振动沉管灌注桩。

在沉管灌注桩施工过程中,对土体有挤密作用和振动影响,施工中应结合现场施工条件,考虑成孔的顺序。为了提高桩的质量和承载能力,沉管灌注桩常采用单打法、复打法、翻插法等施工工艺。

锤击沉管灌注桩适宜于一般黏性土、淤泥质土和人工填土地基,其施工过程如图2.2.9所示。

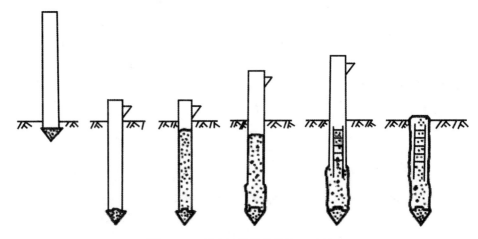

图 2.2.9　锤击沉管灌注桩施工过程

锤击沉管灌注桩施工要点如下：

（1）桩尖与桩管接口处应垫麻（或草绳）垫圈，以防地下水渗入管内和缓冲层。沉管时先用低锤锤击，观察无偏移后，才正常施打。

（2）拔管前，应先锤击或振动套管，在测得混凝土确已流出套管时方可拔管。

（3）桩管内混凝土尽量填满，拔管时要均匀，保持连续密锤轻击，并控制拔管速度，一般以不大于 1m/min 为宜，在软弱土层与软硬交界处，应控制在 0.8m/min 以内为宜。

（4）在管底未拔到桩顶设计标高之前，倒打或轻击不得中断，注意使管内的混凝土保持略高于地面，并保持到全管拔出为止。

（5）桩的中心距在 5 倍桩管外径以内或小于 2m 时，均应跳打施工；中间空出的桩须待邻桩混凝土达到设计强度的 50％以后，方可施打。

2.2.4　桩基础的检测与验收

1. 桩基础检测

为了确保基桩检测工作质量，统一基桩检测方法，为设计和施工验收提供可靠依据，基桩检测方法应根据各种检测方法的特点和适用范围，考虑地质条件、桩型及施工质量可靠性、使用要求等因素进行合理选择搭配。目前我国《建筑桩基检测规范》(JGJ 106—2014)规定的检测桩基承载力及桩身完整性的方法有静载实验、钻芯法、动测法（低应变法、高应变法）和声波透射法。

（1）静载试验法

桩的静载试验是模拟实际荷载情况，通过静载加压，得出一系列关系曲线，综合评定确定其容许承载力，它能较好地反映单桩的实际承载力。荷载试验有多种，通常采用的是单桩竖向抗压静载试验、单桩竖向抗拔静载试验和单桩水平静载试验。

①单桩竖向抗压静载试验：确定单桩竖向抗压极限承载力，判定竖向抗压承载力是否满足设计要求，通过桩身内力及变形测试测定桩侧、桩端阻力；验证高应变法的单桩竖向抗压承载力检测结果。

②单桩竖向抗拔静载试验：确定单桩竖向抗拔极限承载力，判定竖向抗拔承载力是否

满足设计要求。通过桩身内力及变形测试,测定桩的抗拔摩阻力。

③单桩水平静载试验:确定单桩水平临界和极限承载力,推定土抗力参数,判定水平承载力是否满足设计要求。通过桩身内力及变形测试,测定桩身弯矩。

预制桩在桩身强度达到设计要求的前提下,对于砂类土,不应少于 7d;对于粉土和黏性土,不应少于 15d;对于淤泥或淤泥质土,不应少于 25d,待桩身与土体的结合基本趋于稳定,才能进行试验。就地灌注桩应在桩身混凝土强度达到设计等级的前提下,对砂类土不少于10d;对一般黏性土不少于 20d;对淤泥或淤泥质土不少于 30d,才能进行试验。

(2)动测法

动测法又称动力无损检测法,是检测桩基承载力及桩身质量的一项新技术,可作为静载试验的补充。

动测法是相对静载试验法而言的,它是对桩土体系进行适当的简化处理,建立起数学—力学模型,借助于现代电子技术与量测设备采集桩—土体系在给定的动荷载作用下所产生的振动参数,结合实际桩土条件进行计算,所得结果与相应的静载试验结果进行对比,在积累一定数量的动静试验对比结果的基础上,找出两者之间的某种相关关系,并以此作为标准来确定桩基承载力。另外,可应用波动理论,根据波在混凝土介质内的传播速度、传播时间和反射情况,来检验、判定桩身是否存在断裂、夹层、颈缩、空洞等质量缺陷。

一般静载试验可直观地反映桩的承载力和混凝土的浇筑质量,数据可靠。但试验装置复杂笨重,装、卸、操作费工费时,成本高,测试数量有限,并且易破坏桩基。动测法试验则仪器轻便灵活,检测快速;单桩试验时间仅为静载试验的 1/50 左右,可大大缩短试验时间;数量多,不破坏桩基,相对也较准确,可进行普查;费用低,单桩测试费约为静载试验的 1/30 左右,可节省静载试验锚桩、堆载、设备运输、吊装焊接等大量人力、物力。据统计,国内用动测方法的试桩工程数目已占工程总数的 70% 左右,试桩数约占全部试桩数的 90%,有效地填补了静力试桩的不足,满足了桩基工程发展的需要,因此,社会经济效益显著。但动测法也存在需做大量的测试数据,需静载试验资料来充实完善、编制电脑软件,所测的极限承载力有时与静载荷值离散性较大等问题。

(3)钻芯法

钻芯法是用钻机钻取芯样以检测混凝土灌注桩的桩长、桩身混凝土强度、桩底沉渣厚度和桩身完整性,判定或鉴别桩端持力层岩土性状的方法。

(4)声波透射法

声波透射法是在预埋声测管之间发射并接收声波,并通过实测声波在混凝土介质中传播的声时、频率和波幅衰减等声学参数的相对变化,对桩身完整性进行判定的检测方法。

2. 桩基础验收

(1)桩位偏差检查

桩位偏差检查一般在施工结束后进行。当桩顶设计标高低于施工场地标高,送桩后无法对桩位进行检查时,对打入桩可在每根桩桩顶沉至场地标高时,进行中间验收,待全部桩施工结束,承台或底板开挖到设计标高后,再做最终验收。对灌注桩可对护筒位置做中间验收。

(2)承载力检验

对于地基基础设计等级为甲级或地质条件复杂、成桩质量可靠性低的灌注桩,应采用静载荷试验的方法进行检验,检验桩数不应少于总数的 1%,且不应少于 3 根,当总桩数少于 50 根时,不应少于 2 根。

(3) 桩身质量检验

对设计等级为甲级或地质条件复杂、成桩质量可靠性低的灌注桩,抽检数量不应少于总数的 30%,且不应少于 20 根;其他桩基工程的抽检数量不应少于总数的 20%,且不应少于 10 根;对混凝土预制桩及地下水位以上且终孔后经过核验的灌注桩,检验数量不应少于总桩数的 10%,且不得少于 10 根。每个柱子承台下不得少于 1 根。

(4) 施工过程检查

①预制桩

锤击沉桩:应对桩体垂直度、沉桩情况、桩顶完整状况、接桩质量等进行检查,对电焊接桩,重要工程应做 10% 的焊缝探伤检查。

静力压桩:压桩过程中应检查压力、桩垂直度、接桩间歇时间、桩的连接质量及压入深度。重要工程应对电焊接桩的接头做 10% 的探伤检查。对承受反力的结构应加强观测。

②灌注桩

施工中应对成孔、清渣、放置钢筋笼、灌注混凝土等全过程检查;人工挖孔桩还应复验孔底持力层土(岩)性;嵌岩桩必须有桩端持力层的岩性报告。

(5) 质量验收项目

①锤击沉桩

主控项目:桩体质量检验;桩位偏差;承载力。

一般项目:砂、石、水泥、钢材等原材料,混凝土配合比及强度(现场预制时);成品桩外形;成品桩裂缝(收缩裂缝或起吊、装运、堆放引起的裂缝);成品桩尺寸(横截面边长、桩顶对角线差、桩尖中心线、桩身弯曲矢高、桩顶平整度);电焊接桩(焊缝质量、电焊结束后停歇时间、上下节平面偏差、节点弯曲矢高);桩顶标高;停锤标准。

②静力压桩

主控项目:桩体质量检验;桩位偏差;承载力。

一般项目:成品桩质量(外观、外形尺寸、强度);硫黄胶泥质量(半成品);接桩(电焊接桩:焊缝质量、电焊结束后停歇时间);电焊条质量;压桩压力;接桩时上下节平面偏差;接桩时节点弯曲矢高;桩顶标高。

③灌注桩

主控项目:桩位、孔深、桩体质量检验;混凝土强度;承载力。

一般项目:垂直度;桩径;泥浆比重(黏土或砂性土中);泥浆面标高(高于地下水位);沉渣厚度;混凝土坍落度;钢筋笼安装深度;混凝土充盈系数;桩顶标高。

(6) 桩基工程验收提交资料

①工程地质勘查报告、桩基施工图、图纸会审纪要、设计变更及材料代用单等。

②经审定的施工组织设计、施工方案及执行中的变更情况。

③桩位测量放线图,包括工程桩位线复核签证单。

④成桩质量检查报告。

⑤单桩承载力检测报告。

⑥基坑挖至设计标高的基桩竣工平面图及桩顶标高图。

本章小结

本章内容分为浅基础和桩基础两部分,重点讲述了几种常见浅埋式钢筋混凝土基础的构造及其各自的施工工艺要点,对静压桩和现浇混凝土桩的施工工艺以及桩基检测方面的知识进行了阐述。建议读者在学习中要多接触工程现场实例,并熟悉现行施工规范相关条文规定。

 思考题

1. 浅基础有哪些类型?
2. 简述浅埋式钢筋混凝土基础施工方法及工艺要求。
3. 什么叫桩基础? 在什么情况下采用桩基础?
4. 试解释端承桩和摩擦桩以及它们的作用。
5. 何谓单桩承载力? 试桩的作用是什么?
6. 打桩顺序有哪几种? 为什么打桩顺序与土质和桩距有关? 为什么当桩距大于1d(或4b)时,打桩顺序则与桩距无关?
7. 吊桩时如何选择吊点? 如何才能保证桩位准确、桩垂直?
8. 试分析桩锤产生回跃和贯入度变化的原因?
9. 试分析一桩打下邻桩浮起的原因,应如何处理?
10. 灌注桩有何特点? 适用于什么情况?
11. 灌注桩分几种? 如何成孔?
12. 钻孔桩适用于什么情况,有哪些成孔方法?
13. 静力压桩的施工工艺? 与打入桩相比有何优点?

习题

1. 带有地下室的钢筋混凝土结构房屋采用筏形基础,在确定地基承载力时,基础埋深应按下列哪一方法选取?(　　)
   A. 从室外地面标高算起
   B. 从地下室地面标高算起
   C. 按室外地面标高与地下室内地面标高平均值计算
   D. 从地下室折算地面标高(考虑混凝土地面重力影响)算起
2. 多层和高层建筑地基变形的控制条件,以下何项正确?(　　)
   A. 局部倾斜　　　　　　　　　B. 相邻柱基的沉降差
   C. 沉降量　　　　　　　　　　D. 整体倾斜
3. 建筑安全等级为甲级的建筑物,地基设计应满足(　　)。
   A. 持力层承载力要求　　　　　B. 地基变形条件

C. 软弱下卧层的承载力要求   D. 以上都要满足

4. 计算基础内力时,基底的反力应取( )
     A. 基底反力   B. 基底附加压力
     C. 基底净反力   D. 地基附加应力

5. 地基的允许变形值是由下列什么确定的?( )
     A. 基础类型
     B. 上部结构对地基变形的适应能力和使用要求
     C. 地基的刚度
     D. 地基的变形性质

6. 相同地基土上的基础,当宽度相同时,则埋深越大,地基的承载力( )。
     A. 越大   B. 越小
     C. 与埋深无关   D. 按不同土的类别而定

7. 地基承载力作深度修正时,对设有地下室的条形基础而言,基础埋深应( )
     A. 从天然地面标高算起   B. 自室外地面标高算起
     C. 自室内地面标高算起   D. 取室内、室外的平均埋深

8. 地基承载力标准值的修正根据( )
     A. 建筑物的使用功能   B. 建筑物的高度
     C. 基础类型   D. 基础的宽度和埋深

9. 地基持力层和下卧层刚度比值越大,地基压力扩散角( )。
     A. 越大   B. 越小   C. 无影响

10. 下列关于基础埋深的正确叙述是( )。
     A. 在满足地基稳定性和变形要求前提下,基础应尽量浅埋,当上层地基的承载力大于
         下层土时,宜利用上层土作为持力层。除岩石地基以外,基础埋深不宜小于0.6m
     B. 位于岩石地基上的高层建筑,其基础埋深应满足稳定要求,位于地质地基上的高层
         建筑,其基础埋深应满足抗滑要求
     C. 基础应埋置在地下水位以上,当必须埋在地下水位以下时,应采取措施使地基土在
         施工时不受扰动
     D. 当存在相邻建筑物时,新建建筑物的基础埋深一般大于原有建筑物基础

11. 高层建筑为了减小地基的变形,下列何种基础形式较为有效?( )
     A. 钢筋混凝土十字交叉基础   B. 箱形基础
     C. 筏板基础   D. 扩展基础

12. 为减少软土地基上的高层建筑地基的变形和不均匀变形,下列何种措施是收不到预期
     效果的?( )
     A. 减小基底附加压力   B. 增加房屋结构刚度
     C. 增加基础的强度

第3章 砌体工程

砌体结构是用砖砌体、石砌体或砌块砌体建造的结构，又称砖石结构。由于砌体的抗压强度较高而抗拉强度很低，因此，砌体结构构件主要承受轴心或小偏心压力，而很少受拉或受弯，一般民用和工业建筑的墙、柱和基础都可采用砌体结构。在采用钢筋混凝土框架和其他结构的建筑中，常用砖墙做围护结构，如框架结构的填充墙。本章主要阐述砌体材料、砌筑工艺和施工要点。

 学习目标

1. 熟悉砌体组成材料的种类和特点；
2. 熟悉砌体砌筑的操作方法；
3. 掌握砌体工程的质量检验方法。

 学习要求

知识要点	能力要求
砌体材料	熟悉各种砖的类型和特点
	熟悉砌块的类型和特点
	掌握预砂浆制作和使用中的注意事项
砌筑工具	了解砌筑手工工具
	了解砌筑搅拌机
	了解砌筑运输工具
	掌握砌筑测量工具用法
砖砌体施工	熟悉砖砌体施工工艺和砌筑操作基本方法
	掌握砖砌体组砌方式和各种构造要求
	掌握砖砌体质量检验方法
砌块砌体施工	熟悉砌块砌体施工工艺和砌筑操作基本方法
	掌握砌块砌体组砌方式和各种构造要求
	掌握砌块砌体质量检验方法

续 表

知识要点	能力要求
砌筑施工安全管理	熟悉安全管理方针
	熟悉砌筑工程中安全管理基本事项

【历史沿革】

砖块在建筑上使用在中国可以追溯到很早时期。建筑陶器的烧造和使用是在商代早期开始的,最早的建筑陶器是陶水管。到西周初期又创新出了板瓦、筒瓦等建筑陶器。到了秦汉时期制陶业的生产规模、烧造技术、数量和质量,都超过了以往任何时代。秦汉时期建筑用陶在制陶业中占有重要位置,其中最富有特色的为画像砖和各种纹饰的瓦当,素有"秦砖汉瓦"之称(见图3.0.1和图3.0.2)。

图 3.0.1 秦砖   图 3.0.2 汉瓦

在秦都咸阳宫殿建筑遗址,以及陕西临潼、风翔等地发现众多的秦代画像砖和铺地青砖,除铺地青砖为素面外,大多数砖面饰有太阳纹、米格纹、小方格纹、平行线纹等。用作踏步或砌于壁面的长方形空心砖,砖面或模印几何形花纹,或阴线刻画龙纹、凤纹,也有模射猎、宴客等场面的。最了不起的是秦代对万里长城的修筑工程,《史记·蒙恬列传》载:"秦已并天下,乃使蒙恬将三十万众北逐戎狄,收河南。筑长城,因地形,用制险塞,起临洮,至辽东,延袤万余里。于是渡河,据阳山,逶蛇而北。"在高山峻岭之顶端筑起雄伟豪迈、气壮山河的万里长城,其工程之宏大,用砖之多,举世罕见。

建筑用瓦有板瓦和筒瓦两种,其制作方法是先用泥条盘筑成类似陶水管的圆筒形坯,再切割成两半,成为两个半圆形筒瓦,如果切割成三等分,即成为板瓦。瓦坯制成后,在筒瓦前端再按上圆形或半圆形瓦当。这种筒瓦和板瓦的烧造大约起源于西周时期,在陕西扶风、岐山一带的西周宫殿建筑遗址中大量出土,它反映了中国古代劳动人民在建筑用陶上的伟大创造,开创了瓦顶房屋建筑的先河。

3.1 砌筑材料

块体和砂浆可以砌筑成墙体、柱等构件。一般而言,由于材料本身的耐久、防火、隔热等许多优点,才使得砌体建筑在我国保持着强大的生命力。下面简单介绍砌筑相关的三种类型材料。

3.1.1 砌筑工程用砖

砌筑工程中砖的使用最为广泛,其中最为常见的是烧结普通砖,一般可由黏土、页岩、煤矸石、粉煤灰为主要原料经焙烧而成的砖,因此如果按照原料其可分为黏土砖、页岩砖、煤矸石砖和粉煤灰砖,其他的还有蒸压砖等。下面就几种最常用的砖做一下介绍。

1. 烧结普通砖

烧结普通砖常见的是烧结黏土砖,其外形为长方体(见图 3.1.1),公称尺寸为长 240mm、宽 115mm、高 53mm,配砖的尺寸为长 175mm、宽 115mm、高 53mm。根据砌体设计规范,其抗压强度等级分为 MU30、MU25、MU20、MU15 和 MU10 五个强度等级。

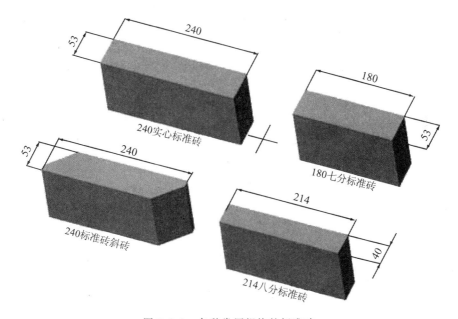

图 3.1.1　各种常用规格的标准砖

强度和抗风化性能合格的烧结普通砖,根据尺寸偏差、外观质量、泛霜和石灰爆裂分为优等品、一等品和合格品三个质量等级。

烧结砖的质量可以从外观、泛霜和石灰爆裂三个指标来检验。

外观:外形平整、方正。外观无明显的弯曲、缺棱、掉角、裂缝等缺陷,敲击时发出清脆的金属声、色泽均匀一致。

泛霜:优等品要求无泛霜;一等品不允许出现中等泛霜;合格品不能出现严重泛霜。

石灰爆裂:优等品不允许出现最大尺寸大于 2mm 的爆裂区域。一等品,最大破坏尺寸大于 2mm 且小于等于 10mm 的爆裂区域,每组砖样不得多于 15 处;不允许出现最大破坏尺寸大于 10mm 的爆裂区域。合格品,最大破坏尺寸大于 2mm 且小于等于 15mm 的爆裂区域,每组砖样不得多于 15 处;其中大于 10mm 的不得多于 7 处;不允许出现最大破坏尺寸大于 15mm 的爆裂区域。

2. 烧结多孔砖

烧结多孔砖的材料同普通烧结砖,为了节约资源并减轻砖的重量,在砖体里设了许多小孔,如图 3.1.2 所示。

烧结多孔砖也分为优等品、一等品、合格品三个等级。强度等级同烧结普通砖。

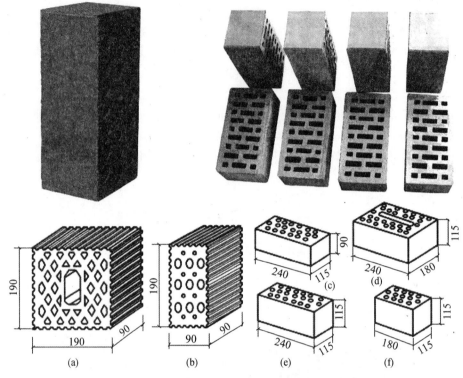

（a）KM₁ 型；（b）KM₁ 型配砖；（c）KP₁ 型；（d）KP₂ 型；（e）、（f）KP₂ 型配砖

图 3.1.2　各种规格的多孔砖

3. 粉煤灰砖

粉煤灰砖以粉煤灰、石灰为主要原料,掺加适量石膏和骨料经坯料制备、压制成型、高压或常压蒸汽养护而成。其主要原材料是粉煤灰、石灰、石膏、电石渣、电石泥等工业废弃固态物。

粉煤灰砖的外形为长方体,公称尺寸长为 240mm、宽 115mm、高 53mm,其抗压强度等级分为 MU30、MU25、MU20、MU15、MU10 五个强度等级。

粉煤灰砖的产品标记按产品名称（FAB）、颜色、强度等级、质量等级、标准编号的顺序编写。例如:强度为 MU20、优等品的粉煤灰砖标记为 FAB-20-A-JC 239。

4. 蒸压灰砂空心砖

蒸压灰砂空心砖（见图 3.1.3）是以砂、石灰为主要原材料,掺加适量石膏和骨料经坯料制备、压制成型、高压蒸汽养护硬化而成,其孔洞率等于或大于 15%。产品常用于砌筑内外墙体的非承重部位。

蒸压灰砂空心砖抗压强度等级分为 MU25、MU20、MU15、MU10、MU7.5 五个等级,产品质量等级分为优等品、一等品和合格品。

图 3.1.3　蒸压灰砂空心砖

蒸压灰砂空心砖产品标记按产品(LBCB)品种、规格代号、强度等级、产品等级、标准编号的顺序编写。例如规格为 2NF、强度等级为 15 级、优等品的蒸压灰砂空心砖标记为 LBCB 2NF 15A JC/T637。

3.1.2 小型砌块

砌块是利用混凝土、工业废料(炉渣、粉煤灰等)或地方材料制成的人造块材,外形尺寸比砖大,具有设备简单、砌筑速度快的优点,符合建筑工业化发展中墙体改革的要求。

砌块按尺寸和质量的大小不同分为小型砌块、中型砌块和大型砌块。砌块系列中主规格的高度大于 115mm 而小于 380mm 的称作小型砌块、高度为 380～980mm 的称为中型砌块、高度大于 980mm 的称为大型砌块。使用中以中小型砌块居多。

砌块按外观形状可以分为实心砌块和空心砌块。空心砌块有单排方孔、单排圆孔和多排扁孔三种形式,其中多排扁孔对保温较有利。按砌块在组砌中的位置与作用可以分为主砌块和辅助砌块。

根据材料不同,常用的砌块有普通混凝土与装饰混凝土小型空心砌块、轻集料混凝土小型空心砌块、粉煤灰小型空心砌块、蒸压加气混凝土砌块、免蒸压加气混凝土砌块(又称环保轻质混凝土砌块)和石膏砌块。吸水率较大的砌块不能用于长期浸水、经常受干湿交替或冻融循环的建筑部位。下面介绍最常见的几种砌块。

1. 普通混凝土与装饰混凝土小型空心砌块

普通小砌块与装饰砌块具有相同的规格系列。常用的规格系列按宽度分为 190mm、90mm 两个系列,每个系列按高度分为两组,见表 3.1.1;普通小砌块尺寸如图 3.1.4 所示。

表 3.1.1 普通小砌块与装饰砌块基本规格   单位:mm

190 宽度系列	90 宽度系列	用途
外形尺寸 (长×宽×高)	外形尺寸 (长×宽×高)	
390×190×190	390×90×190	主砌块
290×190×190	290×90×190	辅助块
190×190×190	190×90×190	辅助块
390×190×90	390×90×90	主砌块
290×190×90	290×90×90	辅助块
190×190×90	90×90×90	辅助块

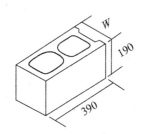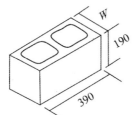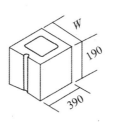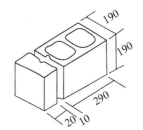

图 3.1.4 普通小砌块尺寸

根据国家标准,普通小砌块的强度等级有 MU20、MU15、MU10、MU7.5、MU5 五级,装饰砌块的强度等级有 MU20、MU15、MU10 三级。

2. 轻集料混凝土小型空心砌块

轻集料混凝土小型空心砌块是以水泥、轻集料、水为主要原材料,按一定比例计量配料、搅拌、成型、养护而成的一种轻质墙体材料。

按其孔的排数可分为实心、单排孔、双排孔、三排孔和四排孔五类;按砌块密度等级分为八级:500、600、700、800、900、1000、1200、1400。实心砌块的密度等级不应大于 800。按砌块强度等级分为六级:MU1.5、MU2.5、MU3.5、MU5.5、MU7.5、MU10.0。用于非承重内隔墙时,强度等级不宜低于 MU3.5。

质量等级分为一等品和合格品两类。

3. 粉煤灰小型空心砌块

粉煤灰小型空心砌块,是将粉煤灰、水泥、砂石等主要原材料按比掺配,均匀混合,用加有适量减水剂的水适度湿化,经坯料制备、挤出成型、养护而成。采用空心砌块成型机生产,工艺简单,易操作,成本低,产品性能良好。

按其孔的排数可分为单排孔、双排孔、三排孔和四排孔;按用途分承重砌块(强度等级 MU7.5 及以上)和非承重砌块(强度等级 MU7.5 以下)。

粉煤灰小型空心砌块主要规格尺寸为 390mm×190mm×190mm,产品等级分为优等品、一等品和合格品。

4. 蒸压加气混凝土砌块

蒸压加气混凝土砌块是以水泥、石灰、砂、粉煤灰、矿渣、发气剂、气泡稳定剂和调节剂为主要原料,经细磨、计量配料、搅拌、浇筑、发气膨胀、静停、切割、蒸压养护、成品加工和包装等工序制成的多孔混凝土制品。产品分为粉煤灰蒸压加气混凝土砌块和砂蒸压加气混凝土砌块两种,具有轻质、高强、保温、隔热、吸气、防火、可锯、可刨等特点。

蒸压加气混凝土砌块的强度分为 A1.0、A2.0、A2.5、A3.5、A5.0、A7.5、A10 七个级别,其干密度分为 B03、B04、B05、B06、B07、B08 六个级别。其质量等级分为优等品和合格品两种。

蒸压加气混凝土砌块的产品标记按产品名称(ACB)、强度等级、干密度级别、尺寸规格、质量等级和标准编号的顺序编写。例如,强度等级为 A3.5、干密度级别为 B05、优等品、规格尺寸为 600mm×200mm×250mm 的蒸压加气混凝土砌块可标记为 ACB A3.5 B05 600×200×250(GB 11968—2006)。

【知识拓展】 石砌体材料

为了降低工程造价,建筑材料往往是就地取材。在石材丰富的地区,不少建筑墙体、柱等均采用石材。石材要求质地坚实、无分化剥落和裂缝,用于清水墙、柱表面的石材,还应色泽均匀。

砌筑用石材一般还分为毛石与料石。两者强度等级同样分为 MU10、MU15、MU20、MU30、MU40、MU50、MU60、MU80、MU100 九个强度等级。由形状的规则程度,毛石还可以分为乱毛石和平毛石两种;根据表面的平整程度,料石可以分为方石块、粗料石、细料石、条石和板石。(见图 3.1.5、图 3.1.6)

图 3.1.5　石板

图 3.1.6　石材建筑

3.1.3　砌筑砂浆

砂浆是砌砖使用的黏结物质,由一定比例的砂子和胶结材料(水泥、石灰膏、黏土等)加水和成,也叫灰浆,也作沙浆。砂浆是由胶凝材料(水泥、石灰、黏土等)和细骨料(砂)加水拌和而成。砂浆在砌体内的作用,主要是填充砖之间的空隙,并将其黏结成一整体,使上层砖的荷载能均匀地传到下面。

砂浆可分为水泥砂浆、石灰砂浆、混合砂浆及其他加入一些各种外加剂的砂浆。其强度等级是在标准养护条件下,28d 龄期的试块抗压强度,分为 M15、M10、M7.5、M5、M2.5 五个强度等级。不同品种的砂浆,其使用上有一定的要求。基础及特殊部位的砌体,主要用水泥砌筑,基础以上部位的砌体主要用混合砂浆。砂浆拌成后和使用时,均应盛入贮灰器内。如砂浆出现泌水现象,应在砌筑前再次拌和。

【注意事项】　砂浆应随拌随用。水泥砂浆和水泥混合砂浆必须分别在拌成后 3h 和 4h 内使用完毕;如施工期间最高气温超过 30℃,必须分别在拌成后 2h 和 3h 内使用完毕。在砂浆使用时限内,当砂浆的和易性变差时,可以在灰盆内适当掺水拌和恢复其和易性后再使用。超过使用时限的砂浆不允许直接加水拌和使用,以保证砌筑质量。

3.2　砌筑机具与工具

3.2.1　常用砌筑工具

砌筑工是一个以手工操作为主的技术工种,砌筑用手工工具品种很多,用途广泛,对不同的砌筑工艺,应该选择相应的手工工具,这样才能够提高工效,保证砌筑质量。以下是几种常见的手工工具。

1. 瓦刀

瓦刀又叫砖刀,是砌筑工个人使用及保管的工具,用于摊铺砂浆、砍削砖块、打灰条等。瓦刀又可以分为片刀和条刀两种(见图 3.2.1)。

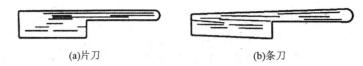

(a)片刀　　　　　　　　　(b)条刀

图 3.2.1　瓦刀

2. 大铲

大铲是用于铲灰、铺灰和刮浆的工具,也可以在操作中用它随时调和砂浆。大铲以桃形者居多,也有长三角形和长方形。它是实施"三一"(一铲灰、一块砖、一揉挤)砌筑法的关键工具,如图 3.2.2 所示。

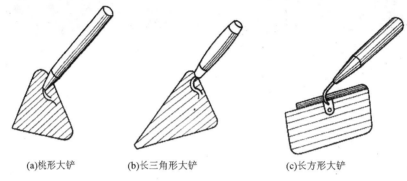

(a)桃形大铲　　　　(b)长三角形大铲　　　　(c)长方形大铲

图 3.2.2　砌筑用大铲

3. 刨锛

刨锛是用以打砍砖块的工具,也可以当作小锤与大铲配合使用。

4. 摊灰尺

摊灰尺用不易变形的木材制成,操作时放在墙上控制灰缝及铺砂浆用,如图 3.2.3 所示。

5. 溜子

溜子又叫灰匙、勾缝刀,一般以 $\phi8mm$ 钢筋打扁制成,并装上木柄,通常用于清水墙勾缝。用 0.5～1mm 厚的薄钢板制成的较宽的溜子,则用于毛石墙的勾缝,如图 3.2.4 所示。

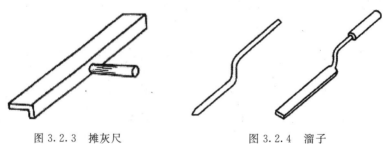

图 3.2.3　摊灰尺　　　　　　图 3.2.4　溜子

6. 灰板

灰板又称托灰板,用不易变形的木材制成,在勾缝时用它承托砂浆。

7. 抿子

抿子是用 0.8～1mm 厚的钢板制成,并铆上执手,安装木柄成为工具,可用于石墙的抹缝、勾缝,如图 3.2.5 所示。

图 3.2.5　抿子

8. 筛子

筛子主要用于筛砂。筛孔直径有 4mm、6mm、8mm 等数种。主要有立筛、小方筛,如图 3.2.6 所示。勾缝需用细砂时,可利用铁窗纱钉在小木框上制成小筛子。

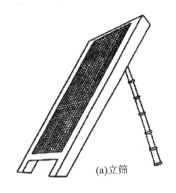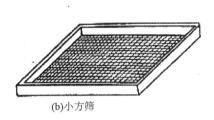

(a)立筛　　　　　　　　　　　　　(b)小方筛

图 3.2.6　筛子

9. 砖夹

砖夹是施工单位自制的夹砖工具。可用 ϕ16mm 钢筋锻造,一次可以夹起 4 块标准砖,用于装卸砖块。砖夹形状见图 3.2.7。

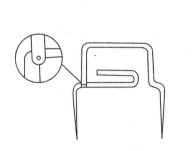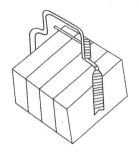

图 3.2.7　砖夹

10. 砖笼

砖笼是采用塔吊施工时吊运砖块的工具。施工时,在底板上先码好一定数量的砖,然后把砖笼套上并固定,再起吊到指定地点,如此周转使用。

11. 灰槽

用 1～2mm 厚的黑铁皮制成,供存放砂浆用。现在常用的还有塑料灰桶。

12. 其他

如橡皮水管、大水桶、灰铺、灰勺、钢丝刷及扫帚等。

3.2.2　测量工具

1. 水准仪

水准仪是水准测量的仪器,它能提供水平视线。由于水准仪的构造和使用方法已在测量课程中详细介绍,这里不再细述。

2. 水准尺与尺叠

水准尺和尺叠是水准测量的配套用具,这里也不再介绍。

3. 钢卷尺

钢卷尺有 1m、2m、3m、5m 及 30m、50m 等几种规格。钢卷尺主要用来量测轴线尺寸、位置及墙长、墙厚，还有门窗洞口的尺寸、留洞位置等。

4. 托线板

托线板又称靠尺板，用于检查墙面垂直度和平整度。由施工单位用木材自制，长 1.2～1.5m；也有用铝合金制成的(见图 3.2.8)。

5. 线锤

线锤用于吊挂垂直度，主要与托线板配合使用(见图 3.2.8)。

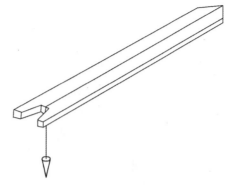

图 3.2.8 托线板和线锤

6. 塞尺

塞尺与托线板配合使用，以测定墙、柱的垂直度、平整度的偏差。塞尺上每一格表示厚度方向 1mm(见图 3.2.9(a))。使用时，托线板一侧紧贴于墙或柱面上，由于墙或柱面本身的平整度不够，必然与托线板产生一定的缝隙，用塞尺轻轻塞进缝隙，塞进几格就表示墙面或柱面偏差几毫米。

7. 水平尺

水平尺用铁和铝合金制成，中间镶嵌玻璃水准管，用来检查砌体对水平位置的偏差，如图 3.2.9(b)所示。

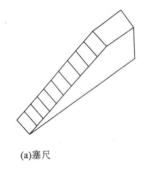

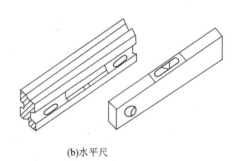

(a)塞尺   (b)水平尺

图 3.2.9 塞尺和水平尺

8. 准线

准线是砌墙时拉的细线，一般使用直径为 0.5～1.0mm 的棉线、麻线、尼龙线或弦线，用于砌体砌筑时拉水平用，另外也用来检查水平缝的平直度。

9. 百格网

百格网是用于检查砌体水平缝砂浆饱满度的工具。可用铁丝编制锡焊而成，也有在有机玻璃上划格而成，其规格为一块标准砖的大面尺寸。将其长度方向各分成 10 格，画成 100 个小格，故称百格网，如图 3.2.10(a)所示。

10. 方尺

方尺是用木材或金属制成的边长为 200mm 的直角尺，有阴角和阳角两种，分别用于检查砌体内外转角的方整程度，如图 3.2.10(b)、(c)所示。

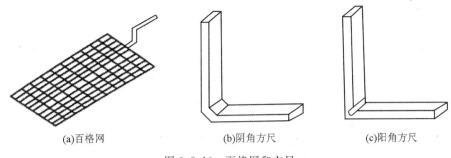

(a)百格网　　　　　　　(b)阴角方尺　　　　　　　(c)阳角方尺

图 3.2.10　百格网和方尺

11. 龙门板

龙门板是在房屋定位放线后,砌筑时定轴线、中心线的标准,如图 3.2.11 所示。施工定位时一般要求板顶面的高程即为建筑物相对标高±0.000。在板上画出轴线位置,以画"中"字示意,板顶面还要钉一根 20~25mm 长的钉子。在两个相对的龙门板之间拉上准线,则该准线就表示为建筑物的轴线。有的在"中"字的两侧还分别画出墙身宽度位置线和大放脚排底宽度位置线,以便于操作人员检查核对。施工中,严禁碰撞和踩踏龙门板,也不允许坐人。建筑物基础施工完毕后,把轴线标高等标志引测到基础墙上后,方可拆除龙门板、柱。

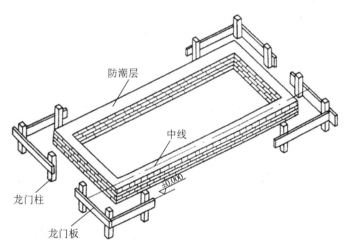

图 3.2.11　龙门板

12. 皮数杆

皮数杆是砌筑墙砌体在高度方向的基准。可分为基础用和地上用两种。

(1)基础用皮数杆比较简单,一般使用截面为 30mm×30mm 的方木杆,由现场施工员绘制。一般在进行条形基础施工时,先在要立皮数杆的地方预埋一根小木桩,到砌筑基础墙时,将画好的皮数杆钉到小木桩上。皮数杆顶应高出防潮层的位置,皮数杆上还要画出砖皮数、地圈梁、防潮层等的位置,并标出高度和厚度。皮数杆上的砖层还要按顺序编号。画到防潮层底的标高处,砖层必须是整皮数。如果条形基础垫层表面不平,可以在一开始砌砖时就用细石混凝土找平。

(2)±0.000 以上的皮数杆,也称大皮数杆。一般由施工技术人员经计算排画,经质量检验人员检测合格后方可使用。其上标注出砖皮数、窗台、窗顶、预埋件、拉结筋、圈梁等的位置。皮数杆的设置,要根据房屋大小和平面复杂程度而定,一般要求转角处和施工段分界处应设立皮数杆;当一道墙身较长时,皮数杆的间距要求不大于 20m。如果房屋构造比较复杂,皮数杆应该编号,并对号入座。皮数杆的位置和画法如图 3.2.12 所示。

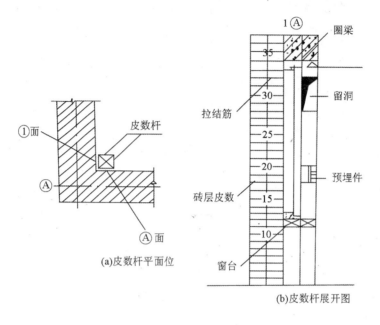

图 3.2.12　皮数杆放置

3.2.3　常用砌筑施工机具

砌筑工程中所使用的机械有砂浆搅拌机(见图 3.2.13),用来制备砌筑和抹灰用的砂浆,常用的砂浆搅拌机有 200L 和 325L 两种。

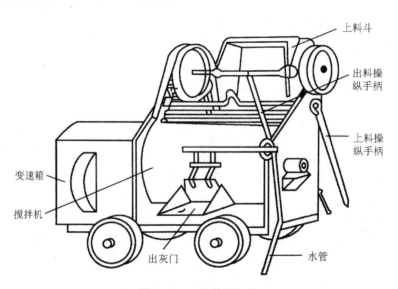

图 3.2.13　砂浆搅拌机

3.2.4 运输设备

工地上运输砂浆和砖块的主要运输工具是手推车,分为元宝车和翻斗车两种(见图 3.2.14)。

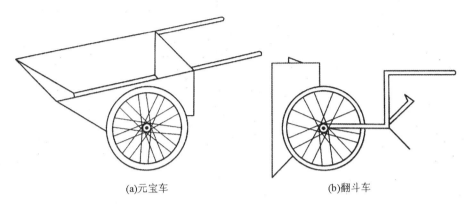

(a)元宝车　　　　　　　　(b)翻斗车

图 3.2.14　手推车

对于多层和高层砌筑施工,垂直运输设备是材料运输的主要工具,垂直运输工具主要有井架、龙门架、卷扬机、附壁式升降机和塔式起重机。其中井架是最常见的运输设备,一般用型钢支设,并配置吊篮、天梁、卷扬机,如图 3.2.15 所示。

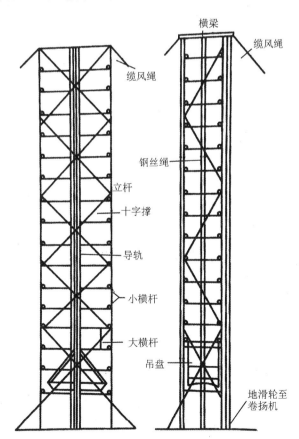

图 3.2.15　井架

3.3　砖砌筑施工

砖砌体是采用烧结普通砖(或灰砂砖、粉煤灰砖、烧结多孔砖等)与混合砂浆砌筑而成,砖的强度等级不宜低于 MU10,砂浆强度等级不宜低于 M2.5。下面先介绍其组砌方式。

3.3.1　墙体组砌方式

砌墙根据其厚度不同,可采用全顺、两丁一侧、全丁、一顺一丁、梅花丁或三顺一丁的砌筑形式,如图 3.3.1 所示。

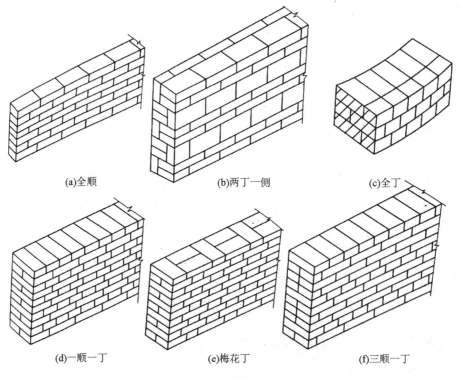

(a)全顺　　　　　(b)两丁一侧　　　　　(c)全丁

(d)一顺一丁　　　　(e)梅花丁　　　　　(f)三顺一丁

图 3.3.1　砌墙组砌方式

一顺一丁法又叫满丁满条法,适合砌一砖及一砖以上厚墙,其砌法是:第一皮排顺砖,第二皮排丁砖,操作方便,施工效率高,又能保证搭接错缝,是一种常见的排砖形式,如图 3.3.1(d)所示。一顺一丁法根据墙面形式不同又分为"十字缝"和"骑马缝"两种。两者的区别仅在于顺砌时条砖是否对齐。

梅花丁是一面墙的每一皮中均采用丁砖与顺砖左右间隔砌成,每一块丁砖均在上下两块顺砖长度的中心,上下皮竖缝相错 1/4 砖长,如图 3.3.1(e)所示,适合砌一砖及一砖以上厚墙。梅花丁砌法灰缝整齐,外表美观,结构的整体性好,但砌筑效率较低,适合于砌筑一砖或一砖半的清水墙。当砖的规格偏差较大时,采用梅花丁砌法有利于减少墙面的不整齐性。

三顺一丁是一面墙的连续三皮中全部采用顺砖与一皮中全部采用丁砖上下间隔砌成，上下相邻两皮顺砖间的竖缝相互错开 1/2 砖长（125mm），上下皮顺砖与丁砖间竖缝相互错开 1/4 砖长，如图 3.3.1(f) 所示，适合砌一砖及一砖以上厚墙。三顺一丁砌法因砌顺砖较多，所以砌筑速度快，但因丁砖拉结较少，结构的整体性较差，在实际工程中应用较少。

两丁一侧是一面墙连续两皮平砌砖与一皮侧立砌的顺砖上下间隔砌成。当墙厚为 3/4 砖时，平砌砖均为顺砖，上下皮平砌顺砖的竖缝相互错开 1/2 砖长，上下皮平砌顺砖与侧砌顺砖的竖缝相错 1/2 砖长；当墙厚为 5/4 砖时，只上下皮平砌丁砖与上下皮平砌顺砖或侧砌顺砖的竖缝相错 1/4 砖长，其余与墙厚为 3/4 砖的相同，如图 3.3.1(b) 所示。两丁一侧砌法只适用于 3/4 砖墙和 5/4 砖墙。

全顺砌法是一面墙的各皮砖均为顺砖，上下皮竖缝相错 1/2 砖长，如图 3.3.1(a) 所示。此砌法仅适用于半砖墙。

全丁砌法是一面墙的每皮砖均为丁砖，上下皮竖缝相错 1/4 砖长，如图 3.3.1(c) 所示，适于砌筑一砖、一砖半、两砖的圆弧形墙、烟囱筒身和圆井圈等。

砌砖墙通常采用"三一"法或挤浆法；要求砖外侧的上棱线与准线平行、水平且离准线 1mm，不得冲（顶）线，砖外侧的下棱线与已砌好的下皮砖外侧的上棱线平行且在同一垂直面上，俗称"上跟线、下靠棱"；同时还要做到砖平位正、挤揉适度、灰缝均匀、砂浆饱满。

【注意事项】 砖砌体是由砌墙砖和砂浆砌合而成，砖砌体的组砌，要求上下错缝，内外搭接，以保证砌体的整体性和稳定性。同时组砌要有规律，少砍砖，以提高砌筑效率，节约材料。组砌方式必须遵循下面三个原则：

(1) 砌体必须错缝。砖砌体是由一块一块的砖，利用砂浆作为填缝和黏结材料，组砌成墙体和柱子。为避免砌体出现连续的垂直通缝，保证砌体的整体强度，必须上下错缝，内外搭砌，并要求砖块最少应错缝 1/4 砖长，且不小于 60mm。在墙体两端采用"七分头"、"二寸条"来调整错缝。

(2) 墙体连接必须有整体性。为了使建筑物的纵横墙相连搭接成一整体，增强其抗压能力，要求墙的转角和连接处要尽量同时砌筑；如不能同时砌筑时，必须在先砌的墙上留出接槎（俗称留槎），后砌的墙体要镶入接槎内（俗称咬槎）。砖墙接槎的砌筑方法合理与否、质量好坏，对建筑物的整体性影响很大。正常的接槎按规范规定采用两种形式：一种是斜槎，俗称"退槎"或"踏步槎"，方法是在墙体连接处将待接砌墙的槎口砌成台阶形式，其高度一般不大于 1.2m，水平投影长度不小于高度的 2/3。另一是直槎，俗称"马牙槎"，是每隔一皮砖砌出墙外 1/4 砖，作为接槎之用，并且沿高度每隔 500mm 加 2φ6mm 拉结钢筋，每边伸入墙内不宜小于 500mm。

(3) 控制水平灰缝厚度。砌体水平方向的缝叫卧缝或水平缝。砌体水平灰缝规定为 8～12mm，一般为 10mm。如果水平灰缝太厚，会使砌体的压缩变形过大，砌上去的砖会发生滑移，对墙体的稳定性不利；水平灰缝太薄则不能保证砂浆的饱满度和均匀性，会对墙体的整体性产生不利影响。砌筑时，在墙体两端和中部架设皮数杆、拉通线来控制水平灰缝厚度，同时要求砂浆的饱满程度应不低于 80%。

3.3.2 施工前准备工作

在砌体施工前要做好相关的准备工作，这是保证砌筑质量和施工安全的重要一步。具体工作如下：

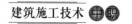

1. 砂浆拌制机械使用

首先应使停放机械的地方土质坚实平整,防止土面下沉造成机械侧倾。砂浆搅拌机的进料口上应装上铁栅栏遮盖保护,严禁脚踏在拌和筒与铁栅栏上面操作,传动皮带和齿轮必须安装安全防护罩。搅拌机工作前应做如下检查:检查搅拌页有无松动或磨刮筒身现象;检查出料机械是否灵活;检查机械运转是否正常。在使用过程中必须在搅拌页达到正常运转后,才可以投料。转页转动时,不准用手或棒等其他物体去拨刮拌和筒口灰浆或材料。出料时必须使用摇手柄,不准用手转拌和筒。如果工作中机具遇故障或停电,应立即拉开电闸,同时将筒内拌料清除。

2. 淋湿砌块与小型砌块

均应提前在地面上用水淋(或浸水)至湿润,不应在砌块运到操作地点时才进行,以免造成场地湿滑。

3. 材料运输事项

采用翻斗车运输砖、砂浆等材料时应注意稳定,不得高速前进,前后车距离应不小于2m。若下坡行车,两车距应不小于10m。禁止并行或超车,所载材料不许超出车厢之上。翻斗车推进吊笼里垂直运输时,装量和车辆数不准超出吊笼的吊运荷载能力。砖块人工传递时应稳递稳接,禁止用手向上抛砖运送,两人应严禁在同一垂直线位置上作业。在操作地点临时堆放材料时,要放在平整坚实的地面上,不得放在湿润积水或泥土松软崩裂的地方。当放在楼面板或通道上时,不得超出其设计承载能力,并应分散堆置,不能过分集中。基坑0.8~1.0m范围以内不准堆料。

4. 安设活动脚手架

活动脚手架安装在地面时,地面必须平整坚实,否则要夯实至平整不下沉为止,或在架脚铺垫枋板,扩大支承面。当安设在楼板时,如高低不平则应用木板楔稳,如用红砖作垫则不应超过两皮高度。地面上的脚手架大雨后应检查有无变动。脚手架间距按脚手板(桥枋)长度和刚度而定,脚手板不得少于两块,其端头须伸出架的支承横杆约20cm,但不许伸出太长做成悬臂(探头板),防止重量集中在悬空部位,造成脚手板有"翻跟斗"的危险。当活动脚手架提升到2m时,架与架之间应装设交叉杆以加强联结稳定。两脚手板(桥枋)相搭接时,每块板应各伸出边架的支承横杆,严密注意不要将上一块板仅搭在下一块板的探头(悬空)部位。如用钢筋桥枋代替脚手板时,应用铁线与架子绑扎牢固,以防脚手板滑动。每块脚手板上操作人员不应超过两人,堆放砖块不应超过单行3皮。宜一块板站人,一块板堆料。不许用不稳固的工具或物体在脚手板面垫高操作,更不应在未经施工设计和加固的情况下,在一层脚手架上再叠加一层(桥上桥)施工。提升活动钢管脚手架时,应用铁销贯穿内外管孔,禁止随便取铁钉代用。

3.3.3 砖砌体砌筑方法

砖砌体的砌筑方法有瓦刀批灰法、坐浆砌砖法、"三一"砌砖法、"二三八一"砌砖法、铺灰挤砌法等,这些作为砌砖的基本功,用正确动作可以高效完成砌砖工作。下面详细介绍这几种方法。

1. 瓦刀批灰法

瓦刀批灰法又称满刀灰法或带刀灰法,是指在砌砖时,先用瓦刀将砂浆抹在砖黏结面上和砖的灰缝处,然后将砖用力按在墙上的方法,如图 3.3.2 所示。该法是一种常见的砌筑方法,用瓦刀批灰法砌筑,能做到刮浆均匀、灰缝饱满,有利于初学砖瓦工者的手法锻炼。此法历来被列为砌筑工入门的基本训练之一,适用于空斗墙、1/4 砖墙、平拱、弧拱、窗台、花墙、炉灶等的砌筑。

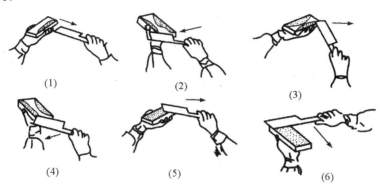

图 3.3.2　瓦刀批灰法

瓦刀批灰法通常使用瓦刀,操作时右手拿瓦刀,左手拿砖,先用瓦刀把砂浆正手批在砖的侧面,然后反手将砂浆抹满砖的大面,并在另一侧刮上砂浆。要刮布均匀,中间不要留空隙,四周可以厚一些,中间薄些。与墙上已砌好的砖接触的头缝即碰头灰也要刮上砂浆。当砖块刮好砂浆后,放在墙上,挤压至准线平齐。如有挤出墙面的砂浆,须用瓦刀刮下填于竖缝内。

2. 坐浆砌砖法

坐浆砌砖法是指在砌砖时,先在墙上铺长 50cm 左右的砂浆,用摊尺找平,然后在已铺设好的砂浆上砌砖的方法,如图 3.3.3 所示。这种方法因摊尺厚度同灰缝一样为 10mm,故灰缝厚度能够控制,便于掌握砌体的水平缝平直。又由于铺灰时摊尺靠墙可阻挡砂浆流到墙面,所以墙面清洁美观,砂浆耗损少。但由于砖只能摆砌,不能挤砌,同时铺好的砂浆容易失水变稠、干硬,因此黏结力较差,适用于砌门窗洞较多的砖墙或砖柱。

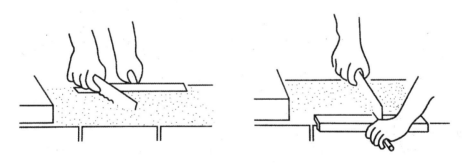

图 3.3.3　坐浆砌砖法

操作时人站立的位置以距墙面 10～15cm 为宜,左脚在前,右脚在后,人斜对墙面,随着砌筑前进方向退着走,每退一步可砌 3～4 块顺砖长。操作时用灰勺和大铲舀砂浆,均匀地倒在墙上,然后左手拿摊尺刮平。砌砖时左手拿砖,右手用瓦刀在砖的头缝处打上砂浆,随即砌上砖并压实。砌完一段铺灰长度后,将瓦刀放在最后砌完的砖上,转身再舀灰,如此逐段铺砌。每次砂浆摊铺长度应根据气温高低、砂浆种类及砂浆稠度而定,每次砂浆摊铺长度不宜超过 75cm(气温在 30℃ 以上时,不超过 50cm)。

3."三一"砌砖法

"三一"砌砖法适合于砌窗间墙、砖柱、砖垛、烟囱等较短的部位,其基本操作是"一铲灰、一块砖、一揉挤"。"三一"砌砖法砂浆饱满、黏结好,能保证砌筑质量,但劳动强度大,砌筑效率低。一般的步法是操作时人应顺墙体斜站,左脚在前,离墙约 15cm,右脚在后,距墙及左脚跟 30~40cm。砌筑方向是由前往后退着走,这样操作可以随时检查已砌好的砖是否平直。砌完 3~4 块砖后,左脚后退一大步(70~80cm),右脚后退半步,人斜对墙面可砌约 50cm,砌完后左脚后退半步,右脚后退一步,恢复到开始砌砖时位置,如图 3.3.4 所示。

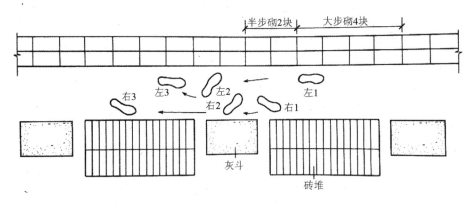

图 3.3.4 "三一"砌砖法的步伐

铲灰时应先用铲底摊平砂浆表面(便于掌握吃灰量),然后用手腕横向转动来铲灰,减少手臂动作,取灰量要根据灰缝厚度,以满足一块砖的需要量为准。取砖时应随拿砖随挑选好下一块砖。左手拿砖,右手拿砂浆,同时拿起来,以减少弯腰次数,争取砌筑时间。

将砂浆铺在砖面上的动作可分为溜、甩、丢、扣等几种。在砌顺砖时,当墙砌得不高且距操作处较远时,一般采用溜灰方法铺灰;当墙砌得较高且近身砌砖时,常用扣灰方法铺灰。此外,还可采用甩灰方法铺灰,如图 3.3.5 所示。

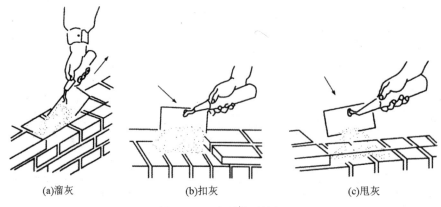

(a)溜灰　　　　　　(b)扣灰　　　　　　(c)甩灰

图 3.3.5 砌顺砖时铺灰

在砌丁砖时,当砌墙较高且近身砌筑时常用丢灰方法铺灰;在其他情况下,还经常用扣灰方法铺灰,如图 3.3.6 所示。不论采用哪一种铺灰动作,都要求铺出灰条要近似砖的外形,长度比一块砖稍长 1~2cm,宽 8~9cm,灰条距墙外面约 2cm,并与前一块砖的灰条相接。

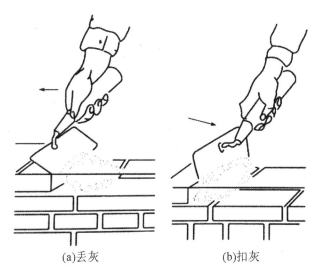

(a)丢灰   (b)扣灰

图 3.3.6 砌丁砖时铺灰

铺好灰后,左手拿砖在离已砌好的前砖 3～4cm 处开始平放推挤,并用手轻揉。在揉砖时,眼要上边看线,下边看墙皮,左手中指随即同时伸下,摸一下上、下砖棱是否齐平。砌好一块砖后,随即用铲将挤出的砂浆刮回,放在竖缝中或随手投入灰斗中。揉砖的目的是使砂浆饱满。铺在砖上的砂浆如果较薄,揉的劲要小些;砂浆较厚时,揉的劲要稍大一些。并且根据已铺砂浆的位置要前后揉或左右揉,总之,以揉到下齐砖棱上齐线为适宜,要做到平齐、轻放、轻揉,如图 3.3.7 所示。

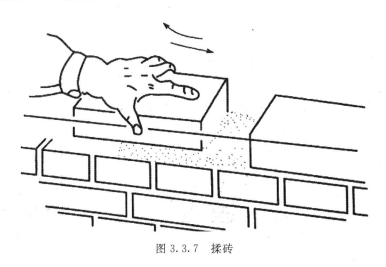

图 3.3.7 揉砖

4. "二三八一"砌砖法

"二三八一"砌砖法就是把砌筑工砌砖的动作过程归纳为两种步法、三种弯腰姿势、八种铺灰手法、一种挤浆动作,叫作"二三八一砌砖动作规范",简称"二三八一"操作法。"二三八一"砌砖法把砌砖动作复合为四个,即双手同时铲灰和拿砖、转身铺灰、挤浆和接刮余灰、甩出余灰。"二三八一"操作方法是根据人体工程学的原理,对使用大铲砌砖的一系列动作进行合并,并使动作科学化形成的。按此方法进行砌砖,不仅能提高工效,而且人也不易疲劳。

　　两种步法,即操作者以丁字步与并列步交替退行操作。砌砖时采用"拉槽取法",操作者背向砌砖前进方向退步砌筑。开始砌筑时,人斜站成丁字步,左足在前、右足在后,后腿紧靠灰斗。这种站立方法稳定有力,可以适应砌筑部位的远近高低变化,只要把身体的重心在前后之间变换,就可以完成砌筑任务。

　　后腿靠近灰斗以后,右手自然下垂,就可以方便地在灰斗中取灰。右足绕足跟稍微转动一下,又可以方便地取到砖块。

　　砌到近身以后,左足后撤半步,右足稍稍移动即成为并列步,操作者基本上面对墙身,又可完成50cm长的砖墙砌筑。在并列步时,靠两足的稍稍旋转来完成取灰和取砖的动作。一段砌筑全部砌完后,左足后撤半步,右足后撤一步,第二次又站成丁字步,再继续重复前面的动作。每一次步法的循环,可以完成1.5m的墙体砌筑,所以要求操作面上灰斗的摆放间距也是1.5m。这一点与"三一"砌砖法是一样的。

　　三种弯腰姿势,即操作过程中采用侧身弯腰、丁字步弯腰与并列步弯腰三种弯腰形式进行操作。三种弯腰姿势的动作分解如图3.3.8所示。①侧身弯腰。当操作者站成丁字步的姿势铲灰和取砖时,应采取侧身弯腰的动作,利用后腿微弯、斜肩和侧身弯腰来降低身体的高度,以达到铲灰和取砖的目的。侧身弯腰时动作时间短,腰部只承担轻度的负荷。在完成铲灰取砖后,可借助伸直后腿和转身的动作使身体重心移向前腿而转换成正弯腰(砌低矮墙身时)。②丁字步弯腰。当操作者站成丁字步,并砌筑离身体较远的矮墙身时,应采用丁字步弯腰的动作。③并列步正弯腰。丁字步正弯腰时重心在前腿,当砌到近身砖墙并改换成并列步砌筑时,操作者就采取并列步正弯腰的动作。

(a)动作1:丁字步弯腰

(b)动作2:丁字步弯腰

(c)动作3:并列步正弯腰

(d)动作4:侧身弯腰

(e)动作5:侧身弯腰

(f)动作6:丁字步弯腰

图3.3.8　三种弯腰姿势的动作分解

　　八种铺灰手法,即砌条砖采用甩、扣、泼三种手法,砌丁砖采用扣、溜、泼、一带二四种手法,砌角砖采用溜法。

　　(1)砌条砖时的三种手法

　　甩法是"三一"砌砖法中的基本手法,适用于砌离身体部位低而远的墙体。铲取砂浆要求呈均匀的条状,当大铲提到砌筑位置时,将铲面转90°,使手心向上,同时将灰顺砖面中心甩出,使砂浆呈条状均匀落下。甩灰的动作分解如图 3.3.9 所示。

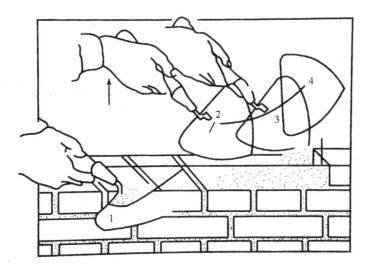

图 3.3.9 甩灰动作分解

扣法适用于砌近身和较高部位的墙体,人站成并列步。铲灰时,以后腿足根为轴心转向灰斗,转过身来反铲扣出灰条,铲面的运动路线与甩法正好相反,也可以说是一种反甩法,尤其在砌低矮的近身墙时更是如此。扣灰时手心向下,利用手臂的前推力落砂浆,其动作形式如图 3.3.10 所示。

图 3.3.10 扣灰动作

泼法适用于砌近身部位及身体后部的墙体,用大铲铲取扁平状的灰条,提到砌筑面上,将铲面翻转,手柄在前,平行向前推进泼出灰条,如图 3.3.11 所示。

(2) 砌丁砖时的三种手法

砌里丁砖的溜法。溜法适用砌一砖半墙的里丁砖,铲取的灰条要求呈扁平状,前部略厚,铺灰时将手臂伸过准线,使大铲边与墙边取平,采用抽铲落灰的办法,如图 3.3.12 所示。

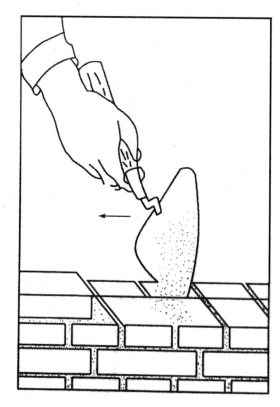

图 3.3.11　泼灰动作

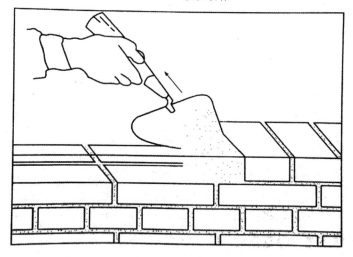

图 3.3.12　砌里丁砖的溜法

砌丁砖扣法。铲灰条时,要求做到前部略低,扣到砖面上后,灰条外口稍厚,其动作如图 3.3.13 所示。

砌外丁砖的泼法。当砌三七墙外丁砖时可采用泼法。大铲铲取扁平状的灰条,泼灰时落点向里移一点,可以避免反面刮浆的动作。砌离身体较远的砖可以平拉反泼,砌近身处的砖采用正泼,其手法如图 3.3.14 所示。

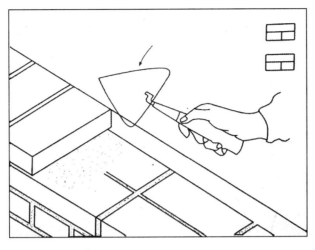

图 3.3.13　砌里丁砖扣法的铺灰动作

(a)平拉反泼

(b)正泼

图 3.3.14　砌外丁砖的泼法

一带二铺灰法。由于砌丁砖时,竖缝的挤浆面积比条砖大一倍,外口砂浆不易挤严,可以先在灰斗处将丁砖的碰头灰打上,再铲取砂浆转身铺灰砌筑,这样做就多了一次打灰动作。一带二铺灰法是将这两个动作合并起来,利用在砌筑面上铺灰时,将砖的丁头伸入落灰处接打碰头灰。这种做法铺灰后要摊一下,砂浆才可摆砖挤浆,在步法上也要做相应变换,其手法如图 3.3.15 所示。

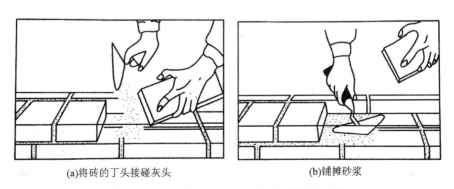

(a)将砖的丁头接碰灰头

(b)铺摊砂浆

图 3.3.15　一带二铺灰动作(适用于砌外丁砖)

砌角砖时的溜法。砌角砖时，用大铲铲起扁平状的灰条，提送到墙角部位并与墙边取齐，然后抽铲落灰。采用这一手法可减少落地灰，如图 3.3.16 所示。

一种挤浆动作，即平推挤浆法。挤浆时应将砖落在灰条 2/3 的长度或宽度处，将超过灰缝厚度的那部分砂浆挤入竖缝内。如果铺灰过厚，可用揉搓的办法将过多的砂浆挤出。在挤浆和揉搓时，大铲应及时接刮从灰缝中挤出的余浆并甩入竖缝内，当竖缝严实时也可甩入灰斗中。如果是砌清水墙，可以用铲尖稍稍伸入平缝中刮浆，这样不仅刮了浆，而且减少了勾缝的工作量和节约了材料，挤浆和刮余浆的动作如图 3.3.17 所示。

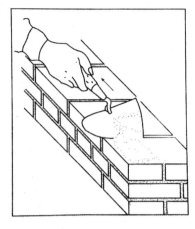

图 3.3.16 砌角砖的溜法

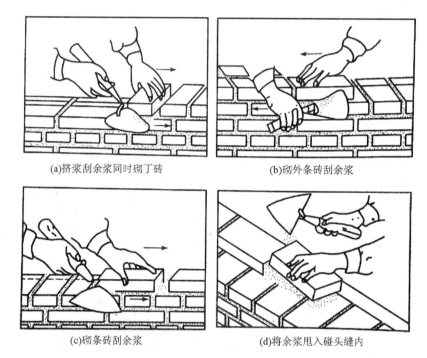

(a)挤浆刮余浆同时砌丁砖

(b)砌外条砖刮余浆

(c)砌条砖刮余浆

(d)将余浆甩入碰头缝内

图 3.3.17 挤浆和刮余浆动作

5. 铺灰挤砌法

铺灰挤砌法是采用一定的铺灰工具，如铺灰器等，先在墙上用铺灰器铺一段砂浆，然后将砖紧压砂浆层、推挤砌于墙上的方法。铺灰挤砌法分为单手挤浆法和双手挤浆法两种，适用于砌筑各种混水实心砖墙，要求所用砂浆稠度大。铺灰挤砌法砂浆饱满，砌筑效率高，但砂浆易失水，黏结力差，砌筑质量有所降低。

(1) 单手挤浆法

一般用铺灰器铺灰，操作者应沿砌筑方向退着走。砌顺砖时，左手拿砖距前面的砖块约 5～6cm 处将砖放下，砖稍稍蹭灰面，沿水平方向向前推挤，把砖前灰浆推起作为立缝处砂浆（俗称挤头缝），如图 3.3.18 所示，并用瓦刀将水平灰缝挤出墙面的灰浆刮清甩填于立缝内。

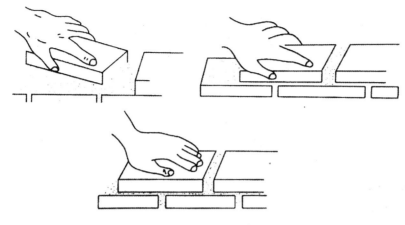

图 3.3.18　单手挤浆法

当砌顶砖时,将砖擦灰面放下后,用手掌横向往前挤,挤浆的砖口要略倾斜,用手掌横向往前挤,到接近一指缝时,砖块略向上翘,以便带起灰浆挤入立缝内,将砖压至与准线平齐为止,并将内外挤出的灰浆刮清,甩填于立缝内。当砌墙的内侧顺砖时,应将砖由外向里靠,水平向前挤推,这样立缝处砂浆容易饱满,同时用瓦刀将反面墙水平缝挤出的砂浆刮起,甩填于挤砌的立缝内。挤浆砌筑时,手掌要用力,使砖与砂浆密切结合。

(2) 双手挤浆法

双手挤浆法操作时,使靠墙的一只脚脚尖稍偏向墙边,另一只脚向斜前方踏出 40cm 左右(随着砌筑动作灵活移动),使两脚跟自然地站成"T"字形。身体离墙约 7cm,胸部略向外倾斜。这种方法,在操作时减少了每块砖要转身、铲灰、弯腰、铺灰等动作,可大大减轻劳动强度。还可组成两人或三人小组,铺灰、砌砖分工协作。拿砖时,靠墙的一只手先拿,另一只手跟着上去,也可双手同时取砖;两眼要迅速查看砖的边角,将棱角整齐的一边先砌在墙的外侧;取砖和选砖几乎同时进行。因此操作必须熟练,无论是砌顶砖还是顺砖,靠墙的一只手先挤,另一只手迅速跟着挤砌,如图 3.3.19 所示。

其他操作方法与单手挤浆法相同。如砌丁砖,当手上拿的砖与墙上原砌的砖相距 5~6cm时,砌顺砖距离约 13cm 时,把砖的一头(或一侧)抬起约 4cm,将砖插入砂浆中,随即将砖放平,手掌不要用力挤压,只需依靠砖的倾斜自坠力压住砂浆,平推前进。若竖缝过大,可用手掌稍加压

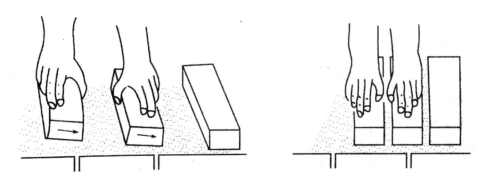

图 3.3.19　双手挤浆法

力,将灰缝压实至1cm为止。然后看准砖面,如有不平,用手掌加压,使砖块平整。由于顺砖长,因而要特别注意砖块下齐边棱上平线,以防墙面产生凹进凸出和高低不平的现象。

采用双手挤浆法时,由于挤浆时平推平挤,使灰缝饱满,能充分保证墙体质量。但要注意,如砂浆保水性能不好时,砖湿润不符合要求,操作不熟练,推挤动作稍慢,往往会出现砂浆干硬,造成砌体黏结不良。因此,在砌筑时要求快铺快砌,挤浆时严格做好平推平挤,避免前低后高,以致把砂浆挤成沟槽使灰浆不饱满。

3.3.4 砖砌体施工工艺

砖砌体的施工过程有抄平、放线、摆砖、立皮数杆、挂线、砌砖、勾缝等工序。

1. 抄平

砌墙前应在基础防潮层或楼面上定出各层标高,并用 M7.5 水泥砂浆或 C10 细石混凝土找平,使各段砖墙底部标高符合设计要求。

2. 放线

根据龙门板上给定的轴线及图纸上标注的墙体尺寸,在基础顶面上用墨线弹出墙的轴线和墙的宽度线,并定出门洞口位置线。

3. 摆砖

摆砖是指在放线的基面上按选定的组砌方式用干砖试摆。摆砖的目的是为了核对所放的墨线在门窗洞口、附墙垛等处是否符合砖的模数,以尽可能减少砍砖。

4. 立皮数杆

皮数杆是指在其上画有每皮砖和砖缝厚度以及门窗洞口、过梁、楼板、梁底、预埋件等标高位置的一种木制标杆,如图 3.3.20 所示。

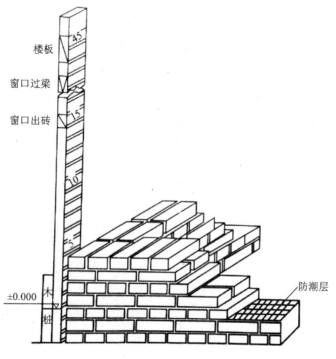

图 3.3.20 皮数杆

5. 挂线

为保证砌体垂直平整,砌筑时必须挂线,一般二四墙可单面挂线,三七墙及以上的墙则应双面挂线。

6. 砌砖

砌砖的操作方法很多,常用的是三一砌砖法和挤浆法。砌砖时,先挂上通线,按所排的干砖位置把第一皮砖砌好,然后盘角。盘角又称立头角,指在砌墙时先砌墙角,然后从墙角处拉准线,再按准线砌中间的墙。砌筑过程中应三皮一吊,五皮一靠,保证墙面垂直平整。

7. 勾缝、清理

清水墙砌完后,要进行墙面修正及勾缝。墙面勾缝应横平竖直,深浅一致,搭接平整,不得有丢缝、开裂和黏结不牢等现象。砖墙勾缝宜采用凹缝或平缝,凹缝深度一般为4~5mm。勾缝完毕后,应进行墙面、柱面和落地灰的清理。

3.3.5 质量检验

根据《建筑工程施工质量验收统一标准》(GB 50300—2013)和《砌体结构工程施工质量验收规范》(GB 50203—2011)规定,砖砌体质量检验一般分主控项目和一般项目,主控项目检验要点见表3.3.1的规定,一般项目检验要点见表3.3.2的规定,允许偏差见表3.3.3和表3.3.4的规定。

表 3.3.1　砖砌体工程主控项目检验

序号	项目	合格质量标准	检验方法	抽检数量
1	砖和砂浆强度等级	砖和砂浆的强度等级必须符合设计要求	检查砖和砂浆试块试验报告	每一生产厂家的砖到现场后,按烧结砖15万块、多孔砖5万块、灰砂砖及粉煤灰砖10万块各为一验收批,抽检数量为1组 砂浆试块:每一检验批且不超过250mm³砌体的各种类型及强度等级的砌筑砂浆,每台搅拌机应至少抽检一次
2	水平灰缝砂浆饱满度	砌体水平灰缝的砂浆饱满度不得小于80%	用专用百格网检测砖地面与砂浆粘贴痕迹面积,每处检测3块砖,取其平均值	每检验批抽查应不少于5处
3	斜槎留置	砖砌体的转角处和交接处应同时砌筑,严禁无可靠措施的内外墙分砌施工。对不能同时砌筑而又必须留置的临时间断处应砌成斜槎,斜槎水平投影长度应不小于高度的2/3	观察检查	每检验批抽20%接槎,且应不少于5处

续　表

序号	项目	合格质量标准	检验方法	抽检数量
4	直槎拉结筋及接槎处理	非抗震设防及抗震设防烈度为 6 度、7 度地区的临时间断处,当不能留斜槎时,除转角处外,可留直槎,但直槎必须做成凸槎。留直槎处应加设拉结钢筋,拉结钢筋的数量为每 120mm 墙厚放置 1φ6mm 拉结钢筋(120mm),厚墙放置 2φ6mm 拉结钢筋,间距沿墙高不应超过 500mm;埋入长度从留槎处算起每边均应不小于 500mm。对抗震设防烈度 6 度、7 度的地区,应不小于 1000mm;末端应有 90°弯钩,如图 3.3.21 所示。合格标准:留槎正确,拉结钢筋设置数量、直径正确,竖向间距偏差不超过 100mm,留置长度基本符合规定	观察和尺寸检查	每检验批抽 20%接槎,且应不少于 5 处。
5	砖砌体位置及垂直度允许偏差	砖砌体的位置及垂直度允许偏差应符合表 3.3.3 中的规定	见表 3.3.3	轴线查全部承重墙柱;外墙垂直度全高查阳角,应不少于 4 处,每层每 20m 查一处;内墙按有代表性的自然间抽 10%,但应不少于 3 间,每间应不少于 2 处,柱不少于 5 根

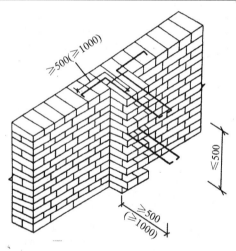

图 3.3.21　拉结钢筋埋设

表 3.3.2　砖砌体工程一般项目检验

序号	项目	合格质量标准	检验方法	抽检数量
1	组砌方法	砖砌体组砌方法应正确,上、下错缝,内外搭砌,砖柱不得采用包心砌法合格标准:除符合本条要求外,清水墙、窗间墙无通缝;混水墙中长度大于或等于 300mm 的通缝每间不超过 3 处,且不得位于同一面墙体上	观察检查	外墙每 20m 抽查一处,每处 3～5m,且应不少于 3 处;内墙按有代表性的自然间抽 10%,且应不少于 3 间

序号	项目	合格质量标准	检验方法	抽检数量
2	灰缝质量要求	砖砌体的灰缝应横平竖直,厚薄均匀,水平灰缝厚度宜为10mm,但应不小于8mm,也应不大于12mm	用尺量10皮砖砌体高度折算	每步脚手架施工的砌体,每20m抽查1处
3	砖砌体一般尺寸允许偏差	砖砌体的一般尺寸允许偏差应符合表3.3.4的规定	见表3.3.4	见表3.3.4

表 3.3.3 砖砌体位置及垂直度允许偏差

序号	项目			允许偏差/mm	检验方法
1	轴线位置偏移			10	用经纬仪和尺检查或用其他测量仪器检查
2	垂直度	每层		10	用2m托线板检查
		全高	≤10m	10	用经纬仪、吊线和尺检查,或用其他测量仪器检查
			>10m	20	

表 3.3.4 砖砌体一般尺寸允许偏差

序号	项目		允许偏差/mm	检验方法	抽检数量
1	基础顶面和露面标高		±15	用水平仪和尺检查	应不少于5处
2	表面平整度	清水墙柱	5	用2m靠尺和楔形塞尺检查	10%的有代表性的自然间,但应不少于3间,每间应不少于2处
		混水墙柱	8		
3	门窗洞口高宽（后塞口）		±5	用尺检查	检验批的10%,且不应少于5处
4	外墙上下窗口偏移		20	以底层窗口为准,用经纬仪或吊线检查	
5	水平灰缝平直度	清水墙	7	拉10m的线和尺检查	10%的有代表性的自然间,但应不少于3间,每间不应少于2处
		混水墙	10		
6	清水墙游丁走缝		20	吊线和尺检查,以每层第一皮砖为准	

3.4 砌块砌体工程施工

3.4.1 砌块砌体构造

砌块砌体的构造与砖砌体有类似的地方,也有其不同特点。砌块砌体构造包括圈梁过梁构造、伸缩缝、沉降缝等,其中不少是结构设计中的要求,这里就与施工相关的要求做一下说明。

1. 砌块砌体应分皮错缝搭接,上下皮搭砌长度不得小于 90mm。

2. 当搭接长度不满足上述要求时,应在水平灰缝内设置不少于 2φ4mm 的焊接钢筋网片,横向钢筋的间距不应大于 200mm,网片每端均应超过该垂直缝,其长度不得小于 300mm。

3. 填充墙、隔墙应分别采取措施与周边构件连接。

4. 砌块墙与后砌隔墙交接处,应沿墙高每 400mm 在水平灰缝内设置不少于 2φ4mm、横筋间距不大于 200mm 的焊接钢筋网片,如图 3.4.1 所示。

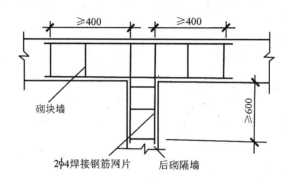

图 3.4.1 砌块墙与后砌墙隔墙交接节点图

5. 混凝土砌块墙体的下列部分,如未设圈梁或混凝土垫块,应采用不低于 Cb20 混凝土将孔洞灌实。

(1) 搁栅、檩条和钢筋混凝土楼板的承面下,高度不应小于 200mm 的砌体;

(2) 屋架、大梁等构件的支承面下,高度不应小于 600mm、长度不应小于 600mm 的砌体;

(3) 挑梁支承面下,距离中心线每边不应小于 300mm、高度不应小于 600mm 的砌体。

6. 山墙处的壁柱宜砌至山墙顶部,屋面构件应与山墙可靠拉结。在风压较大的地区,屋盖不宜挑出山墙。

7. 不应在截面长边小于 500mm 的承重墙体、独立柱内埋设管线。墙体中应避免开凿沟槽,无法避免时应采取必要的加强措施或按削弱后的截面验算墙体的承载力。

3.4.2 加气混凝土砌筑

加气混凝土砌块是以水泥、矿渣、砂、石灰等为主要原料,加入发气剂,经搅拌成型、蒸压养护而成的实心砌块。其重量轻,一般用于建筑分隔墙。

1. 构造要求

加气混凝土砌块可砌成单层墙或双层墙体。单层墙是将加气混凝土砌块立砌,墙厚为砌块的宽度。双层墙是将加气混凝土砌块立砌两层中间夹以空气层,两层砌块间,每隔 500mm 墙高在水平灰缝中放置 φ4～φ6mm 的钢筋扒钉,扒钉间距为 600mm,空气层厚度约 70～80mm,如图 3.4.2 所示。

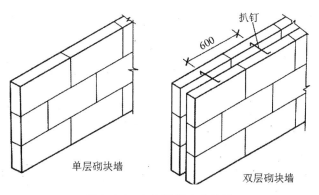

图 3.4.2　加气混凝土砌块墙

承重加气混凝土砌块墙的外墙转角处、墙体交接处，均应沿墙高 1m 左右，在水平灰缝中放置拉结钢筋，拉结钢筋为 3ϕ6mm，钢筋伸入墙内不少于 1000mm，如图 3.4.3 所示。

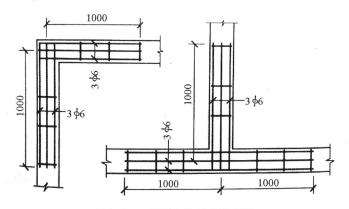

图 3.4.3　承重砌块墙拉结钢筋

非承重墙与承重墙交接处，应沿墙高每隔 1m 左右用 2ϕ6mm 或 3ϕ4mm 钢筋与承重墙拉结，每边伸入墙内长度不小于 700mm，如图 3.4.4 所示。

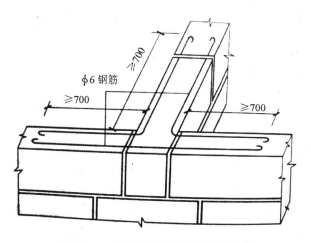

图 3.4.4　非承重墙与承重墙之间拉结

非承重墙与框架柱交接处,除了上述布置拉结筋外,还应用 $\phi8mm$ 钢筋套过框架柱后插入砌块顶的孔洞内,孔洞内用黏结砂浆分两次灌密实,如图 3.4.5 所示。

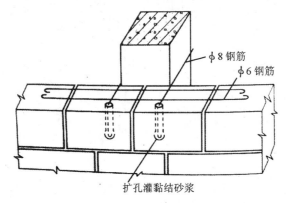

图 3.4.5 非承重墙与承重墙之间拉结

为防止加气混凝土砌块砌体开裂,在墙体洞口的下部应放置 $3\phi6mm$ 钢筋,伸过洞口两侧边的长度,每边不得小于 500mm,如图 3.4.6 所示。

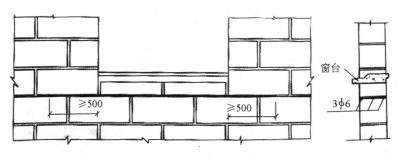

图 3.4.6 砌块墙窗口下配筋

2. 砌筑工艺

(1) 砌筑准备

墙体施工前,应将基础顶面或楼层结构面按标高找平,依据图纸放出第 1 皮砌块的轴线、砌体的边线及门窗洞口位置线。砌块提前 2d 进行浇水湿润,浇水时把砌块上的浮尘冲洗干净。砌筑墙体前,应根据房屋立面及剖面图、砌块规格等绘制砌块排列图(水平灰缝按 15mm,垂直灰缝按 20mm),按排列图制作皮数杆,根据砌块砌体标高要求立好皮数杆,皮数杆立在砌体的转角处,纵向长度一般应不大于 15m 立一根。

配制砂浆:按设计要求的砂浆品种、强度等级进行砂浆配制,配合比由试验确定。采用重量比,计量精度为水泥±2%,砂、石灰膏控制在±5%以内,应采用机械搅拌,搅拌时间不少于 1.5min。

(2) 砌筑工序

加气混凝土小砌块一般采用铺灰刮浆法,即先用瓦刀或专用灰铲在墙顶上摊铺砂浆,在已砌的砌块端面刮浆,然后将小砌块放在砂浆层上并与前块挤紧,随手刮去挤出的砂浆。也可采用只摊铺水平灰缝的砂浆,竖向灰缝用内外临时夹板灌浆。将搅拌好的砂浆通过吊斗或手推车运至砌筑地点,在砌块就位前用大铁锹、灰勺进行分块铺灰,较小的砌块最大铺灰长度不得超过 1500mm。

砌块砌筑前应把表面浮尘和杂物清理干净,砌块就位应先远后近,先下后上,先外后内,应从转角处或定位砌块处开始,吊砌 1 皮校正 1 皮。砌块就位与起吊应避免偏心,使砌块底面水平下落,就位时由人手扶控制对准位置,缓慢地下落,经小撬棍微撬,拉线控制砌体标高和墙面平整度,用托线板挂直,校正为止。

每砌 1 皮砌块就位后,用砂浆灌实直缝,随后进行灰缝的勒缝(原浆勾缝),深度一般为 3~5mm。加气混凝土砌块墙的灰缝应横平竖直,砂浆饱满,水平灰缝砂浆饱满度不应小于 90%;竖向灰缝砂浆饱满度不应小于 80%。水平灰缝厚度宜为 15mm;竖向灰缝宽度宜为 20mm。

【注意事项】

1. 加气混凝土砌块的切锯、钻孔打眼、镂槽等应采用专用设备、工具进行加工,不得用斧、凿随意砍凿;砌筑上墙后更要注意。

2. 外墙水平方向的凹凸部分(如线脚、雨篷、窗台、檐口等)和挑出墙面的构件,应做好泛水和滴水线槽,以免其与加气混凝土砌体交接的部位积水,造成加气混凝土盐析、冻融破坏和墙体渗漏。

3. 砌筑外墙时,砌体上不得留脚手眼(洞),可采用里脚手或双排立柱外脚手。

4. 当加气混凝土砌块用于砌筑具有保温要求的砌体时,对外露墙面的普通钢筋混凝土柱、梁和挑出的屋面板、阳台板等部位,均应采取局部保温处理措施(见图 3.4.7),如用加气混凝土砌块外包等,可避免贯通式"热桥";在严寒地区,加气混凝土砌块应用保温砂浆砌筑,在柱上还需每隔 1m 左右的高度甩筋或加柱箍钢筋与加气混凝土砌块砌体连接。

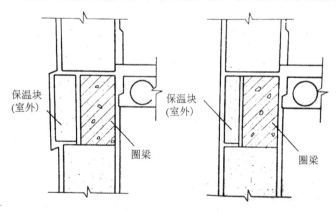

图 3.4.7 外墙局部保温处理

5. 砌筑外墙及非承重隔墙时,不得留脚手眼。

6. 不同干容重和强度等级的加气混凝土小砌块不应混砌,也不得用其他砖或砌块混砌。填充墙底、顶部及门窗洞口处局部采用烧结普通砖或多孔砖砌筑或砌块混砌。

7. 加气混凝土砌块墙如无切实有效措施,不得使用于下列部位:①建筑物室内地面标高以下部位;②长期浸水或经常受干湿交替影响部位;③受化学环境侵蚀(如强酸、强碱)或高浓度二氧化碳等环境;④砌块表面经常处于 80℃ 以上的高温环境。

【知识拓展】 砌块如何排列?

1. 根据工程设计施工图纸,结合砌块的品种规格,绘制砌体砌块的排图,经审核无误后,按图进行排列。

2. 排列应从基础顶面或楼层面进行,排列时应尽量采用主规格的砌块,砌体中主规格砌块应占总量的80％以上。

3. 砌块排列应按设计的要求进行,砌筑外墙时,应避免与其他墙体材料混用。

4. 砌块排列上下皮应错缝搭砌,搭砌长度一般为砌块长度的1/3,但不应小于150mm。

5. 砌体的垂直缝与窗洞口边线要避免同缝。

6. 外墙转角处及纵横墙交接处,应将砌块分皮咬槎,交错搭砌,砌体砌至门窗洞口边非整块时,应用同品种的砌块加工切割成。不得用其他砌块或砖镶砌。

7. 砌体水平灰缝厚度一般为15mm。如果加网片筋的砌体水平灰缝的厚度为20～25mm,垂直灰缝的厚度为20mm,而大于30mm的垂直灰缝应用C20级细石混凝土灌实。

8. 凡砌体中需固定门窗或其他构件中需固定门窗或其他构件以及搁置过梁、搁板等部位,应尽量采大规格和规则整齐的砌块砌筑,不得使用零星砌块砌。

9. 砌块砌体与结构构件位置有矛盾时,应先满足构件要求。

3.4.3 混凝土小型空心砌块砌筑

混凝土小型空心砌块在砌筑工艺上,与传统的砖砌体没有大的差别,都是手工砌筑。砌块是用混凝土制作的一种空心、薄壁的硅酸盐制品,它作为墙体材料,不但具有混凝土材料的特性,而且形状、构造等与黏土砖也有较大的差别,因此其在施工上还具有自身的特点。

1. 施工前准备工作

砌块施工前期准备工作与砖砌体大致相同,但在工作中要注意以下几个问题。

运到现场的小砌块,应分规格、分等级堆放,堆放场地必须平整,并做好排水。小砌块的堆放高度不宜超过1.6m。对于砌筑承重墙的小砌块应进行挑选,剔出断裂小砌块或壁肋中有竖向凹形裂缝的小砌块。同时龄期不足28d及潮湿的小砌块不得进行砌筑。特别要注意的是与普通砖不同,普通混凝土小砌块不宜浇水;当天气干燥炎热时,可在砌块上稍加喷水润湿;轻集料混凝土小砌块可洒水,但不宜过多。

砌筑前,要清除小砌块表面污物和芯柱用小砌块孔洞底部的毛边。砌筑底层墙体前,应对基础进行检查,清除防潮层顶面上的污物。根据砌块尺寸和灰缝厚度计算皮数,制作皮数杆。皮数杆立在建筑物四角或楼梯间转角处。皮数杆间距不宜超过15m。

其他材料方面,要准备好所需的拉结钢筋或钢筋网片,准备一定数量的辅助规格的小砌块,砌筑砂浆必须搅拌均匀,随拌随用。

2. 块体排列

砌块由于块材尺寸大于砖块,因此块体排列显得特别重要。

砌块排列时,必须根据砌块尺寸和垂直灰缝的宽度和水平灰缝的厚度计算砌块砌筑皮数和排数,以保证砌体的尺寸;砌块排列应按设计要求,从基础面开始排列,尽可能采用主规格和大规格砌块,以提高台班产量。外墙转角处和纵横墙交接处,砌块应分皮咬槎,交错搭砌,以增加房屋的刚度和整体性。

砌块墙与后砌隔墙交接处,应沿墙高每隔400mm在水平灰缝内设置不少于2ϕ4mm、横筋间距不大于200mm的焊接钢筋网片,钢筋网片伸入后砌隔墙内不应小于600mm,如图

3.4.8 所示。

砌块排列应对孔错缝搭砌,搭砌长度不应小于 90mm,如果搭接错缝长度满足不了规定的要求,应采取压砌钢筋网片或设置拉结筋等措施,具体构造按设计图纸规定。对设计规定或施工所需要的孔洞口、管道、沟槽和预埋件等,应在砌筑时预留或预埋,不得在砌筑好的墙体上打洞、凿槽。

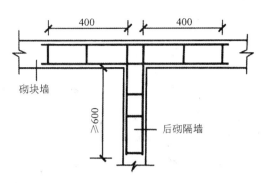

图 3.4.8 砌块墙与后砌隔墙交接处钢筋网片

砌体的垂直缝应与门窗洞口的侧边线相互错开,不得同缝,错开间距应大于 150mm,且不得采用砖镶砌。砌体水平灰缝厚度和垂直灰缝宽度一般为 10mm,但不应大于 12mm,也不应小于 8mm。在楼地面砌筑 1 皮砌块时,应在芯柱位置侧面预留孔洞。为便于施工操作,洞的开口一般应朝向室内,以便清理杂物、绑扎和固定钢筋。设有芯柱的 T 形接头砌块第 1 皮至第 6 皮排列平面如图 3.4.9 所示。第 7 皮开始又重复第 1 皮至第 6 皮的排列,但不用开口砌块,其排列立面如图 3.4.10 所示。设有芯柱的 L 形接头第 1 皮砌块排列平面如图 3.4.11 所示。

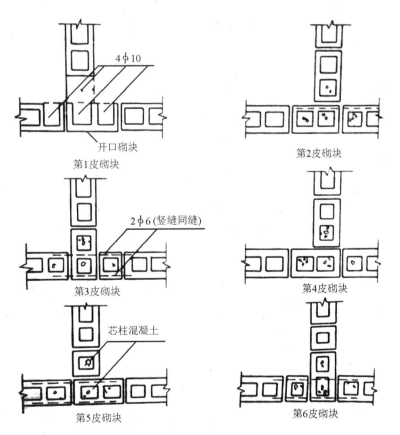

图 3.4.9 有芯柱的 T 形接头砌块排列平面

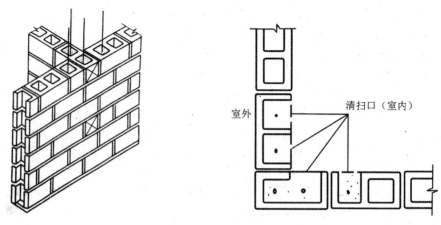

图 3.4.10　有芯柱的 T 形接头砌块排列立面　　图 3.4.11　有芯柱的 L 形接头第 1 皮砌块排列平面

3. 芯柱设置及施工

芯柱一般设置在外墙转角、楼梯间四角的纵横墙交接处的三个孔洞,具体结构规范要求这里不再阐述,可以根据施工图要求施工。芯柱截面不宜小于 120mm×120mm,宜用不低于 Cb20 的细石混凝土浇灌。钢筋混凝土芯柱每孔内插竖筋不应小于 1φ10mm,底部应伸入室内地面以下 500mm 或与基础圈梁锚固,顶部与屋盖圈梁锚固。在钢筋混凝土芯柱处,沿墙高每隔 600mm 应设 φ4mm 钢筋网片拉结,每边伸入墙体不小于 600mm,如图 3.4.12 所示。

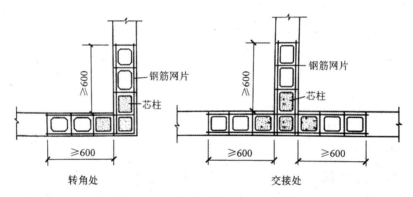

图 3.4.12　钢筋混凝土芯柱处拉筋

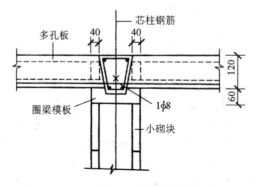

图 3.4.13　无圈梁时芯柱贯穿楼板构造

芯柱应沿房屋的全高贯通,并与各层圈梁整体现浇,可采用如图 3.4.13 所示的做法。芯柱竖向插筋应贯通墙身且与圈梁连接;插筋不应小于 $\phi12mm$。芯柱应伸入室外地下 500mm 或锚入浅于 500mm 的基础圈梁内。芯柱混凝土应贯通楼板,当采用装配式钢筋混凝土楼板时,可采用如图 3.4.14 所示的做法。

抗震设防地区芯柱与墙体连接处,应设置 $\phi4mm$ 钢筋网片拉结,钢筋网片每边伸入墙内不宜小于 1m,且沿墙高每隔 600mm 设置。

芯柱施工时,应按设计要求设置钢筋,其搭接接头长度不应小于 40d,芯柱应随砌随灌随捣实。当砌体为无楼板时,芯柱钢筋应与上、下层圈梁连

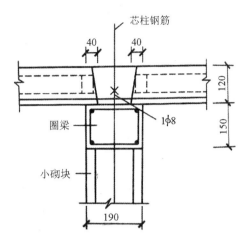

图 3.4.14　有圈梁时芯柱贯穿楼板构造

接,并按每一层进行连续浇筑。钢筋混凝土芯柱宜用不低于 Cb15 的细石混凝土浇灌,每孔内插入不小于 1 根 $\phi10mm$ 的钢筋,钢筋底部伸入室内地面以下 500mm 或与基础圈梁锚固,顶部与屋盖圈梁锚固。

在钢筋混凝土芯柱处,沿墙高每隔 600mm 应设直径 4mm 钢筋网片拉结,每边伸入墙体不小于 600mm。芯柱部位宜采用不封底的通孔小砌块,当采用半封底小砌块时,砌筑前应打掉孔洞毛边。混凝土浇筑前,应清理芯柱内的杂物及砂浆,用水冲洗干净,校正钢筋位置,并绑扎或焊接固定后,方可浇筑。浇筑时,每浇灌 400～500mm 高度捣实一次,或边浇灌边捣实。

芯柱混凝土的浇筑,必须在砌筑砂浆强度大于 1MPa 时,方可进行。同时要求芯柱混凝土的坍落度控制在 120mm 左右。

4. 砌块砌筑

混凝土空心小砌块墙的立面组砌形式仅有全顺一种,上、下竖向相互错开 190mm;双排小砌块墙横向竖缝也应相互错开 190mm,如图 3.4.15 所示。

混凝土空心小砌块宜采用铺灰反砌法进行砌筑。先用大铲或瓦刀在墙顶上摊铺砂浆,铺灰长度不宜超过 800mm,再在已砌砌块的端面上刮砂浆,双手端起小砌块,并使其底面向上,摆放在砂浆层上,并与前一块挤紧,并使上下砌块的孔洞对准,挤出的砂浆随手刮去。若使用一端有凹槽的砌块时,应将有凹槽的一端接着平头的一端砌筑。

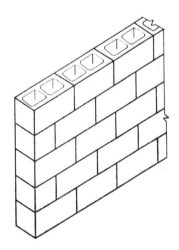

图 3.4.15　混凝土空心小砌块墙的立面组砌形式

【注意事项】 组砌要点

1. 小砌块砌筑应从转角或定位处开始,内外墙同时砌筑,纵横墙交错搭接。外墙转角处应使小砌块隔皮露端面;T 形交接处应使横墙小砌块隔皮露端面,纵墙在交接处改砌两块辅助规格小砌块(尺寸为 290mm×190mm×190mm,一头开口),所有露端面用水泥砂浆抹平,如图 3.4.16 所示。

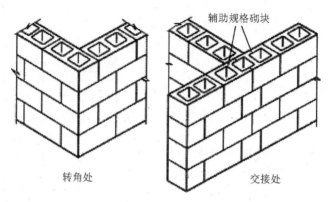

转角处　　　　　　　　　交接处

图 3.4.16　小砌块墙的转角处及 T 形交接处砌法

2. 小砌块应对孔错缝搭砌。上下皮小砌块竖向灰缝相互错开 190mm。个别情况当无法对孔砌筑时,普通混凝土小砌块错缝长度不应小于 90mm,轻集料混凝土小砌块错缝长度不应小于 120mm;当不能保证此规定时,应在水平灰缝中设置 2φ4mm 钢筋网片,钢筋网片每端均应超过该垂直灰缝,其长度不得小于 300mm,如图 3.4.17 所示。

3. 砌块应逐块铺砌,采用满铺满挤法。灰缝应做到横平竖直,全部灰缝均应填满砂浆。水平灰缝宜用坐浆满铺法。垂直缝可先在砌块端头铺满砂浆(即将砌块铺浆的端面朝上依次紧密排列),然后将砌块上墙挤压至要求的尺寸;也可在砌好的砌块端头刮满砂浆,然后将砌块上墙进行挤压,直至达到所需尺寸。

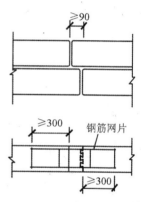

图 3.4.17　水平灰缝中拉结筋

4. 砌块砌筑一定要跟线,"上跟线,下跟棱,左右相邻要对平"。同时应随时进行检查,做到随砌随查随纠正,以便返工。

5. 每当砌完一块,应随后进行灰缝的勾缝(原浆勾缝),勾缝深度一般为 3～5mm。

6. 外墙转角处严禁留直槎,宜从两个方向同时砌筑。墙体临时间断处应砌成斜槎(见图 3.4.18)。斜槎长度不应小于高度的 2/3。如留斜槎有困难,除外墙转角处及抗震设防地区,墙体临时间断处不应留直槎外,可从墙面伸出 200mm 砌成阴阳槎,并沿墙高每 3 皮砌块(600mm)设拉结钢筋或钢筋网片,拉结钢筋用 2 根直径 6mm 的 HPB300 级钢筋;钢筋网片用 φ4mm 的冷拔钢丝。埋入长度从留槎处算起,每边不应小于 600mm。

7. 小砌块用于框架填充墙时,应与框架中预埋的拉结钢筋连接。当填充墙砌至顶面最后 1 皮,与上部结构相接处宜用实心小砌块(或在砌块孔洞中填 Cb15 混凝土)斜砌挤紧。对设计规定的洞口、管道、沟槽和预埋件等,应在砌筑时预留或预埋,严禁在砌好的墙体上打凿。在小砌块墙体中不得留水平沟槽。

8. 小砌块墙体内不宜留脚手眼,如必须留设时,可用 190mm×190mm×190mm 小砌块侧砌,利用其孔洞作脚手眼,墙体完工后用 C15 混凝土填实。但在墙体下列部位不得留设脚手眼:①过梁上部,与过梁成 60°角的三角形及过梁跨度 1/2 范围内。②宽度不大于 800mm 的窗间墙。③梁和梁垫下及其左右各 500mm 的范围内。④门窗洞口两侧 200mm 内和墙体

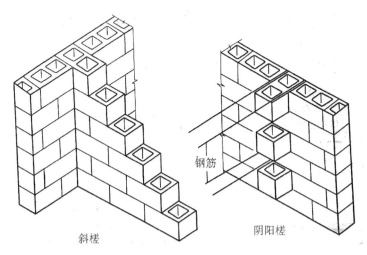

钢筋

斜槎   阴阳槎

图 3.4.18　小砌块砌体斜槎与直槎

交接处 400mm 的范围内。⑤设计规定不允许设脚手眼的部位。

9. 安装预制梁、板时,必须坐浆垫平,不得干铺。当设置滑动层时,应按设计要求处理。板缝应按设计要求填实。砌体中设置的圈梁应符合设计要求,圈梁应连续地设置在同一水平上,并形成闭合状,且应与楼板(屋面板)在同一水平面上,或紧靠楼板底(屋面板底)设置;当不能在同一水平上闭合时,应增设附加圈梁,其搭接长度应不小于圈梁距离的 2 倍,同时也不得小于 1m;当采用槽形砌块制作组合圈梁时,槽形砌块应采强度等级不低于 Mb10 的砂浆砌筑。

10. 对墙体表面的平整度和垂直度、灰缝的均匀程度及砂浆饱满程度等,应随时检查并校正所发现的偏差。在砌完每一楼层以后,应校核墙体的轴线尺寸和标高,在允许范围内的轴线和标高的偏差,可在楼板面上予以校正。

3.4.4　质量检验

质量检验分为主控项目和一般项目,详见表 3.4.1 和表 3.4.2。

表 3.4.1　砖砌体工程主控项目检验

序号	项目	合格质量标准	检验方法	抽检数量
1	小砌块和砂浆强度等级	小砌块和砂浆的强度等级必须符合设计要求	检查小砌块和砂浆试块试验报告	每一生产厂家 1 万块小砌块至少抽检 1 组。用于多层建筑基础和底层抽检数量应不少于 2 组。砂浆试块:每一检验批且不超过 250mm³ 砌体的各种类型及强度等级的砌筑砂浆,每台搅拌机应至少抽检一次
2	砌体灰缝	砌体水平灰缝的砂浆饱满度,应按净面积计算,不得小于 90%;竖向灰缝饱满度不得小于 80%,竖缝凹槽部位应用砂浆填实	用专用百格网检测小砌块与砂浆粘贴痕迹,每处检测 3 块小砌块,取其平均值	每检验批抽查应不少于 3 处

续　表

序号	项目	合格质量标准	检验方法	抽检数量
3	斜槎留置	墙体的转角处和纵墙交接处应同时砌筑,临时间断处应砌成斜槎,斜槎水平投影长度应不小于高度的2/3	观察检查	每检验批抽20%接槎,且应不少于5处
4	轴线与垂直度允许偏差	砌体的轴线偏移和垂直度偏差应按《砌体工程施工质量验收规范》(GB 50203—2002)中表5.2.5验收的规定执行	见《砌体工程施工质量验收规范》(GB 50203—2002)中表5.2.5验收	轴线查全部承重墙柱;外墙垂直度全高查阳角,应不少于4处,每层每20m查一处;内墙按有代表性的自然间抽10%,但应不少于3间,每间应不少于2处,柱不少于5根

表 3.4.2　砖砌体工程一般项目检验

序号	项目	合格质量标准	检验方法	抽检数量
1	灰缝质量要求	砖砌体的水平灰缝厚度和竖向灰缝宽度宜为10mm,但应不小于8mm,也应不大于12mm	用尺量5皮小砌块高度和2m砌体长度折算	每楼层的检测点不应少于3处
2	墙体一般尺寸允许偏差	小砌块墙体的一般尺寸允许偏差应按《砌体工程施工质量验收规范》(GB 50203—2002)中表5.3.3中1～5项的规定执行	《砌体工程施工质量验收规范》(GB 50203—2002)中表5.3.3	《砌体工程施工质量验收规范》(GB 50203—2002)中表5.3.3

【知识拓展】 配筋砌体

在砌体结构中,由于建筑及一些其他要求,有些墙柱不宜用增大截面来提高其承载能力,用改变局部区域的结构形式也不经济,在此种情况下,人们创造出了抗侧力较好的配筋砌体。在对配筋砌体的研究基础上,人们用配筋小砌块兴建于地震区的建筑已达28层。在砌体中配置钢筋的砌体,以及砌体和钢筋砂浆或钢筋混凝土组合成的整体,可统称为配筋砌体。配筋砌体主要有以下几种:

1. 配筋砌体构造。在砖砌体中,设置横向钢筋网片在砂浆中能约束砂浆和砖的横向变形,延缓砖块的开裂及其裂缝的发展,阻止竖向裂缝的上下贯通,从而可避免砖砌体被分裂成若干小柱导致的失稳破坏。网片间的小段无筋砌体在一定程度上处于三向受力状态,因而能较大程度提高承载力,且可使砖的抗压强度得到充分的发挥。配筋砌体又可分为配纵筋的砌体和直接提高砌体抗压、抗弯强度的砌体。图3.4.19所示的是组合砖砌体,图3.4.20所示为配筋砌块砌体。

2. 网状配筋砖砌体。网状配筋砖砌体是在砖砌体的水平灰缝中配置钢筋网,有网状配筋砖柱(见图3.4.21)、网状配筋墙等。

3. 钢筋砖过梁。钢筋砖过梁用普通砖平砌而成,其底部配以钢筋,如图3.4.22所示。

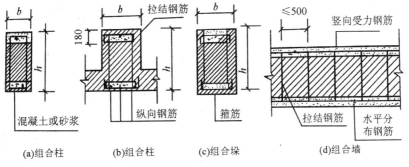

图 3.4.19 组合砖砌体构件截面

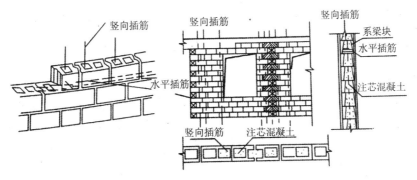

图 3.4.20 配筋的砌块砌体

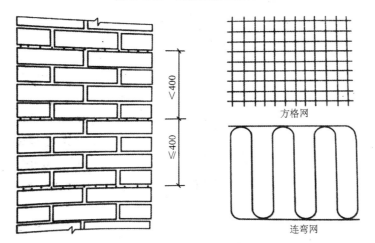

图 3.4.21 网状配筋砖柱

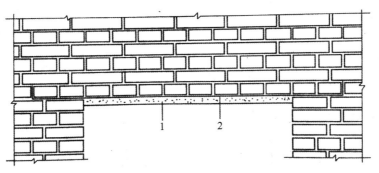

图 3.4.22 钢筋砖过梁

4. 钢筋混凝土构造柱。一般设置在有抗震要求的砖混结构中,砖墙与构造柱连接处砖墙应砌成马牙槎,每一马牙槎高度不宜超过 300mm,且沿墙高每隔 500mm 设置 2φ6mm 水平拉结钢筋,钢筋伸入墙内不宜小于 1.0m。如图 3.4.23 所示。

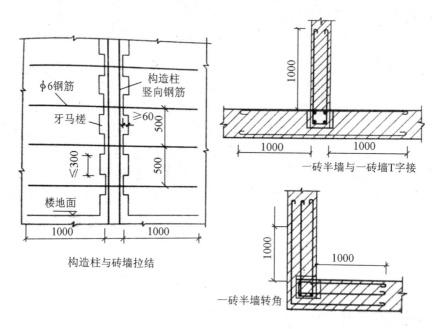

图 3.4.23 砖墙与构造柱连接

5. 钢筋混凝土填心墙砌筑。钢筋混凝土填心墙是将砌好的两立砖墙,用拉结钢筋连接在一起,在两墙之间放置钢筋,并浇筑混凝土而成的墙体,如图 3.4.24 所示。

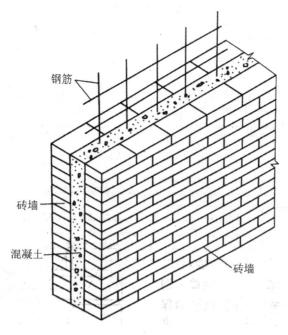

图 3.4.24 钢筋混凝土填心墙

3.5 砌体工程施工安全管理

3.5.1 安全生产方针

《中华人民共和国安全生产法》第三条、《中华人民共和国建筑法》第三十六条、《建设工程安全生产管理条例》第三条都明确规定,建设工程安全生产管理必须坚持"安全第一、预防为主"的方针。以法律形式确立的这个方针,是建设工程中全部安全生产活动的指导原则。预防为主既是安全生产方针的有机组成部分,也是多年来宝贵经验的总结,只有坚持预防为主,关口前移,重心下移,才能实现源头治本,防患于未然,牢牢掌握主动权。要做到强化抓重点的意识、重点工作要全力抓、薄弱环节要反复抓。

3.5.2 工地现场人员管理

在安全管理中人是第一要素,加强砌筑现场人员安全管理是重中之重,特别要注意以下五个方面的问题。

1. 进场的施工人员,必须经过安全培训教育,考核合格,持证上岗。

2. 现场悬挂安全标语,无关人员不准进场,进场人员需遵守"十不准规定"。施工人员必须正确佩戴安全帽,管理人员、安全员要佩戴标志,危险处要设警戒标语及措施。进入 2m 以上架体或施工层作业必须佩挂安全带。

3. 施工人员高空作业禁止打赤脚、穿拖鞋或硬底鞋以及打赤膊。

4. 施工人员工作前不许饮酒,进入施工现场不准嬉笑打闹。

5. 施工人员不得随意拆除现场一切安全防护设施,如机械护栏、安全网、安全围栏、外墙拉结点、警示信号等,如因工作需要必须经项目负责人同意方可进行。

3.5.3 安全操作规程

作为现场砌筑人员,尤其应该注意操作过程的安全事项,一般来说要注意以下几个方面的问题。

1. 不准站在墙顶上做画线、刮缝及清扫墙面或检查大角垂直等工作。

2. 不准用不稳固的工具或物体在脚手板面垫高操作,更不准在未经过加固的情况下,在一层脚手架上随意再叠加一层。

3. 砍砖时应面向内打,防止碎砖跳出伤人。

4. 如遇雨天及每天下班时,均要做好防雨措施,以防雨水冲走砂浆,致使砌体倒塌。

5. 在同一垂直面内上下交叉作业时,必须设置安全隔板,下方操作人员必须佩戴安全帽。人工垂直往上或往下(深坑)转递砖石时,要搭递砖架子,架子的站人板宽度应不小于 60cm。

6. 用锤打石时,应先检查铁锤有无破裂,锤柄是否牢固。打锤要按照石纹走向落锤,锤口要平,落锤要准,同时要看清附近情况有无危险,然后落锤,以免伤人。

7. 不准在墙顶或架上修改石材,以免震动墙体影响质量或石片掉下伤人。

8. 不准徒手移动上墙的料石,以免压破或擦伤手指。

9. 不准勉强在超过胸部以上的墙体上进行砌筑,以免将墙体碰撞倒塌或上石时失手掉下造成安全事故。

10. 石块不得往下掷。运石上下时,脚手板要钉装牢固,并钉防滑条及扶手栏杆。

11. 已经就位的砌块,必须立即进行竖缝灌浆;对稳定性较差的窗间墙、独立柱和挑墙面较多的部位,应加临时稳定支撑,以保证其稳定性。应及时进行圈梁施工,加盖楼板,或采取其他稳定措施。

3.5.4 工地现场安全管理

在砌筑工程中要注意做好以下安全措施:

1. 在操作之前必须检查操作环境是否符合安全要求,道路是否畅通,机具是否牢固,安全设施和防护用品是否齐全,经检查符合要求后方可施工。

2. 砌基础时,应检查并经常注意基坑土质变化情况,有无崩裂现象。堆放砌筑材料应离开坑边 1m 以上。当深基坑装设挡土板或支撑时,操作人员应设梯子上下,不得攀跳。运料不得碰撞支撑,也不得踩踏砌体和支撑上下。

3. 墙身砌体高度超过地坪 1.2m 以上时,应搭设脚手架。在一层以上或高度超过 4m 时,采用里脚手架必须支搭安全网,采用外脚手架应设护身栏杆和挡土板后方可砌筑。灌浆洞口应该离开纵墙 500mm 以上,预留孔洞宽度大于 300mm 时应该设置钢筋混凝土梁。

4. 脚手架上堆料量不得超过规定荷载,堆砖高度不得超过 3 皮侧砖,同一块脚手上的操作人员不应超过两人。

5. 在楼层(特别是预制板面)施工时,堆放机具、砖块等物品不得超过使用荷载。当超过荷载时,必须经过验算,采取有效加固措施后,方可进行堆放及施工。

6. 用于垂直运输的吊笼、滑车、绳索、刹车等,必须满足负荷要求,牢固无损;吊运时不得超载,并须经常检查,发现问题及时修理。

7. 用起重机吊砖要用砖笼;吊砂浆的料斗不能装得过满。在吊杆回转范围内不得有人停留,吊件落到架子上时,砌筑人员要暂停操作,并避开一边。

8. 砖、石运输车辆两车前后距离平道上不小于 2m,坡道上不小于 10m;装砖时要先取高处后取低处,防止垛倒砸人。

9. 已砌好的山墙,应临时用联系杆(如擦条等)放置在各跨山墙上,使其联系稳定,或采取其他有效的加固措施。

10. 冬期施工时,脚手板上如有冰霜、积雪,应先清除后才能上架子进行操作。

11. 在砌块砌体上,不宜拉锚缆风绳,不宜吊挂重物,也不宜作为其他施工临时设施、支撑的支承点,在确实需要时,应采取有效的构造措施。

12. 在大风、大雨、冰冻等异常气候之后,应检查砌体是否有垂直度的变化,是否产生了裂缝,是否有不均匀下沉等现象。

【实训一】 L 形墙体砌筑

实训任务:

根据给定的图纸要求(见图 3.6.1),进行测量放线,利用砖块和石灰砂浆砌筑一段 L 形墙体,墙体高度 1.2m,要求墙体平整度等指标符合规范要求。

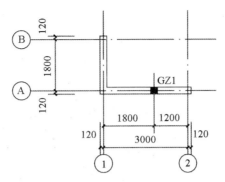

图 3.6.1　砌筑墙体平面图

施工要求:

1. 结构抗震设防烈度为 6 度,墙体采用 MU15 机制混凝土实心砖。

2. 砂浆采用低强度石灰砂浆,便于拆除。

3. 在水泥地面上起砌,地面不平用灰浆适当垫高,墙体高度为 1.2m。

4. 构造柱 GZ1,截面尺寸为 240mm×240mm,配筋为:纵筋 4φ12,箍筋 φ6@200。在本实训中设置钢筋,不浇筑混凝土。

5. 本项目也根据学校实际情况用小砌块砌筑,采用小砌块砌筑时图 3.6.1 标注的尺寸 120mm 改为 100mm,构造柱截面尺寸改为 200mm×200mm。

操作步骤:

第一步:施工前准备

1. 熟读图纸,根据教师给的基准点在水泥地坪上放线。

2. 弹线,砖墙弹出墙边线、轴线平面位置线;根据 L 形墙三角各相对龙门板,轴线标钉上白线挂紧,拉出墙的中心线,投射到水泥地面上,用墨线将墙身线弹出。墙基线弹好后,按图样要求复核各尺寸。

3. 普通砖、空心砖、灰砂砖、粉煤灰砖等在砌筑前一天应浇水湿润,湿润后普通砖、空心砖含水率宜为 10%~15%;灰砂砖、粉煤灰砖含水率宜为 5%~8%。不宜采用即时浇水淋砖,即时使用。

4. 筛好砂子,拌制好石灰砂浆,为了便于拆卸,采用石灰和砂子重量比为 1∶8。

第二步:砌筑墙体

1. 立皮数杆。在墙体 L 形转角处设立皮数杆,并检查垂直度。

2. 排砖撂地。试排的目的是使砖的垒砌合乎错缝搭接要求,确定砌筑所需的块数,以保证墙身砌筑竖缝均匀适度,尽可能做到少砍砖。排砖时应根据进场砖的实际长度尺寸的平均值来确定竖缝的大小。

3. 盘角。单次盘角不要超过五层,新盘的大角要及时进行吊、靠。有偏差应及时修整。盘角时要仔细对照皮数杆的砖层和标高,控制好灰缝大小,使水平灰缝均匀一致。大角盘好后再复查一次,在平整和垂直度完全符合要求后,再挂线砌墙。

4. 挂线。挂通线每层砖都要穿线看平，使水平缝均匀一致，平直通顺。挂线时要把高出的障碍物去掉，中间塌陷的地方要垫一块砖，但要注意不能拱起。每砌完一皮砖后，由两端把大角的人逐皮往上起线。

5. 砌砖。砌砖宜采用挤浆法，或采用"三一"砌筑法。"三一"砌筑法的操作要点是"一铲灰、一块砖、一挤揉"，并随手将挤出的砂浆刮去，操作时砖块要放平、跟线。

6. 勾缝。砖墙勾缝的形式可以分为平缝、凹缝、凸缝和斜缝。这里采用平缝，即勾成与墙面平整的缝。勾缝前先要清除墙面黏结的多余砂浆等杂物，开凿瞎缝，洒水湿润。勾缝从上而下进行，先勾水平缝，用长溜子将灰浆压入缝内，勾完一段后，溜子自右向左，将缝内灰浆压实、压平、压光。勾立缝用短溜子自上而下将灰浆勾入竖缝，压塞密实平整。

第三步：检查砌筑质量

在《砌体结构工程施工质量验收规范》(GB 50203—2011)中砌体质量检验标准分为一般规定、主控项目和一般项目。其中主控项目包括砖和砂浆的强度等级、砌体灰缝、砖砌体转角和交接处三部分。一般项目包括砖砌体的组砌方法和砖砌体灰缝两部分。具体要求详见规范。

本项目检查分为学生分组互检和教师组织检查两次，其中学生互检情况也要纳入实习考核范围。检查分为三个大项。

1. 主控项目有五个项目：砖和砂浆强度等级的检验、水平灰缝砂浆饱满度检查、斜槎留置的观察、直槎拉结筋及接槎处理是否正确、砖砌体位置及垂直度的偏差。这里主要检查后两项。水平灰缝砂浆饱满度要求不得小于80%，采用百格网检查；对墙体转角处不能同时砌筑时应留置斜槎，其水平投影长度不应小于高度的2/3。

2. 一般项目有三项：组砌方法、灰缝质量要求和一般尺寸允许偏差。

墙体检查：砖砌体组砌方法正确，上下错缝，内外搭砌，检查不少于3处，且不得位于同一面墙体。墙面平整度允许偏差5mm，垂直度偏差允许5mm。

灰缝检查：灰缝应当横平竖直，厚薄均匀，水平灰缝厚度宜为10mm，但不应小于8mm，也不应大于12mm，检查一处，检查时用尺量10皮砖砌体高度折算。

3. 允许偏差：

轴线位置偏移可采用经纬仪和尺或其他测量仪器检查，允许偏差为10mm；

垂直度在本项目中允许偏差10mm，使用工具同上；

墙面表面平整度在本项目中允许偏差为8mm，采用2m靠尺和楔形塞尺检查，要求全数检查；

水平灰缝的垂直度可用10m长的线和尺检查，允许偏差10mm，要求数量为10%，且不少于2处。

第四步：拆除墙体，清理场地

检查完毕后，在教师指导下有序进行拆除工作：

1. 拆墙顺序为先上后下、先边部后中间。

2. 拆墙时先把瓦刀插在灰缝中把砖块撬起，刮净砖体上的砂灰，放在边上。

3. 把残余水平层的砂灰刮去，再拆下一皮砖。

4. 把砖运到集中堆放处后，清扫场地砂灰，运至堆砂处，以供下一班级使用。

5. 用水清洗场地，并清理地沟砂泥。

本章小结

  本章就砌体工程施工的内容进行了详细的阐述,内容不仅涵盖了砌筑材料、砌体构造、质量检验和安全管理,而且对砌筑施工具体操作手法做了详细的介绍。本章每一部分都是进行施工所必须要掌握的内容,要求读者在课前认真研读,课中认真听讲,有条件的话可以进行实体教学。本章的内容均以现行工程规范为基准,读者在学习之余,最好能细读熟记规范中的相关条文,为今后工作做一个铺垫。

 **思考题**

  1. 砌体由哪些材料组成?墙体改革的方向是什么?

  2. 砌体块材有哪些主要种类?各自的优缺点是什么?

  3. 砌筑工具中测量工具有哪些?其主要功能和使用方法是什么?

  4. 砖砌体主要操作方法有哪些?各自的特点是什么?

  5. 砖砌体施工过程中哪些是质量控制的关键点?

  6. 砌块砌体施工与砖砌体相比有哪些异同点?

  7. 砌筑工程中如何进行现场的安全管理?

 习题

1. 烧结普通砖的规格为( )。
  A. 240mm×150mm×53mm   B. 240mm×115mm×53mm
  C. 190mm×190mm×90mm   D. 240mm×115mm×90mm

2. 砖砌体水平缝砂浆饱满度应不低于( )。
  A. 50%   B. 80%   C. 40%   D. 60%

3. 烧结多孔砖中等泛霜的砖不得用于( )部位。
  A. 阴暗   B. 窗台   C. 门垛   D. 潮湿

4. 蒸压灰砂砖不得用于长期受热( )℃以上、受急冷、受急热或酸性介质侵蚀的环境,也不宜用于受流水冲刷的部位。
  A. 100   B. 120   C. 150   D. 200

5. 多孔砖和空心砖都具有的优点是可以使墙体自重轻( )。
  A. 20%~30%   B. 25%~35%   C. 30%~35%   D. 30%~40%

6. 砌块按规格大小分为小砌块、中砌块和大砌块三类。中砌块是指主规格为( )mm砌块。
  A. 115~240   B. 240~380   C. 380~490   D. 380~980

7. 当施工期间气温不超过30℃时,水泥混合砂浆应在搅拌后( )小时内使用完毕。
  A. 2   B. 3   C. 4   D. 8

8. 墙上留临时施工洞口,其侧边离交接处墙面不应小于( )mm。

    A. 500   B. 750   C. 1000   D. 洞口净宽度

9. 设计要求洞口、管道、沟槽应于砌筑时正确留出或预埋,未经设计同意,不得打凿墙体和在墙体上开凿水平沟槽,宽度超过( )mm的洞口,应设置过梁。

    A. 300   B. 500   C. 750   D. 洞口高度的1/2

10. 砂浆用砂的含泥量应满足下列要求:对水泥砂浆和强度不低于M5的混合砂浆,应不超过( )。

    A. 2%   B. 3%   C. 5%   D. 10%

11. 砌筑砂浆用机械搅拌,自投料完成算起,水泥砂浆和水泥混合砂浆不得少于( )分钟。

    A. 1   B. 2   C. 3   D. 5

12. 砌砖墙留直槎时,必须留成阳槎并加设拉结筋,拉结筋沿墙高每500mm留一层,每层按( )mm墙厚留一根,但每层最少为2根。

    A. 370   B. 240   C. 120   D. 60

13. 砌砖墙留直槎时,需加拉结筋。对抗震设防烈度为6度、7度的地区,拉结筋每边埋入墙内的长度不应小于( )mm。

    A. 50   B. 500   C. 700   D. 1000

14. 砖墙的水平灰缝厚度和竖缝宽度,一般应为( )mm左右。

    A. 3   B. 7   C. 10   D. 15

15. 某砖墙高度为2.5m,在常温的晴好天气时,最短允许( )砌完。

    A. 1d   B. 2d   C. 3d   D. 5d

16. 对于实心砖砌体宜采用( )砌筑,容易保证灰缝饱满。

    A. "三一"砌筑法   B. 挤浆法   C. 刮浆法   D. 满后灰法

17. 当砌块砌体的竖向灰缝宽度为( )时,应采用C20以上的细石混凝土填实。

    A. 15~20mm   B. 20~30mm   C. 30~150mm   D. 150~300mm

18. 常温下砌筑砌块墙体时,铺灰长度最多不宜超过( )。

    A. 1m   B. 3m   C. 5m   D. 7m

19. 为了保证砌筑砂浆的强度,在保证材料合格的前提条件下,应重点抓好( )。

    A. 拌制方法   B. 计量控制   C. 上料顺序   D. 搅拌时间

20. 为了避免砌体施工时可能出现的高度偏差,最有效的措施是( )。

    A. 准确绘制和正确树立皮数杆   B. 挂线砌筑

    C. 采用"三一"砌筑法   D. 提高砂浆和易性

第4章 钢筋混凝土工程

随着国民经济水平的提高,我国的城市化建设越来越快,各大街小巷中每天都有大批的新建工程开始施工。在建筑业飞速发展的时代,混凝土结构成为城市建筑工程的首选,是目前应用最多的一种结构形式,其施工工艺与施工质量都日益受到相关部门与专业人士的重视。接下来,让我们一起学习混凝土结构工程。

 学习目标

1. 掌握模板优缺点及其构造,熟悉模板工程施工与验收要点,会进行构件模板安装;
2. 掌握钢筋配料与代换知识,熟悉钢筋工程施工与验收要点,会进行钢筋的绑扎与安装;
3. 熟悉混凝土工程施工与验收要点。

学习要求

知识要点	能力要求
模板工程	熟悉木模与组合模板的优缺点及其构造、规格
	掌握基础模板安装工艺,会进行基础模板安装
	掌握柱子模板安装工艺,会进行柱子模板安装
	掌握梁模板安装工艺,会进行梁模板安装
	掌握楼板模板安装工艺
钢筋工程	掌握钢筋配料与代换
	熟悉钢筋验收要点
	熟悉钢筋加工的各种方法
	掌握钢筋的绑扎与安装要点,会进行钢筋的绑扎与安装
	掌握钢筋工程施工质量检查与验收要点
混凝土工程	熟悉混凝土进场验收要点
	熟悉混凝土运输要点
	掌握混凝土浇筑和捣实要点
	掌握混凝土养护相关知识
	掌握混凝土工程施工质量检查要点

【历史沿革】 钢筋混凝土的问世,引起了建筑材料的一场革命。然而,令人惊奇的是,发明钢筋混凝土的既不是建筑业的科学家,也不是著名的工程师,而是一个和建筑不搭界的园艺师。他就是法国的约瑟夫·莫尼哀。

约瑟夫·莫尼哀(Joseph Monier,1823—1906)是19世纪中期法国巴黎的一位普通花匠。在他管理的花园中,奇花异草生机盎然、香气扑鼻,行人路过此处,无不驻足观赏。莫尼哀每天都要和花盆打交道。最初,花盆都是由一些普通的泥土和低级陶土烧制而成,也就是常见的瓦盆。这些花盆不坚固,一碰就破。

莫尼哀去咨询其他花匠朋友,可他们也都面临着同样的困扰;去找专门制作盆罐的工人,他们也没什么好办法。那时候,水泥开始作为建筑材料使用,人们用水泥加砂子制成混凝土,盖楼房、修桥梁。混凝土有良好的黏结性,变硬固化后又具有很高的强度,渐渐引起了其他行业的注意。

莫尼哀决定自己想办法改进花盆。他想到了当时比较流行的混凝土材料,便用水泥加上砂子制造水泥花盆,按现在的说法就是混凝土花盆。混凝土花盆果然非常坚固,尤其是不怕压。但混凝土花盆和瓦盆一样也有缺点,就是经不起拉伸和冲击,有时对花木进行松土和施肥都会导致花盆破碎。

"再想办法改进!"莫尼哀勉励自己。有一次,他又摔碎了一个花盆。不过,他有了一个发现:花盆的碎片虽然七零八落,可花盆的泥土却抱成一团,仍然保持着原状,好像比水泥还要结实。莫尼哀仔细观察,原来是植物的根系在泥土中蜿蜒盘绕,相互勾连,使松散的泥土抱成了坚实的一团。

莫尼哀有了新的主意,他打算仿照植物的根系,制作新的花盆。他先用细小的钢筋编成花盆的形状,然后在钢筋里外两面都涂抹上水泥砂浆(见图4.0.1)。干燥后,花盆果然既不怕拉伸也能经受冲击。

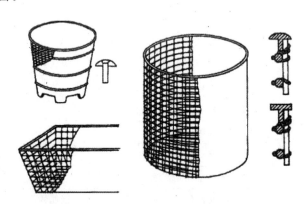

图 4.0.1　钢筋混凝土花盆的设计图纸

莫尼哀发明的钢筋混凝土花盆在巴黎的园艺界很快得到推广。莫尼哀在1867年获得专利权。

如果莫尼哀的发明只是局限在园艺界里,人们不会记住莫尼哀这个名字。有一天,巴黎一位著名的建筑师到莫尼哀的花圃里看花。他看到了莫尼哀用钢筋混凝土制作的花盆,大为惊讶。他鼓励莫尼哀把这项技术运用到工程上,并为他牵线搭桥。莫尼哀开始应用这项技术制作台阶、铁路的枕木,还有钢筋混凝土的预制板,并逐渐得到一些设计师的支持和社会的认可。

1867 年，在巴黎的世博会上，莫尼哀展出了钢筋混凝土制作的花盆和枕木。而在同一时期，法国人兰特姆还用钢筋混凝土制造了一些小瓶、小船，也在这届世博会上展出。一些建筑商在世博会上目睹了钢筋混凝土的优点：既能承受压力，又能承受张力，造价还便宜。钢筋混凝土引起了他们的广泛兴趣。

1875 年，在一些设计师的帮助下，莫尼哀主持建造了世界上第一座钢筋混凝土大桥（见图 4.0.2）。这座桥长 16m、宽 4m，是座人行的拱式体系桥。当时，人们还不明白钢筋在混凝土中的作用和钢筋混凝土受力后的物理力学性能，因此，桥梁的钢筋配置全是按照体型构造进行，在拱式构件的截面中和轴上也配置了钢筋。

1884 年，德国一家建筑公司购买了莫尼哀的专利，并对钢筋混凝土进行了一系列科学试验。一位叫怀特的土木建筑工程师研究了它的耐火性能、强度、混

图 4.0.2　约瑟夫·莫尼哀主持建造的首座钢筋混凝土桥

凝土和钢筋之间的黏结力等等，并在此基础上研究出了制造钢筋混凝土的最佳方法。从此，钢筋混凝土这种复合材料成了土木工程建筑中的主角之一。

钢筋混凝土的出现和在建筑上的应用是建筑史上的一件大事。在 19 世纪末到 20 世纪初，它几乎被认为是一切新建筑的标志，它给建筑的结构方式与建筑造型提供了新的可能性。直到现在，钢筋混凝土结构仍在建筑中起着重大的作用。

钢筋混凝土技术最早应用到中国是在 20 世纪初的上海和广州。

19 世纪末，上海的建筑包括租界内的楼房绝大多数都是砖木或砖混结构。直到 20 世纪初，外滩的亚细亚大楼、上海总会、东风饭店等欧洲设计师设计、建造的楼房才开始整体或部分使用了钢筋混凝土结构。其中，最能反映这些建筑从传统风格向现代风格转变的是江海关大楼（现为上海海关办事处，见图 4.0.3）。

图 4.0.3　江海关大楼

据史料记载，江海关大楼分别于 1857 年、1891 年、1925 年被三次重建。如今矗立在外滩中山东一路 13 号的江海关大楼于 1927 年建成，由著名英资建筑设计机构公和洋行设计。大楼建筑风格总体上属于古典主义，正立面是典型的多立克柱式。主楼共有 9 层，加上塔楼，总高度约 79.25m，是当时上海外滩最高的建筑物。这一次重建采取了钢结构与钢筋混凝土结构混合模式。

20 世纪一二十年代，广州、天津等地也先后采用钢筋混凝土结构建造高楼。南方大厦（见图 4.0.4）就是广州第一座钢筋混凝土结构的高层楼房。

南方大厦原名城外大新公司,建在沿江西路49号,1918年动工,1922年建成。大楼高65m,有12层(10层以上为塔楼),经营百货、旅业、酒店,天台为空中花园游乐场,设电梯运送客人,并有螺旋梯形斜道供小汽车上下。1938年10月,广州沦陷前大厦被焚毁,只剩下烧焦的骨架。1954年3月重修加固,并易名南方大厦,一直沿用至今,外观保持原貌。

图4.0.4 南方大厦

【引例】

某地置地广场2号楼地下二层②—⑩轴结构外墙(高4.9m)在混凝土浇筑过程中两处出现墙体竖向模板胀模现象,胀模面积较大,约7m²,造成严重的质量问题,事故现场如图4.0.5所示。

那么造成此质量事故的原因有哪些?针对事故原因,阐述规范对模板工程、混凝土工程有哪些要求。通过对本章讲述的内容进行系统的学习后,以上问题就不难回答。

图4.0.5 某地置地广场2号楼地下二层②—⑩轴结构外墙胀模现象

4.1 模板工程

模板工程指新浇混凝土成型的模板以及支承模板的一整套构造体系。其中,接触混凝土并控制预定尺寸、形状、位置的构造部分称为模板,支持和固定模板的杆件、桁架、连接件、金属附件、工作便桥等构成支承体系。模板工程在混凝土施工中是一种临时结构。

模板工程必须满足以下基本要求。

1. 安全性:应对模板及支架进行设计。模板及支架应具有足够的承载力、刚度和稳定性,应能可靠地承受施工过程中所产生的各类荷载。

2. 安装质量:应保证成型后混凝土结构和构件的形状、尺寸和相互位置的准确,模板的接缝不应漏浆。

3. 经济适用,能多次周转使用。

4. 构造简单,装拆方便。

模板按其材料主要分为木模板、定型组合钢模板、胶合板模板、塑料模板、玻璃模板等。在此主要介绍木模板、胶合板模板和定型组合钢模板。

4.1.1 木模板

为了节约木材,木模板及其支架系统一般在加工厂或现场木工棚制成元件,然后再在现场拼装。

木模板的基本元件为拼板,由板条与拼条钉成。板条厚度一般为 25~50mm,宽度不宜大于 200mm。拼条间距取决于所浇混凝土的侧压力和板条的厚度,一般为 400~500mm。拼板的构造如图 4.1.1 所示。

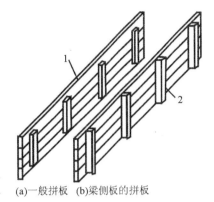

(a)一般拼板 (b)梁侧板的拼板

1-板条;2-拼条

图 4.1.1 拼板的构造

木模板的优点是质量轻,制作、改制、装拆、运输均较方便,一次投资少;缺点是易开裂、翘曲与变形,周转次数少。

4.1.2 胶合板模板

混凝土模板用的胶合板有木胶合板和竹胶合板。胶合板用作混凝土模板具有以下优点:

1. 板幅大,自重轻,板面平整。既可减少安装工作量,节省现场人工费用,又可减少混凝土外露表面的装饰及磨去接缝的费用。

2. 承载能力大,特别是经表面处理后耐磨性好,能多次重复使用。

3. 材质轻,厚18mm 的木胶合板,单位面积重量为50kg,模板的运输、堆放、使用和管理等都较为方便。

4. 保温性能好,能防止温度变化过快,冬期施工有助于混凝土的保温。

5. 锯截方便,易加工成各种形状的模板。

6. 便于按工程的需要弯曲成型,用作曲面模板。

7. 用于清水混凝土模板最为理想。

这里主要介绍木胶合板模板。木胶合板模板如图 4.1.2 所示。模板用的木胶合板通常由 5、7、9、11 层等奇数层单板经热压固化而胶合成型。相邻层的纹理方向相互垂直,通常最外层表板的纹理方向和胶合板板面的长向平行,因此,整张胶合板的长向为强方向,短向为弱方向,使用时必须加以注意。

我国模板用木胶合板的规格尺寸见表 4.1.1。

图 4.1.2 木胶合板模板

表 4.1.1   模板用木胶合板规格尺寸

厚度/mm	层数	宽度/mm	长度/mm
12	至少5层	915	1830
15		1220	1830
18	至少7层	915	2135
		1220	2440

【注意事项】

1. 必须选用经过板面处理的胶合板。

未经板面处理的胶合板用作模板时,因混凝土硬化过程中,胶合板与混凝土界面上存在水泥—木材之间的结合力,使板面与混凝土黏结较牢,脱模时易将板面木纤维撕破,影响混凝土表面质量。这种现象随胶合板使用次数的增加而逐渐加重。

经覆膜罩面处理后的胶合板,增加了板面耐久性,脱模性能良好,外观平整光滑,最适用于有特殊要求的、混凝土外表面不加终饰处理的清水混凝土工程,如混凝土桥墩、立交桥、筒仓、烟囱以及塔等。

2. 未经板面处理的胶合板(亦称白坯板或素板),在使用前应对板面进行处理。处理的方法为冷涂刷涂料,把常温下固化的涂料胶涂刷在胶合板表面,构成保护膜。

3. 经表面处理的胶合板,施工现场使用中,一般应注意以下几个问题:

(1)脱模后立即清洗板面浮浆,堆放整齐。

(2)模板拆除时,严禁抛扔,以免损伤板面处理层。

(3)胶合板边角涂有封边胶,故应及时清除水泥浆。为了保护模板边角的封边胶,最好在支模时在模板拼缝处粘贴防水胶带或水泥纸袋,加以保护,防止漏浆。

(4)胶合板板面尽量不钻孔洞。如有预留孔洞,可用普通木板拼补。

(5)现场应备有修补材料,以便对损伤的面板及时进行修补。

(6)使用前必须涂刷脱模剂。

4.1.3   定型组合钢模板

组合钢模板由钢模板和配件两大部分组成,如图4.1.3所示。钢模板经专用设备压轧成型,包括平面模板、阴角模板、阳角模板、连接角模等,如图4.1.4所示。配件的连接件包括 U 形卡、L 形插销、钩头螺栓、紧固螺栓、对拉螺栓、扣件等,如图4.1.5所示。钢模板和配件能组合拼装成不同尺寸的板面和整体模架。

组合钢模板有以下优点:

1. 板块制作精度高,拼缝严密,刚度大,不易变形,成型的混凝土结构尺寸准确,密实光洁。

2. 组合刚度大,板块错缝布置桥梁模板,拼

图 4.1.3   钢模板和配件

成的面板有平面整体刚度;面板组成柱梁模壳,本身就是承重构件,更能提高整体刚度,便于整体吊装,也可使支架结构简单化。

3.使用寿命长,部件强度高,耐久性好,能快速周转,若及时修理建筑模板,妥善维护,可成为久用工具。

4.应用范围广,适用于不同的工程规模、结构形式和施工工艺平板模板,就地拼装、整体吊装、滑模、爬模等。

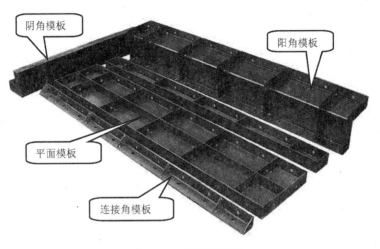

图 4.1.4　钢模板类型

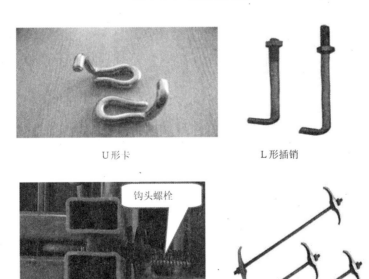

图 4.1.5　钢模板连接件

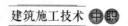

钢模板规格如表4.1.2所示。

表 4.1.2　钢模板规格　　　　　　　　　　　　　单位：mm

名称		宽度	长度	肋高
平面模板		1200、1050、900、750、600、550、500、450、400、350、300、250、200、150、100	2100、1800、1500、1200、900、750、600、450	55
阴角模板		100×100、50×50	1800、1500、1200、900、750、600、450	55
阳角模板		150×150、100×150		
连接模板		50×50	1500、1200、900、750、600、450	
倒棱模板	角棱模	17.45	1800、1500、1200、900、750、600、450	
	圆棱模	R20、R35		
梁腋模板		50×150、50×100		
柔性模板		100	1500、1200、900、750、600、450	
搭接模板		75		
双曲可调模板		300、200	1500、900、600	
变角可调模板		200、160		
嵌补模板	平面嵌板	200、150、100	300、200、150	
	阴角模板	150×150、100×150		
	阳角模板	100×100、50×50		
	连接模板	50×50		

连接件规格如表4.1.3所示。

表 4.1.3　连接件规格　　　　　　　　　　　　　单位：mm

名称		规格
U形卡		$\phi 12$
L形插销		$\phi 12, l=345$
钩头螺栓		$\phi 12, l=205、180$
边肋连接销		$\phi 12$
紧固螺栓		$\phi 12, l=55$
对拉螺栓		M12、M14、M16、T12、T14、T16、T18、T20
扣件	3形扣件	26 型、12 型
	蝶形扣件	26 型、18 型

4.1.4 模板的安装施工

1. 基础模板安装

基础模板的特点是高度不大而体积较大,基础模板一般利用地基或基槽(坑)进行支撑,一般情况下采用木模板或胶合板模板。安装时,要保证上下模板不发生相对位移。阶形基础模板如图 4.1.6 所示。

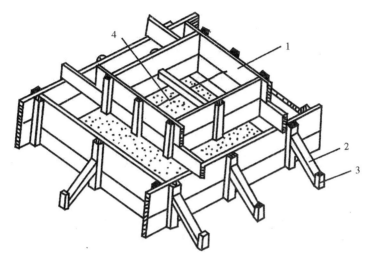

1-拼板;2-斜撑;3-木桩;4-铁丝

图 4.1.6 阶形基础模板

【注意事项】 一般情况下采用木模板,要注意以下事项。

(1) 安装模板前,应先复查地基垫层标高及中心线位置,弹出基础边线。

(2) 模板两侧要刨光、平整。

(3) 杯芯模板应直拼,如设底板,应使侧板包底板,在底板上钻几个孔以便排气。四角做成小圆角。

(4) 模板要涂隔离剂。对于一般基础外模板涂内侧,对于杯芯模板涂外侧。

(5) 用钢管等材料作为短桩固定模板,防止浇混凝土时模板变形。

(6) 脚手板不应搁置在基础模板上。

2. 柱模板安装

柱模板可以用木模板、胶合板模板,也可以用定性钢模板安装。为承受混凝土侧压力,模板外设柱箍,柱箍的间距与混凝土侧压力大小及模板类型、厚度等有关,侧压力愈向下愈大,因此柱箍是上疏下密。两方向加支撑和拉杆(楼板上埋钢筋环或钢筋头做支点和固定点)。

柱模板底部开有清理孔,沿高度每隔约 2m 开有浇筑孔。柱底一般钉一木框在底部混凝土上,用以固定柱模板的位置。模板顶部根据需要可开与梁模板连接的缺口。用木模板做的柱模板如图 4.1.7 所示。

【注意事项】 柱模板可以用木模板,也可以用钢模板安装。

(1) 柱的模板在安装前,在基础(楼地面)上用墨线弹出柱的中线及边线,柱脚抄平。

(2) 对通排柱模板,应先装两端柱模板,校正固定,拉通线校正中间各柱模板。

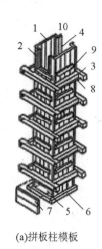 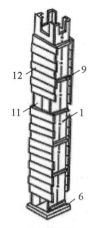

(a)拼板柱模板　　　　　　　　(b)短横板柱模板

1-内拼板;2-外拼板;3-柱箍;4-梁缺口;5-清理孔;6-方盘;
7-盖板;8-拉紧螺栓;9-拼条;10-三角木条;11-浇捣口;12-短横板

图 4.1.7　柱模板

（3）依据边线安装模板。安装后的模板要保证垂直,并由地面起每隔 2m 留一道施工口,以便混凝土浇捣。柱底部留设清理孔。

（4）柱模板应加柱箍,用四根小方木相互搭接钉牢,或用工具式柱箍,柱箍间距按设计计算确定。

（5）模板四周搭设钢管架子,结合斜撑,将模板固定,以防在混凝土侧压力的作用下发生移位。

（6）柱模板与梁模板连接时,梁模板宜缩短 2～3mm,并锯成小斜面。

3. 梁模板

（1）梁特点:跨度大而宽度不大,梁底一般是架空的。

（2）梁模板组成:底模、侧模、夹木、支架系统,如图 4.1.8 所示。

（3）模板关系:侧模板包在底模板外面。梁的模板不应伸到柱模板的开口里,如图 4.1.9 所示。

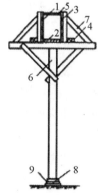 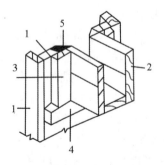

1-侧模板;2-底模板;3-侧模拼条;4-夹木;
5-水平拉条;6-顶撑;7-斜撑;8-木楔;9-木垫板

图 4.1.8　梁模板

1-柱或大柱侧板;2-梁侧板;
3、4-衬口挡;5-斜口小木条

图 4.1.9　梁模板连接

【注意事项】

(1) 梁跨度大于等于 4m 时,底板应起拱,起拱高度由设计确定,如设计无规定时取全跨度的 1/1000~3/1000。

(2) 支柱(琵琶掌)之间应设拉杆,离地面 500mm 设一道,以上每隔 2m 左右设一道。支柱下垫设楔子和通长垫板,垫板下的土应拍平夯实,楔子待支撑校正标高后钉牢。

(3) 当梁底离地面过高时(一般 6m 以上),宜搭设排架支模。

(4) 梁较高时,可先装一侧模板,待钢筋绑扎安装结束后,再封另一侧模板。

(5) 上下层模板的支柱,一般应安装在一条竖向的中心线上。

3. 楼板模板

楼板的特点:面积大而厚度比较小,侧向压力小。楼板模板多用定型模板,它支承在格栅上,格栅支承在梁侧模板外的横档上,如图 4.1.10 所示。

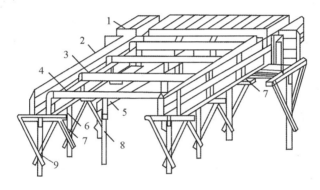

1—楼板模板;2—梁侧模板;3—格栅;4—横挡;5—牵杠;
6—夹条;7—短撑木;8—牵杠撑;9—支撑

图 4.1.10 梁及楼板模板

【注意事项】

(1) 楼板用木模板铺板时,一般只要求在两端及接头处钉牢。中间尽量少钉以便拆模。采用定型钢模板时,须按其规格、距离铺设格栅。不够铺一块定型钢模板的空隙,可以用木板镶满或用 2~3mm 厚铁皮盖住。

(2) 采用桁架支模时,应根据载重量确定桁架间距。桁架上弦放置小方木,用铁丝扎紧。两端支承处要设木楔,在调整标高后钉牢。桁架之间应设拉结条,保持桁架垂直。

(3) 当板跨度大于或等于 4m 时,模板应起拱,当无具体要求时,起拱高度宜为全跨长度的 1/1000~3/1000。

(4) 挑檐模板必须撑牢拉紧,防止外倒,确保安全。

4.2 钢筋工程

钢筋工程的施工工艺如下:

审查图纸→钢筋配料、代换→钢筋购入、检验→钢筋加工→钢筋绑扎与安装→隐蔽工程检查与验收。

4.2.1 钢筋配料与代换

钢筋配料是钢筋加工前的一项非常重要的工作,是施工现场钢筋工程施工前,根据设计图纸和国家相关规范及标准图纸将结构图纸中各种各样钢筋的样式、规格、尺寸详细地计算出来,并绘制出钢筋下料表。钢筋下料表是作业班组进行钢筋加工的依据,同时也是钢筋材料计划的依据,还是与甲方及分包单位结算的重要依据。优秀的钢筋配料可以提高工程质量,减少钢筋损耗,为企业创造可观的利润。配料工作是工程技术人员在施工过程中应该做的一项基础技术工作,其中钢筋下料长度和根数的计算是钢筋配料的关键。

1. 钢筋配料程序

看懂构件配筋图→绘出单根钢筋简图→编号→计算下料长度和根数→填写配料表、料牌→申请加工。

2. 钢筋下料长度的确定

钢筋混凝土构件施工图中注明的钢筋尺寸,一般是指加工好了的钢筋外轮廓尺寸,也称钢筋的外包尺寸。钢筋加工时就是按外包尺寸进行验收。

钢筋在加工时,都按直线长度下料。但实际构件中的钢筋形状多种多样,因弯曲或弯钩,都会使钢筋长度发生变化。因此在钢筋配料计算中,不能直接按图中的尺寸下料,而应考虑混凝土保护层厚度、钢筋弯曲长度变化、钢筋弯钩的规定等,再根据图中钢筋尺寸计算其下料长度。各类钢筋下料长度如下:

直钢筋下料长度=构件长度-保护层厚度+弯钩增加长度

弯起钢筋下料长度=直段长度+斜段长度-弯曲调整值+弯钩增加长度

箍筋下料长度=箍筋周长+箍筋调整值

(1)弯曲调整值

钢筋弯曲后特点:一是外壁伸长、内壁缩短,轴线长度不变;二是在弯曲处形成圆弧。钢筋的量度方法是沿直线量外包尺寸,因此弯起钢筋的量度尺寸大于下料尺寸(见图4.2.1),两者之间的差值称为弯曲调整值。不同弯曲角度的钢筋调整值见表4.2.1。

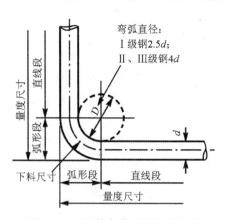

图 4.2.1 钢筋弯曲时的量度尺寸

表 4.2.1　钢筋不同弯曲角度的调整值

钢筋弯曲角度	30°	45°	60°	90°	135°
钢筋弯曲调整值	0.35d	0.50d	0.85d	2.00d	2.50d

注：d 为钢筋直径

（2）弯钩增加长度

钢筋弯钩计算简图如图 4.2.2 所示。

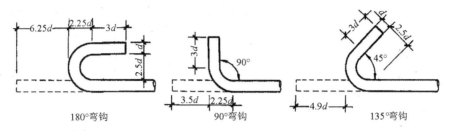

图 4.2.2　钢筋弯钩计算简图

纵向钢筋弯钩增加长度见表 4.2.2。

表 4.2.2　纵向钢筋弯钩增加长度

钢筋类别	弯钩增加长度		
	180°	135°	90°
HPB235	6.25d	4.9d	3.5d
HRB335	无	$X+2.9d$	$X+0.93d$
备注	X 为平直段长度，按设计要求取定		

注：d 为钢筋直径

（3）弯起钢筋的斜段长度

弯起钢筋的斜段长度可根据钢筋不同的弯起角度（见图 4.2.3），查表 4.2.3 得弯起钢筋的斜边系数；计算该斜段长度时，乘以该斜边系数即可。

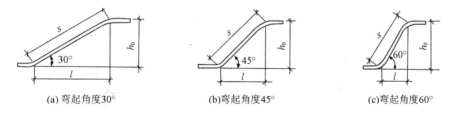

图 4.2.3　弯起钢筋斜段长度计算简图

表 4.2.3　弯起钢筋斜边计算系数表

弯起角度	30°	45°	60°
斜边长度 s	$2h_0$	$1.41h_0$	$1.15h_0$
底边长度 l	$1.732h_0$	h_0	$0.575h_0$
增加长度 s−l	$0.268h_0$	$0.41h_0$	$0.58h_0$

注：h_0 为弯起钢筋的弯起净高

（4）箍筋调整值

箍筋调整值是由钢筋弯曲增加长度与钢筋弯曲调整值两项合并而成,并根据箍筋量度的外包尺度或内包尺寸来确定。箍筋调整值见表4.2.4。

表4.2.4 箍筋调整值

方法 \ 箍筋量度	箍筋直径/mm			
	4～5	6	8	10～12
量外包尺寸	40	50	60	70
量内包尺寸	80	100	200	150～170

3. 钢筋配料凭证的制备

钢筋下料长度的确定是钢筋配料中的一项重要工作,但配料凭证的制备也是钢筋配料中不可缺少的内容之一。配料凭证的制备包括配料单和料牌两个项目,要求在钢筋下料长度确定之后编制和制作。

（1）钢筋配料单的编制

钢筋配料单的内容包括工程及构件名称、钢筋编号、钢筋简图及尺寸、钢筋规格、下料长度、钢筋根数等。其编制方法是以表格的形式,将钢筋下料长度由配料人员按要求计算正确后填写。切不可采用设计人在材料表上标注的下料长度尺寸。

（2）钢筋料牌的制作

采用木板或纤维板制成料牌,将每一类编号钢筋的工程及构件名称、钢筋编号、数量、规格、钢筋简图及下料长度等内容分别注写于料牌的两面,以便随着工艺流程的传送,最后系在加工好的钢筋上,作为钢筋安装工作中区别各工程项目、各类构件和各种不同钢筋的标志。钢筋料牌样例如图4.2.4所示。

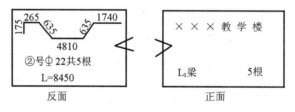

图4.2.4 钢筋料牌样例

【注意事项】

（1）在设计图纸中,钢筋配置的细节未注明时,一般可按构造要求处理。

（2）钢筋配料计算,除钢筋的形状和尺寸满足图纸要求外,还应考虑有利于钢筋的加工运输和安装。

（3）在满足要求前提下,尽可能利用库存规格材料、短料等,以节约钢材。在使用搭接焊和绑扎接头时,下料长度计算应考虑搭接长度。

（4）配料时,除图纸注明钢筋类型外,还要考虑施工需要的附加钢筋,如基础底板的双层钢筋网中,为保证上层钢筋网位置用的钢筋撑脚;墙板双层钢筋网中固定钢筋间距用的撑铁;梁中双排纵向受力钢筋为保持其间距用的垫铁等。

【工程实例】 某教学楼钢筋混凝土框架梁 KL1 的截面尺寸与配筋见图 4.2.5,共计 5 根。混凝土强度等级为 C25。求各种钢筋下料长度。

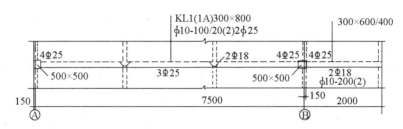

图 4.2.5 钢筋混凝土框架梁 KL1 平法施工图

[解] 1.绘制钢筋翻样图

根据"配筋构造"的有关规定,得出:

(1) 纵向受力钢筋端头的混凝土保护层为 25mm;

(2) 框架梁纵向受力钢筋 $\phi 25$ 的锚固长度为 $35 \times 25 = 875mm$,伸入柱内的长度可达 $500 - 25 = 475(mm)$,需要向上(下)弯 400mm;

(3) 悬臂梁负弯矩钢筋应有两根伸至梁端包住边梁后斜向上伸至梁顶部;

(4) 吊筋底部宽度为次梁宽 $+2 \times 50mm$,按 $45°$ 向上弯至梁顶部,再水平延伸 $20d = 20 \times 18mm = 360mm$。

对照 KL1 框架梁尺寸与上述构造要求,绘制单根钢筋翻样图(见图 4.2.6),并将各种钢筋编号。

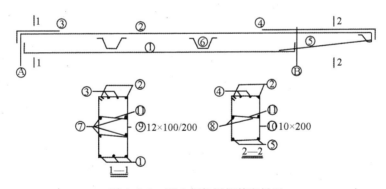

图 4.2.6 KL1 框架梁钢筋翻样图

2. 计算钢筋下料长度

计算钢筋下料长度时,应根据单根钢筋翻样图尺寸,并考虑各项调整值。

①号受力钢筋下料长度为

$(7800 - 2 \times 25) + 2 \times 400 - 2 \times 2 \times 25 = 8450(mm)$

②号受力钢筋下料长度为

$(9650 - 2 \times 25) + 400 + 350 + 200 + 500 - 3 \times 2 \times 25 - 0.5 \times 25 = 10888(mm)$

⑥号吊筋下料长度为

$350 + 2(1060 + 360) - 4 \times 0.5 \times 25 = 3140(mm)$

⑨号箍筋下料长度为

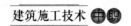

$2(770＋270)＋70＝2150(\text{mm})$

⑩号箍筋下料长度，由于梁高变化，因此要先算出箍筋高差 Δ。

箍筋根数 $n＝(1850－100)/200＋1＝10$

箍筋高差 $\Delta＝(570－370)/(10－1)＝22(\text{mm})$

每个箍筋下料长度计算结果见表4.2.5。

表 4.2.5 钢筋配料单

构件名称：KL1 梁，5 根

钢筋编号	简图	钢号	直径/mm	下料长度/mm	单位根数	合计根数	重量/kg
①	400 ⌐ 7750 ⌐	ϕ	25	8450	3	15	488
②	400 9600 500 / 350 200	ϕ	25	10887	2	10	419
③	400 ⌐ 2742	ϕ	25	3092	2	10	119
④	4617 350	ϕ	25	4917	2	10	189
⑤	2300	ϕ	18	2300	2	10	46
⑥	360 1060 360 1060 350	ϕ	18	3140	2	20	126
⑦	7200	ϕ	14	7200	4	20	174
⑧	7200	ϕ	14	2050	4	10	25
⑨	270 770	ϕ	10	2150	2	230	305
⑩₁	270 570	ϕ	10	1750	1	5	48
⑩₂		ϕ	10	1706	1	5	
⑩₃	548×270	ϕ	10	1662	1	5	
⑩₄	526×270	ϕ	10	1626	1	5	
⑩₅	504×270	ϕ	10	1574	1	5	
⑩₆	482×270 460×270	ϕ	10	1530	1	5	
⑩₇	437×270	ϕ	10	1484	1	5	
⑩₈	415×270	ϕ	10	1440	1	5	
⑩₉	393×270 380×270	ϕ	10	1396	1	5	
⑩₁₀		ϕ	10	1350	1	5	

续　表

钢筋编号	简图	钢号	直径/mm	下料长度/mm	单位根数	合计根数	重量/kg
⑪	⌐266⌐	ϕ	8	334	28	140	18
							总重 1957kg

3. 配料单与料牌

钢筋配料计算完毕,填写配料单,详见表 4.2.5。

列入加工计划的配料单,将每一编号的钢筋制作一块料牌,作为钢筋加工的依据与钢筋安装的标志。

钢筋配料单和料牌应严格校核,必须准确无误,以免返工浪费。

4. 钢筋代换

当施工中遇有钢筋品种或规格与设计要求不符时,可进行钢筋代换,并应办理设计变更文件。代换原则如下。

(1) 等强度代换:当构件按强度控制时,钢筋可按强度相等原则进行代换。

(2) 等面积代换:当构件按最小配筋率配筋时,钢筋可按面积相等原则进行代换。

(3) 当构件受裂缝宽度或挠度控制时,代换后应进行裂缝宽度或挠度验算。

等强度代换方法:

$$n_2 \geqslant n_1 d_1^2 f_{y1} / d_2^2 f_{y2}$$

式中:n_2、d_2、f_{y2}——代换钢筋根数、直径、设计强度;

n_1、d_1、f_{y1}——原设计钢筋根数、直径、设计强度。

上式有两种特例:

①设计强度相同、直径不同的钢筋代换:$n_2 \geqslant n_1 d_1^2 / d_2^2$

②直径相同、强度设计值不同的钢筋代换:$n_2 \geqslant n_1 f_{y1} / f_{y2}$

【注意事项】 钢筋代换时,必须充分了解设计意图和代换材料性能,并严格遵守现行混凝土结构设计规范的各项规定;凡重要结构中的钢筋代换,应征得设计单位同意。

(1) 对某些重要构件,如吊车梁、薄腹梁、桁架下弦等,不宜用 HPB235 级光圆钢筋代替 HRB335 和 HRB400 级带肋钢筋。

(2) 钢筋代换后,应满足配筋构造规定,如钢筋的最小直径、间距、根数、锚固长度等。

(3) 同一截面内,可同时配有不同种类和直径的代换钢筋,但每根钢筋的拉力差不应过大(如同品种钢筋的直径差值一般不大于 5mm),以免构件受力不匀。

(4) 梁的纵向受力钢筋与弯起钢筋应分别代换,以保证正截面与斜截面强度。

(5) 偏心受压构件(如框架柱、有吊车厂房柱、桁架上弦等)或偏心受拉构件作钢筋代换时,不取整个截面配筋量计算,应按受力面(受压或受拉)分别代换。

(6) 当构件受裂缝宽度控制时,如以小直径钢筋代换大直径钢筋,强度等级低的钢筋代替强度等级高的钢筋,则可不做裂缝宽度验算。

4.2.2 钢筋验收

运至现场的钢筋验收,包括钢筋标牌和外观检查,并按有关规定取样进行机械性能检验。

1. 标牌验收

钢筋出厂时,每捆(盘)应挂有两个标牌,如图 4.2.7 所示,上注厂名、生产日期、牌号、炉号、钢筋规格、长度等,并有随货同行的出厂质量证明书或试验报告书。

工地按品种、批号及直径分批验收,每批数量不超过 60t。

图 4.2.7 钢筋的出厂标牌

2. 外观检验

热轧钢筋表面不得有裂缝、结疤和折叠,外形尺寸应符合规定;冷轧扭钢筋要求表面光滑,无裂缝、折叠夹层,亦无深度超过 0.2mm 的压痕或凹坑。

3. 取样检验

每批抽取 5 个试件,先进行重量偏差检验,再取其中 2 个试件进行力学性能检验。

如有一项试验结果不符合规定,则应从同一批钢筋另取双倍数量的试件重做各项试验,如仍有一个试件不合格,则该批钢筋为不合格品,应不予验收或降级使用。

【注意事项】 当发现钢筋脆断、焊接性能不良或机械性能显著不正常时,应进行化学成分检验或其他专项检验。

4. 钢筋的贮存、堆放

钢筋贮存时不得损坏标志,应根据品种、规格按批分别挂牌堆放,并标明数量。钢筋挂牌分类堆放如图 4.2.8 所示。

图 4.2.8 钢筋挂牌分类堆放

4.2.3 钢筋加工

钢筋加工过程包括：钢筋调直→除锈→下料剪切→接长→弯曲。

1. 钢筋调直

钢筋宜采用无延伸功能的机械设备进行调直，也可采用冷拉方法调直。当采用冷拉方法调直时，HPB235、HPB300 光圆钢筋的冷拉率不宜大于 4%；HRB335、HRB400、HRB500、HRBF335、HRBF400、HRBF500 及 RRB400 带肋钢筋的冷拉率不宜大于 1%。盘圆钢筋冷拉调直见图 4.2.9、图 4.2.10，钢筋调直切断机调直见图 4.2.11。

图 4.2.9　卷扬机进行冷拉调直　　　　　图 4.2.10　盘圆钢筋冷拉调直时的开卷

图 4.2.11　钢筋调直切断机调直钢筋

钢筋调直后应进行力学性能和重量偏差的检验，其强度应符合有关标准的规定。盘卷钢筋和直条钢筋调直后的断后伸长率、重量负偏差应符合表 4.2.6 的规定。

表 4.2.6　盘卷钢筋和直条钢筋调直后的断后伸长率、重量负偏差要求

钢筋牌号	断后伸长率 A/%	重量负偏差/%		
		直径 6~12mm	直径 14~20mm	直径 22~50mm
HPB235、HPB300	≥21	≤10	—	—

续 表

钢筋牌号	断后伸长率 A/%	重量负偏差/%		
		直径 6~12mm	直径 14~20mm	直径 22~50mm
HRB335、HBRF335	≥16	≤8	≤6	≤5
HRB400、HBRF400	≥15			
RRB400	≥13			
HRB500、HBRF500	≥14			

注：①断后伸长率 A 的量测标距为 5 倍钢筋公称直径；
②重量负偏差(％)按公式(W_0-W_d)/W_0×100 计算，其中 W_0 为钢筋理论重量(kg/m)，W_d 为调直后钢筋的实际重量(kg/m)；
③对直径为 28~40mm 的带肋钢筋，表中断后伸长率可降低 1％；对直径大于 40mm 的带肋钢筋，表中断后伸长率可降低 2％

采用无延伸功能的机械设备调直的钢筋，可不进行本条规定的检验。

检验数量：同一厂家、同一牌号、同一规格调直钢筋，重量不大于 30t 为一批；每批见证取 3 件试件。

检验方法：3 个试件先进行重量偏差检验，再取其中 2 个试件经时效处理后进行力学性能检验。检验重量偏差时，试件切口应平滑且与长度方向垂直，且长度不应小于 500mm；长度和重量的量测精度分别不应低于 1mm 和 1g。

【工程案例】

南京保障房工地现瘦身钢筋　保障房指挥部连夜彻查
（摘自中国江苏网）

南京岱山保障房建设工地被曝出使用"瘦身"钢筋，南京市保障房建设指挥部相关人士已经连夜赶往岱山保障房建设现场，对被曝光的钢筋以及建设工地进行彻查。

据了解，这批"瘦身"钢筋出现在南京建设发展集团的工地上，南京建设发展集团是岱山保障房项目四大代建公司之一。南京市公开的资料显示，岱山保障房片区是南京四大保障房片区中规模最大的一个，占地面积 228 公顷，总建筑面积约 380 万 m²，建成后可容纳居住人口近 9 万

图 4.2.12　"瘦身"钢筋

人。其中，南京建设发展集团承建的 8、9、10、11 号地块，规划总建筑面积 87 万 m²，总投资 34 亿元。

这批被拉长的"瘦身"钢筋，由原来的直径 8mm，"瘦身"为直径 7mm 多一点。这批钢筋在位于南京燕子矶的钢筋仓库被拉长"瘦身"之后，即运往岱山保障房建设工地。负责南京建设发展集团工地钢筋验收的工作人员表示，这批钢筋"没有问题，只是被拉直了"。然而，

现场的钢筋工人则明确表示,这批钢筋不对头,被做了拉长"瘦身"处理,钢筋直径从原来规格的 8mm,"瘦身"为直径 7mm 多一点。这样一来,工地上运来的钢筋长度没有变化,但是重量减轻了,商家就可以凭此谋利。

将直径 8mm 的螺纹钢,拉长"瘦身"为直径 7mm,每吨钢材可以赚取近 1000 元。"现在 8 格的螺纹钢 4550 元一吨,不含运费。"该人士表示,目前钢筋价格较此前几个月有所回落,要不然"瘦身"钢筋还可以赚得更多。这些"瘦身"钢筋的冷拉率过大,力学性能已经发生了变化,会直接影响到建筑的抗震能力,留下安全隐患。

2. 钢筋除锈

为保证钢筋与混凝土之间的握裹力,严重锈蚀的钢筋应除锈。除锈方法有调直或冷拉过程中除锈、电动除锈机除锈、手工除锈或喷砂、酸洗除锈。

3. 钢筋切断

钢筋下料时须按下料长度切断。钢筋切断可用手动切断器(直径小于 12mm)、钢筋切断机(直径 40mm 以下)(见图 4.2.13)、乙炔或电弧割切或锯断(直径大于 40mm)。

手动切断器   钢筋切断机

图 4.2.13 手动切断器、钢筋切断机

4. 钢筋弯曲

钢筋弯曲分为人工弯曲和机械弯曲两种。钢筋弯曲成型宜用钢筋弯曲机或弯箍机进行。在缺乏机具设备的条件下,也可采用手摇扳手弯制钢筋,用卡盘与扳手弯制粗钢筋。弯曲形状复杂的钢筋应画线、放样后进行。

钢筋弯曲机、弯箍机如图 4.2.14 所示,弯曲钢筋现场如图 4.2.15 所示。

JW40钢筋弯曲机   GF-20B型钢筋箍筋弯曲机

图 4.2.14 钢筋弯曲机、弯箍机

钢筋工弯曲钢筋实景

弯起钢筋加工

图 4.2.15　弯曲钢筋现场

【验收要求】

钢筋加工的形状、尺寸应符合设计要求,其偏差应符合表 4.2.7 的规定。检查数量:每工作班同一类型钢筋、同一加工设备抽查不应少于 3 件。检验方法:钢尺检查。

表 4.2.7　钢筋加工的允许偏差

项目	允许偏差/mm
受力钢筋长度方向全长的净尺寸	±10
弯起钢筋的弯折位置	±20
箍筋内净尺寸	±5

钢筋加工现场质量控制与检查如图 4.2.16 所示。

工人在控制弯起钢筋的下料

验收箍筋的外包尺寸

图 4.2.16　钢筋加工现场质量控制与检查

5. 钢筋的连接

工程中钢筋往往因长度不足或因施工工艺要求等必须进行连接。常用钢筋连接有焊接连接和机械连接两种。

(1)钢筋焊接

钢筋连接采用焊接接头,可节约钢材、改善结构受力性能、提高工效、降低成本。常用的焊接方法可分为压焊(闪光对焊、电阻点焊、气压焊)和熔焊(电弧焊、电渣压力焊)。

1）闪光对焊

闪光对焊广泛用于钢筋纵向连接及预应力钢筋与螺纹端杆的连接。钢筋闪光对焊原理（见图 4.2.17）是利用对焊机两端钢筋接触，通过低电压的强电流，待钢筋被加热到一定温度变软后，进行轴向加压顶锻，形成对焊接头（见图 4.2.18）。

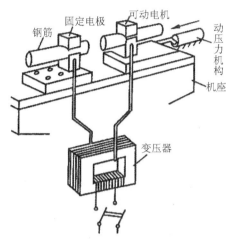

图 4.2.17　闪光对焊原理图　　　　图 4.2.18　　对焊接头

对焊是钢筋接触对焊的简称，具有成本低、质量好、工效高的优点。对焊工艺又分为连续闪光焊、预热闪光焊、闪光—预热—闪光焊三种。

连续闪光焊的工艺过程包括闪光和顶锻。施焊时，使钢筋两端面轻微接触，形成连续闪光，闪光到预定长度（即钢筋端头加热到熔点时），以一定的压力迅速顶锻，焊接接头即告完成。适用于直径 25mm 以内的 HRB235、HRB335、HRB400 级钢筋。

预热闪光焊是在连续闪光焊前增加一次预热过程，适用于大直径钢筋。

闪光—预热—闪光焊是在预热闪光焊前再增加一次闪光过程，使预热均匀。适用于直径大且端面不平的钢筋。

对焊机及加工现场见图 4.2.19。

图 4.2.19　对焊机及加工现场

【验收要求】

闪光对焊接头外观质量检查结果应符合下列规定：

①对焊接头表面应呈圆滑、带毛刺状，不得有肉眼可见的裂纹。

②与电极接触处的钢筋表面不得有明显烧伤。

③接头处的弯折角不得大于 2°。

④接头处的轴线偏移不得大于钢筋直径的 1/10,且不得大于 1mm。

⑤对于箍筋、对焊接头所在直线边的顺直度检查结果凹凸不得大于 5mm。

⑥对焊箍筋外皮尺寸应符合设计图纸的规定,允许偏差应为±5mm。

2)电弧焊

电弧焊是利用弧焊机使焊条与焊件之间产生高温电弧,使焊条和电弧燃烧范围内的焊件融化,待其凝固便形成焊缝或接头。电弧焊在现浇结构中的钢筋接长、装配式结构中的钢筋接头、钢筋与钢板的焊接中应用广泛。

弧焊机有直流与交流之分,常用的为交流弧焊机。常见弧焊机如图 4.2.20 所示。

ZX7系列直流电弧焊机　　　　DN2-5交流弧焊机　　　　BX1-315交流弧焊机

图 4.2.20　弧焊机

接头形式主要有帮条焊、搭接焊、坡口焊、窄间隙焊和熔槽帮条焊等 5 种形式。如图 4.2.21 所示。

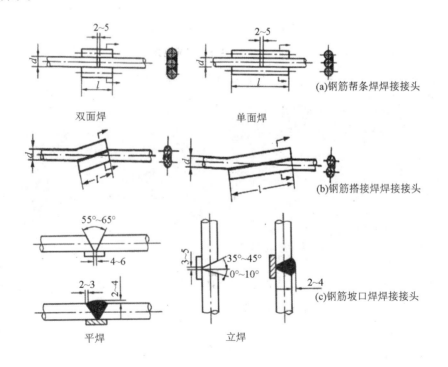

双面焊　　　　单面焊　　　　(a)钢筋帮条焊焊接接头

(b)钢筋搭接焊焊接接头

平焊　　　　立焊　　　　(c)钢筋坡口焊焊接接头

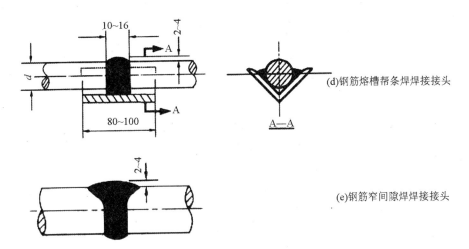

(d)钢筋熔槽帮条焊焊接接头

(e)钢筋窄间隙焊焊接接头

图 4.2.21　钢筋电弧焊接头形式

焊接时应符合下列规定：

①应根据钢筋牌号、直径、接头形式和焊接位置,选择焊接材料,确定焊接工艺和焊接参数；

②焊接时,引弧应在垫板、帮条或形成焊缝部位进行,不得烧伤主筋；

③焊接地线与钢筋应接触良好；

④焊接过程中及时清渣,焊缝表面光滑,焊缝余高应平缓过渡,引弧应填满。

【验收要求】

①焊缝表面应平整,不得有凹陷或焊瘤；

②焊接接头区域不得有肉眼可见的裂纹；

③焊缝余高应为 2～4mm；

④咬边深度、气孔、夹渣等缺陷允许值及接头尺寸的允许偏差应符合规定。

3) 电渣压力焊

电渣压力焊在建筑施工中多用于现场钢筋混凝土结构构件内竖向或斜向钢筋的焊接接头。

电渣压力焊的工作原理是：电弧熔化焊剂形成空穴,继而形成渣池,上部钢筋潜入渣池中,电弧熄灭,电渣形成的电阻热使钢筋全断面熔化,断电同时向下挤压,排除熔渣与熔化金属,形成结点。

焊接程序为：钢筋端部 120mm 范围内除锈→下夹头夹牢下钢筋→扶直上钢筋并夹牢于活动电极中→上下钢筋对齐在同一轴线上→安装引弧导电铁丝圈→安放焊剂盒→通电、引弧→稳弧、电渣、熔化→断电并持续顶压几秒钟。

【验收要求】

电渣压力焊接头外观质量检查结果,应符合下列规定：

①四周焊包凸出钢筋表面的高度,当钢筋直径为 25mm 及以下时不得小于 4mm,当钢筋直径为 28mm 及以上时不得小于 6mm；

②钢筋与电极接触处应无烧伤缺陷；

③接头处的弯折角不得大于 2°；

④接头处的轴线偏移不得大于 1mm。

【工程案例】

工程焊接程序如图 4.2.22 所示。

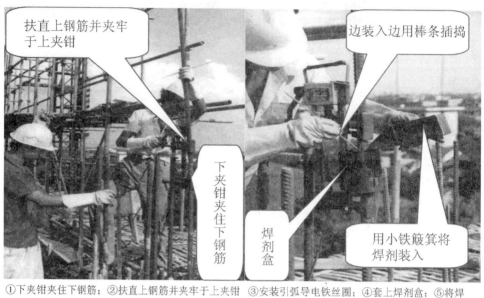

①下夹钳夹住下钢筋；②扶直上钢筋并夹牢于上夹钳中，使上下筋处于同一铅垂线上；

③安装引弧导电铁丝圈；④套上焊剂盒；⑤将焊剂装入焊剂盒，并用棒条插捣；

⑥将焊机的负极线连接于上钢筋；

⑦通电后，摇动手柄将上钢筋略上提引弧，稳定电弧，使上下钢筋两端面均匀烧化

图 4.2.22 焊接程序实景图

⑧电弧稳定燃烧、上钢筋熔化；⑨电弧熄灭转为电渣过程，渣池产生大量电阻热使钢筋端部继续熔化；

⑩切断电流、迅速顶压并持续几秒钟。焊接完成后，回收剩余的焊剂，可重复使用。

图 4.2.22　焊接程序实景图（续）

焊接后接头如图 4.2.23 所示。合格与不合格的电渣压力焊如图 4.2.24 所示。

焊接完成后的接头被包围在渣壳中。

冷却后敲去渣壳，露出带金属光泽的鼓包接头，让接头保温半小时左右。

图 4.2.23　焊接后接头

合格的电渣压力焊接头　　　　不合格的电渣压力焊接头

图 4.2.24　合格与不合格的电渣压力焊

（2）机械连接

钢筋机械连接接头的类型很多，主要有套筒挤压接头、锥形螺纹连接接头、直螺纹连接接头等。这些机械连接接头多是通过连接件的机械咬合作用或钢筋端面的承压作用，将一根钢筋的力传递至另一根钢筋上的连接方法。

1）套筒挤压连接

套筒挤压连接是将两根待连接钢筋插入一个特制钢套筒内，采用挤压机和压模在常温下对套筒加压，使两根钢筋紧固成一体。该工艺操作简单、连接速度快、安全可靠、无明火作业、不污染环境，钢筋连接质量优于钢筋母材的力学性能。

按挤压方式又可分为径向挤压套筒连接和轴向挤压套筒连接。

套筒挤压连接如图 4.2.25、图 4.2.26 所示。

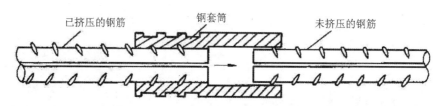
图 4.2.25　套筒挤压连接

套筒挤压钢筋接头的安装质量应符合下列要求：

①钢筋端部不得有局部弯曲，不得有严重锈蚀和附着物；

②钢筋端部应有检查插入套筒深度的明显标记，钢筋端头离套筒长度中心点不宜超过 10mm；

③挤压应从套筒中央开始，依次向两端挤压，压痕直径的波动范围应控制在供应商认定的允许波动范围内，并提供专用量规进行检查；

图 4.2.26　套筒挤压连接钢筋

④挤压后的套筒不得有肉眼可见裂纹。

2）锥形螺纹连接

锥形螺纹连接是将两根待接钢筋的端部和套管预先加工成锥形螺纹,然后用手和力矩扳手将两根钢筋端部旋入套筒形成机械式钢筋接头。

锥形螺纹连接钢筋如图4.2.27所示。

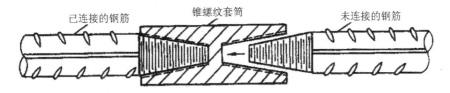
已连接的钢筋　　　　锥螺纹套筒　　　　未连接的钢筋

图4.2.27　锥形螺纹连接钢筋

【注意事项】　锥形螺纹连接钢筋接头的安装质量应符合下列要求:

①接头安装时应严格保证钢筋与连接套筒的规格相一致;

②接头安装时应用扭力扳手拧紧,拧紧扭矩值应符合表4.2.8的规定。

表4.2.8　锥形螺纹接头安装时的最小拧紧扭矩值

钢筋直径/mm	≤16	18～20	22～25	28～32	36～40
拧紧扭矩/N·m	100	180	240	300	360

③校核用扭力扳手与安装用扭力扳手应区分使用,校核用扭力扳手应每年校核1次,准确度级别应选用5级。

3）直螺纹连接

直螺纹连接分为镦粗直螺纹连接、直接滚压直螺纹连接和剥肋滚压直螺纹连接三种方法,其中剥肋滚压直螺纹连接是目前直螺纹套筒连接的主流技术,在工程中得到广泛应用。

剥肋滚压直螺纹连接是先将钢筋接头纵、横肋剥切处理,使钢筋滚丝前的柱体直径达到同一尺寸,然后滚压成型。它集剥肋、滚压于一体,成型螺纹精度高,滚丝轮寿命长。

直螺纹套筒由专业厂家提供,螺纹套筒采用优质碳素钢制作,套筒的受拉承载力不小于钢筋抗拉强度的1.1倍。直螺纹套筒如图4.2.28所示。

图4.2.28　直螺纹套筒

钢筋连接端的螺纹采用钢筋剥肋滚丝机在现场加工。整个施工工艺流程为:钢筋断料→剥肋滚压螺纹→丝头检验→套丝保护→连接套筒检验→现场连接→接头检验。剥肋滚压螺纹如图4.2.29所示,直螺纹现场连接如图4.2.30所示。

钢筋螺纹剥肋滚压中

滚压成型的钢筋接头

图 4.2.29　剥肋滚压螺纹

图 4.2.30　直螺纹现场连接钢筋

【安装要求】

直螺纹钢筋接头的安装质量应符合下列要求：

①安装接头时可用管钳扳手拧紧,应使钢筋丝头在套筒中央位置相互顶紧。标准型接头安装后的外露螺纹不宜超过 $2p$。

②安装后应用扭力扳手校核拧紧扭矩,拧紧扭矩值应符合表 4.2.9 的规定。

表 4.2.9　直螺纹接头安装时的最小拧紧扭矩值

钢筋直径/mm	≤16	18~20	22~25	28~32	36~40
拧紧扭矩/N·m	100	200	260	320	360

③校核用扭力扳手的准确度级别可选用 10 级。

4.2.4　钢筋的绑扎与安装

钢筋的绑扎与安装是钢筋施工的最后工序,钢筋的绑扎安装工作一般采用预先将钢筋在加工车间弯曲成型,再到模内组合绑扎的方法。如果现场的起重安装能力较强,也可以采用预先焊接或绑扎的方法将单根钢筋组合成钢筋网片或钢筋骨架,然后到现场吊装。在一些复杂结构的钢筋施工中,还需要采用先弯曲成型后模内组合绑扎的方法。

1. 钢筋的绑扎与安装的施工准备

在混凝土工程中,模板安装、钢筋绑扎与混凝土浇筑是立体交叉作业的,为了保证质量、提高效率、缩短工期,必须在钢筋绑扎安装前认真做好以下准备工作。

(1) 图纸、资料的准备

首先要熟悉施工图。施工图是钢筋绑扎安装的依据。熟悉施工图的目的是弄清各个编号钢筋的形状、标高、细部尺寸、安装部位以及钢筋的相互关系,确定各类结构钢筋正确合理的绑扎顺序。同时若发现施工图有错漏或不明确的地方,应及时与有关部门联系解决。

其次要核对配料单及料牌。依据施工图,结合规范对接头位置、数量、间距的要求,核对配料单及料牌是否正确,校核已加工好的钢筋的品种、规格、形状、尺寸及数量是否合乎配料单的规定,有无错配、漏配。

最后要确定施工方法。根据施工组织设计中对钢筋安装时间和进度的要求,研究确定相应的施工方法。例如,哪些部位的钢筋可以预先绑扎好,然后工地模内组装;哪些钢筋在工地模内绑扎安装;钢筋成品和半成品的进场时间、进场方法、劳动力组织等。

(2) 工具、材料的准备

工具准备包括应备足扳手、铁丝、小撬棍、马架、钢筋钩、画线尺、水泥(混凝土)垫块、撑铁(骨架)等常用工具。

了解现场施工条件:运输路线是否畅通,材料堆放地点安排是否合理等。

检查钢筋的锈蚀情况,确定是否需要除锈和采用哪种除锈方法等。

(3) 现场施工的准备

正式施工图一般仅一两份,一个工程往往又有几个不同部位同时进行,所以,必须按钢筋安装部位绘出若干草图,草图经校核无误后,才可作为绑扎依据。

若梁、板、柱类型较多时,为避免混乱和差错,还应在模板上标示各种型号构件的钢筋规格、形状和数量。为使钢筋绑扎正确,一般先在结构模板上用粉笔按施工图标明的间距画线,作为摆料的依据。通常平板或墙板钢筋在模板上画线;柱箍筋在两根对角线主筋上画点;梁箍筋在架立钢筋上画点;基础的钢筋则在固定架上画线或在两向各取一根钢筋上画点。钢筋接头按规范对于位置、数量的要求,在模板上画出。

在钢筋绑扎安装前,应会同施工员、木工、水电安装工等有关工种,共同检查模板尺寸、标高,确定管线、水电设备等的预埋和预留工作。

2. 钢筋绑扎操作工艺

(1) 常用绑扎工具

①钢筋钩。钢筋钩是用得最多的绑扎工具,其基本形式如图 4.2.31、图 4.2.32 所示。常用直径为 12~16mm、长度为 160~200mm 的圆钢筋加工而成,根据工程需要还可以在其尾部加上套筒或小板口等。

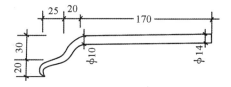

图 4.2.31　钢筋钩制作尺寸

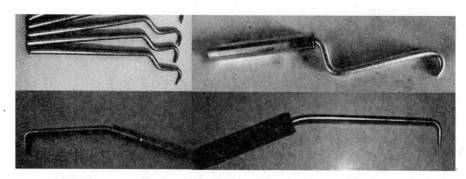

图 4.2.32　几种常用钢筋钩

②小撬棍。主要用来调整钢筋间距,矫直钢筋的局部弯曲,垫保护层垫块等。其形式如图 4.2.33 所示。

③起拱扳子。一般楼板的弯起钢筋不是预先弯曲成型的,而是将弯起钢筋与分布钢筋绑扎成网片以后,再用起拱扳子将弯起钢筋弯成设计要求。起拱扳子的形状和操作方法如图 4.2.34 所示。

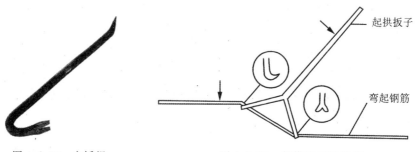

图 4.2.33　小撬棍　　　　　　图 4.2.34　起拱扳子及操作

④绑扎架。为了确保绑扎质量,绑扎钢筋骨架必须用钢筋绑扎架,根据绑扎骨架的轻重、形状,可选用如图 4.2.35 所示的轻型骨架绑扎架和如图 4.2.36 所示的重型骨架绑扎架。

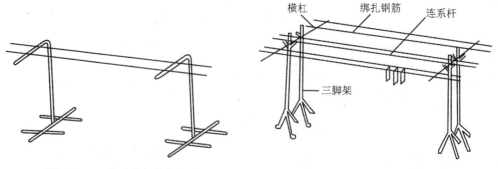

图 4.2.35　轻型骨架绑扎架　　　　图 4.2.36　重型骨架绑扎架

（2）绑扎的操作方法

绑扎钢筋是借助钢筋钩用铁丝把各种单根钢筋绑扎成整体网片或骨架。

①一面顺扣操作法。这是最常用的方法,具体操作如图 4.2.37 所示。绑扎时先将铁丝扣穿套钢筋交叉点,接着用钢筋钩钩住铁丝弯成圆圈的一端,旋转钢筋钩,一般旋 1.5～2.5 转即可。扣要短,才能少转快扎。这种方法操作简便,绑点牢靠,适用于钢筋网、架各个部位的绑扎。

第一步　　　　　　　第二步　　　　　　　　第三步

图 4.2.37　钢筋一面顺扣绑扎法

②其他操作法。钢筋绑扎除一面顺扣操作法之外,还有十字花扣、反十字花扣、兜扣、缠扣、兜扣加缠、套扣等,这些方法主要根据绑扎部位的实际需要进行选择,其形式如图 4.2.38 所示。十字花扣、兜扣适用于平板钢筋网和箍筋处绑扎;缠扣主要用于墙钢筋和柱箍的绑扎;反十字花扣、兜扣加缠适用于梁骨架的箍筋与主筋的绑扎;套扣用于梁的架立钢筋和箍筋的绑口处。

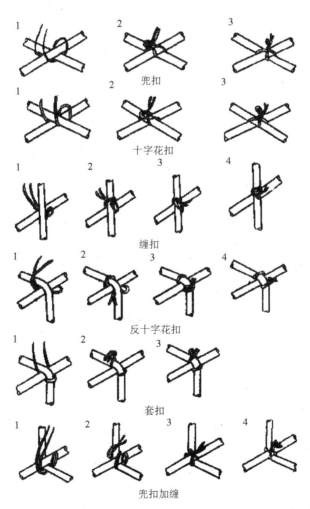

图 4.2.38　钢筋的其他绑扎方法

3. 钢筋绑扎的操作要点

(1) 画线时应画出主筋的间距及数量,并标明箍筋的加密位置。

(2) 板类钢筋应先摆主筋后摆副筋;梁类钢筋一般先摆纵筋。摆筋时应注意按规定将受力钢筋的接头错开。

(3) 受力钢筋接头在同一截面(35d 区段内,且不小于 500mm),有接头的受力钢筋截面面积占受力钢筋总截面面积的百分率应符合相关规定。

(4) 箍筋的转角与其他钢筋的交点均应绑扎,但箍筋的平直部分与钢筋的相交点可呈梅花式交错绑扎。箍筋的弯钩叠合处应错开绑扎,应交错绑扎在不同的架立钢筋上。

(5) 绑扎钢筋网片采用一面顺扣绑扎法,在相邻两个绑点应呈八字形(见图 4.2.39),不要互相平行以防骨架歪斜变形。

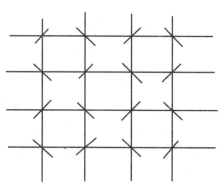

图 4.2.39 绑扎钢筋网片

(6) 预制钢筋骨架绑扎时要注意保持外形尺寸正确,避免入模安装困难。

(7) 在保证质量、提高工效、加快进度、减轻劳动强度的原则下,研究预制方案。方案应分清预制部分和模内绑扎部分,以及两者相互的衔接,避免后续工序施工困难甚至造成返工现象。

4. 钢筋绑扎的相关规定

(1) 钢筋的接头宜设置在受力较小处。同一纵向受力钢筋不宜设置两个或两个以上的接头。接头末端至钢筋弯起点的距离不应小于钢筋公称直径的 10 倍。

(2) 同一连接区段内,纵向受拉钢筋绑扎搭接接头面积百分率应符合下列规定:

①梁、板类构件不宜超过 25%,基础筏板不宜超过 50%;

②柱类构件不宜超过 50%;

③当工程中确有必要增大接头面积百分率时,对梁类构件,不应大于 50%。

对其他构件,可根据实际情况适当放宽。

(3) 钢筋接头搭接处,应在中心和两端用铁丝扎牢;绑扎接头的搭接长度应符合设计要求,且不得小于规范规定的最小搭接长度(受拉钢筋为 300mm,受压钢筋为 200mm)。

(4) 钢筋在混凝土中的保护层厚度,可用水泥砂浆垫块(限制和淘汰)、塑料卡(推荐使用,见图 4.2.40)垫在钢筋与模板之间进行控制,垫块应布置成梅花形,其相互间距不大于

图 4.2.40 控制钢筋混凝土保护层用的塑料卡

1m，上下双层钢筋之间的尺寸可用绑扎短钢筋来控制。图 4.2.41 为柱钢筋的混凝土保护层厚度控制及楼板钢筋的混凝土保护层厚度控制的施工实景。

塑料环圈控制柱钢筋的混凝土保护层厚度　　　塑料垫块控制楼板钢筋的混凝土保护层厚度

图 4.2.41　塑料垫块控制混凝土保护层厚度实景

（5）应特别注意板上部的负筋，一要保证其绑扎位置准确，二要防止施工人员的踩踏，尤其是雨篷、挑檐、阳台等悬臂板，防止其拆模后断裂垮塌。悬挑板角部的放射钢筋如图4.2.42 所示。

图 4.2.42　悬挑板角部的放射钢筋

图 4.2.43　板、次梁与主梁交叉处钢筋位置关系

（6）板、次梁与主梁交叉处，板的钢筋在上，次梁钢筋居中，主梁钢筋在下，如图 4.2.43 所示；当有圈梁、垫梁时，主梁钢筋在上。

（7）梁板钢筋绑扎时，应防止水电管线将钢筋抬起或压下，楼板中水电管线的预留预埋如图4.2.44 所示。

（8）钢筋绑扎的细部构造应符合下列规定：

图 4.2.44　楼板中水电管线的预留预埋

①钢筋的绑扎搭接接头应在接头中心和两端用铁丝扎牢。

②墙、柱、梁钢筋骨架中各垂直面钢筋网交叉点应全部扎牢;板上部钢筋网的交叉点应全部扎牢,底部钢筋网除边缘部分外可间隔交错扎牢。

③梁、柱的箍筋弯钩及焊接封闭箍筋的对焊点应沿纵向受力钢筋方向错开设置。构件同一表面,焊接封闭箍筋的对焊接头面积百分率不宜超过50%。

④填充墙构造柱纵向钢筋宜与框架梁钢筋共同绑扎。

⑤梁及柱中箍筋、墙中水平分布钢筋及暗柱箍筋、板中钢筋距构件边缘的距离宜为50mm。

4.2.5 钢筋工程质量检查与验收

1. 验收内容

钢筋工程属隐蔽工程,在浇筑混凝土之前,应进行钢筋隐蔽工程验收,其内容包括:纵向受力钢筋的品种、规格、数量、位置等;钢筋的连接方式、接头位置、接头数量、接头面积百分率等;箍筋、横向钢筋的品种、规格、数量、间距等;预埋件的规格、数量、位置等。

2. 钢筋安装位置的偏差

钢筋安装位置的偏差应符合表4.2.10的规定。

检查数量:在同一检验批内,对梁、柱和独立基础,应抽查构件数量的10%,且不少于3件;对墙和板,应按有代表性的自然间抽查10%,且不少于3间;对大空间结构,墙可按相邻轴线间高度5m左右划分检查面,板可按纵、横轴线划分检查面,抽查10%,且均不少于3面。

表4.2.10 钢筋安装位置的允许偏差和检验方法

项目			允许偏差/mm	检验方法
绑扎钢筋网	长、宽		±10	钢尺检查
	网眼尺寸		±20	钢尺量连续三档,取最大值
绑扎钢筋骨架	长		±10	钢尺检查
	宽、高		±5	钢尺检查
受力钢筋	间距		±10	钢尺量两端中间,各一点取最大值
	排距		±5	
	保护层厚度	基础	±10	钢尺检查
		柱、梁	±5	钢尺检查
		板、墙、壳	±3	钢尺检查
绑扎箍筋、横向钢筋间距			±20	钢尺量连续三档,取最大值
钢筋弯起点位置			20	钢尺检查
预埋件	中心线位置		5	钢尺检查
	水平高差		+3,0	钢尺和塞尺检查

注:①检查预埋件中心线位置时,应沿纵、横两个方向量测,并取其中的较大值。

　　②表中梁类、板类构件上部纵向受力钢筋保护层厚度的合格点率应达到90%及以上,且不得有超过表中数值1.5倍的尺寸偏差

3．重点检查验收内容

（1）墙柱钢筋

起步筋要求：

①柱第一根箍筋距两端≤50mm，图4.2.45中起步钢筋过高，为130mm，大于50mm。

②剪力墙第一根水平墙筋距离混凝土板面≤50mm。

③剪力墙暗柱第一根箍筋距离混凝土板面≤30mm。（暗柱箍筋与墙水平筋错开20mm以上，不得并在一起。）

④暗柱边第一根墙筋距柱边的距离≤竖向分布钢筋间距的1/2。

⑤连系梁距暗柱边箍筋起步≤50mm。

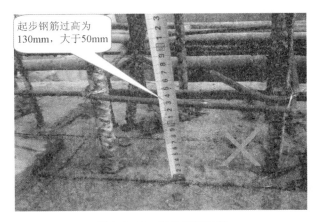

图4.2.45　起步钢筋过高

墙柱竖筋搭接要求：长度满足设计及规范要求，搭接处保证有三根水平筋。绑扎范围不少于三个扣。墙柱立筋50%错开，其错开距离不小于相邻接头1.3倍搭接长度。搭接区应加密，图4.2.46中搭接区未加密。

图4.2.46　搭接区未加密

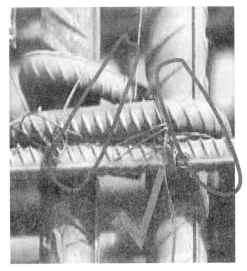

图4.2.47　八字形绑扣

箍筋的接头应沿柱子立筋交错布置绑扎，箍筋与立筋要垂直，绑扣丝头应向里。绑扣相互间应成八字形，如图4.2.47所示。

有抗震要求的结构柱箍筋弯钩应为135°，弯钩平直长度不少于10d，且不少于75mm，图4.2.48(a)所示弯钩为135°，平直部分长度满足要求，图4.2.48(b)中，弯钩接近90°，不满足规范要求。

保护层厚度应满足要求，柱筋垫块设置在主筋上，如图4.2.49(a)所示；墙筋垫块设置在墙水平筋上，如图4.2.49(b)所示。

(a)　　　　　　　　　　　(b)

图 4.2.48　箍筋弯钩

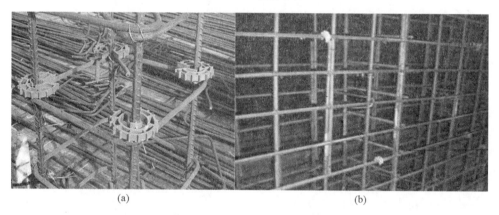

(a)　　　　　　　　　　　(b)

图 4.2.49　墙柱保护层厚度设置

（2）梁钢筋

①梁主筋必须设在箍筋四角，梁各层纵筋净间距不应小于 25mm 和 d，如图 4.2.50(a)所示；梁上部纵筋净距≥30mm 且≥$1.5d$，如图 4.2.50(b)所示。

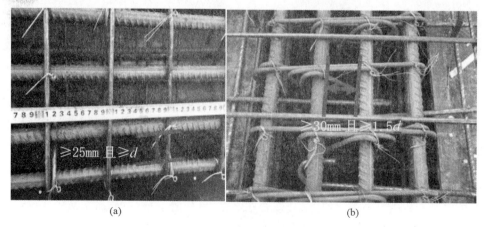

(a)　　　　　　　　　　　(b)

图 4.2.50　梁钢筋间距

②梁箍筋与主筋要垂直,不得歪斜,图 4.2.51(a)所示钢筋规整,图 4.2.51(b)所示钢筋歪斜。

(a)钢筋规整   (b)钢筋歪斜

图 4.2.51

③梁距墙柱边箍筋起步≤50mm,如图 4.2.52 所示。

图 4.2.52 梁距墙柱边箍筋起步距离

④梁柱接头处箍筋应加密,如图 4.2.53 所示为加密区箍筋间距检查。

图 4.2.53 加密区箍筋间距检查

4.3 混凝土工程

采用预拌混凝土,工地现场混凝土工程包括混凝土进场验收、运输、浇筑捣实和养护等施工过程,各个施工过程相互联系和影响,任一施工过程处理不当都会影响混凝土工程的最终质量。

4.3.1 混凝土进场验收

1. 预拌混凝土质量检验分为出厂检验和交货检验。出厂检验的取样与试验由预拌混凝土生产企业负责,交货检验应由施工单位、生产企业在施工现场进行。

2. 预拌混凝土进入施工现场时,混凝土生产企业应当按开盘次数向使用方提供如下质量控制资料:原材料出厂合格证和进场复验报告;混凝土配合比试验报告;经监理批复的混凝土生产配合比报告;混凝土初凝时间报告;混凝土开盘鉴定;混凝土发货单(发货单应做到一车一单,随混凝土送料车一起送到工地,作为混凝土交货验收的依据)。

3. 交货检验项目包括现场三方见证取样检测的混凝土坍落度(见图 4.3.1)。标准养护试件和同条件养护试件,必须在施工现场见证取样制作(见图 4.3.2)和养护(见图 4.3.3)。不得以企业制作的出厂检验混凝土试件或其他混凝土试件代替施工现场制作的混凝土标准养护试件和同条件养护试件,见证记录归入施工技术档案。

图 4.3.1 混凝土坍落度检验

图 4.3.2 混凝土试块制作

(a)在养护箱中养护

(b)在养护室中养护

图 4.3.3 试块养护

4. 混凝土强度的确定,以见证取样送检的标准条件养护试件强度为依据,各试件上应标编号(见图4.3.4),并做好记录,避免试件混淆。试件应按规定送至具有相应建设工程质量检测资质的检测机构检验;其他质量指标的判定由供需双方根据国家有关标准在合同中约定。在签订预拌混凝土供货合同时,应约定配合比和生产地点。

(a)混凝土试件中植入芯片　　　　　　(b)混凝土试件普通编号

图 4.3.4　混凝土试件编号

4.3.2　混凝土运输

对混凝土拌和物运输的基本要求:不产生离析现象、保证浇筑时规定的坍落度和在混凝土初凝之前能有充分时间进行浇筑和捣实。

此外,运输混凝土的工具要不吸水、不漏浆,且运输时间有一定限制。普通混凝土从搅拌机中卸出后到浇筑完毕的延续时间不宜超过表4.3.1的规定。

表 4.3.1　混凝土从搅拌机中卸出到浇筑完毕的延续时间　　　　单位：min

混凝土强度等级	延续时间	
	气温≤25℃	气温>25℃
≤C30	120	90
>C30	90	60

混凝土运输分为地面水平运输、垂直运输和高空水平运输三种情况。

混凝土地面水平运输:如采用预拌(商品)混凝土且运输距离较远时,多用混凝土搅拌运输车。混凝土如来自工地搅拌站,则多用小型翻斗车,有时还用皮带运输机和窄轨翻斗车,近距离亦可用双轮手推车。

混凝土垂直运输:多采用塔式起重机、混凝土泵、快速提升斗和井架。用塔式起重机时,混凝土多放在吊斗中,这样可直接进行浇筑。

混凝土高空水平运输:如垂直运输采用塔式起重机,一般可将料斗中混凝土直接卸在浇筑点;如用混凝土泵则用布料机布料;如用井架等,则以双轮手推车为主。

混凝土搅拌运输车(见图4.3.5)为长距离运输混凝土的有效工具,它有一搅拌筒斜放在汽车底盘上。在混凝土搅拌站装入混凝土后,由于搅拌筒内有两条螺旋状叶片,在运输过程中搅拌筒可进行慢速转动进行拌和,以防止混凝土离析。运至浇筑地点后,搅拌筒反转即可迅速卸出混凝土。搅拌筒的容量一般为 $2\sim10m^3$。

图 4.3.5　混凝土搅拌运输车

混凝土泵是一种有效的混凝土运输和浇筑工具,它以泵为动力,沿管道输送混凝土,可以一次完成水平及垂直运输,将混凝土直接输送到浇筑地点,是一种高效的混凝土运输方法。道路工程、桥梁工程、地下工程、工业与民用建筑施工皆可应用。

不同型号的混凝土泵,其排量不同,水平运输距离和垂直运输距离亦不同。常用型号的混凝土排量为 $30\sim90m^3/h$,水平运输距离为 $200\sim900m$,垂直运输距离为 $50\sim300m$。目前我国已能一次垂直泵送达 $400m$。如一次泵送困难时可用接力泵送。

常用的混凝土输送管为钢管、橡胶和塑料软管。直径为 $75\sim200mm$、每段长约 $3m$,还配有 $45°$、$90°$ 等弯管和锥形管。

混凝土泵有固定式混凝土泵(见图 4.3.6)和移动式混凝土泵(即将混凝土泵装在汽车上

图 4.3.6　固定式混凝土泵

便成为混凝土泵车,见图 4.3.7),在车上还装有可以伸缩或屈折的"布料杆",其末端是一软管,可将混凝土直接送至浇筑地点,使用十分方便。

混凝土泵宜与混凝土搅拌运输车配套使用,且应使混凝土搅拌站的供应能力和混凝土搅拌运输车的运输能力大于混凝土泵的泵送能力,以保证混凝土泵能连续工作,保证不堵塞。进行输送管线布置时,应尽可能直,转弯要缓,管段接头要严,少用锥形管,以减少压力损失。如输送管向下倾斜,要防止因自重流动使管内混凝土中断、混入空气而引起混凝土离析,产生阻塞。为减小泵送阻力,用前先泵送适量的水和水泥浆或水泥砂浆以润滑输送管内壁,然后进行正常的泵送。在泵送过程中,泵的受料斗内应充满混凝土,防止吸入空气形成阻

图 4.3.7　移动式混凝土泵

塞。混凝土泵排量大,在浇筑大面积混凝土时,最好用布料机进行布料,泵送结束要及时清洗泵体和管道。

【工程实例】 三一重工超高压混凝土拖泵成功将混凝土泵送至中国第一高楼上海中心——620m 高度,创造超高层混凝土泵送新的世界纪录。

据上海三一服务经理赵立介绍,此次挑战 620m 超高层泵送,选用的是 C100 的超高强度混凝土(即抗压强度为 100MPa 的混凝土),因其黏稠度极大,泵送阻力远大于普通混凝土,被业界称作"糯米团子"。泵送 C100 超高强度混凝土对泵送设备的要求极高,这是全球首次将 C100 超高强度混凝土泵送至 600m 以上。

2013 年 8 月 3 日,上海中心主体结构封顶,三一泵送设备以 580m 的泵送高度再次刷新此前一直保持的国内单泵垂直泵送纪录。此次,三一成功将混凝土泵送至上海中心 620m 高度,一举打破普茨迈斯特在世界第一高楼迪拜塔创造的 606m 混凝土泵送纪录,如今普茨迈斯特已经和三一成为一家。

2002 年,三一重工在香港国际金融中心创下单泵垂直泵送混凝土 406m 的世界纪录;2007 年 12 月,三一重工在上海环球金融中心创造单泵垂直泵送 492m 吉尼斯世界纪录;此次三一重工在上海中心创造 620m 超高层混凝土泵送新的世界纪录。据统计,目前国内 300m 以上的高楼,80% 都是由三一混凝土设备完成施工任务。

4.3.3 混凝土浇筑

混凝土的浇筑成型工作包括布料摊平、捣实和抹面修正等工序,它对混凝土的密实度和耐久性、结构的整体性和外形正确性等都有重要影响。

1. 混凝土浇筑的一般规定

(1)混凝土浇筑过程应分层进行,分层浇筑应符合表 4.3.2 规定的分层振捣厚度要求,上层混凝土应在下层混凝土初凝之前浇筑完毕。

表 4.3.2　混凝土分层振捣的最大厚度

振捣方法	混凝土分层振捣最大厚度
内部振动器	振动棒作用部分长度的 1.25 倍
表面振动器	200mm
外部振动器	根据设置方式,通过试验确定

(2)混凝土运输、输送入模的过程宜连续进行,从运输到输送入模的延续时间不宜超过表 4.3.3 的规定,且不应超过表 4.3.4 的限值规定。掺早强型减水外加剂、早强剂的混凝土以及有特殊要求的混凝土,应根据设计及施工要求,通过试验确定允许时间。

表 4.3.3　运输到输送入模的延续时间　　　　　　　　　单位:min

条件	延续时间	
	气温≤25℃	气温>25℃
不掺外加剂	90	60
掺外加剂	150	120

表 4.3.4 运输、输送入模及其间歇总的时间限值   单位：min

条件	时间限值	
	气温≤25℃	气温>25℃
不掺外加剂	180	150
掺外加剂	240	210

（3）浇筑混凝土前，应清除模板内或垫层上的杂物。表面干燥的地基、垫层、模板上应洒水湿润；现场环境温度高于 35℃时宜对金属模板进行洒水降温；洒水后不得留有积水。

（4）混凝土浇筑应保证混凝土的均匀性和密实性。混凝土宜一次连续浇筑；当不能一次连续浇筑时，可留设施工缝或后浇带分块浇筑。

（5）混凝土浇筑的布料点宜接近浇筑位置，应采取减少混凝土下料冲击的措施。

（6）混凝土浇筑后，在混凝土初凝前和终凝前宜分别对混凝土裸露表面进行抹面处理。

【注意事项】

（1）柱、墙模板内的混凝土浇筑倾落高度应符合表 4.3.5 的规定；当不能满足表 4.3.5 的要求时，应加设串筒、溜管、溜槽等装置。

表 4.3.5 柱、墙模板内混凝土浇筑倾落高度限值   单位：m

条件	浇筑倾落高度限值
粗骨料粒径大于 25mm	≤3
粗骨料粒径小于等于 25mm	≤6

注：当有可靠措施能保证混凝土不产生离析时，混凝土倾落高度可不受本表限制。

（2）当柱、墙混凝土设计强度等级高于梁、板混凝土设计强度等级时，混凝土浇筑应符合下列规定：

①柱、墙混凝土设计强度比梁、板混凝土设计强度高一个等级时，柱、墙位置梁、板高度范围内的混凝土经设计单位同意，可采用与梁、板混凝土设计强度等级相同的混凝土进行浇筑。

②柱、墙混凝土设计强度比梁、板混凝土设计强度高两个等级及以上时，应在交界区域采取分隔措施。分隔位置应在低强度等级的构件中，且距高强度等级构件边缘不应小于 500mm。

③宜先浇筑高强度等级混凝土，后浇筑低强度等级混凝土。

（3）泵送混凝土浇筑应符合下列规定：

①宜根据结构形状及尺寸、混凝土供应、混凝土浇筑设备、场地内外条件等划分每台输送泵浇筑区域及浇筑顺序。

②采用输送管浇筑混凝土时，宜由远而近浇筑；采用多根输送管同时浇筑时，其浇筑速度宜保持一致。

③润滑输送管的水泥砂浆用于湿润结构施工缝时，水泥砂浆应与混凝土浆液同成分；接浆厚度不应大于 30mm，多余水泥砂浆应收集后运出。

④混凝土泵送浇筑应保持连续；当混凝土供应不及时，应采取间歇泵送方式。

⑤混凝土浇筑后,应按要求完成输送泵和输送管的清理。

(4) 施工缝或后浇带处浇筑混凝土应符合下列规定:

①结合面应采用粗糙面;结合面应清除浮浆、疏松石子、软弱混凝土层,并应清理干净。

②结合面处应采用洒水方法进行充分湿润,并不得有积水。

③施工缝处已浇筑混凝土的强度不应小于1.2MPa。

④柱、墙水平施工缝水泥砂浆接浆层厚度不应大于30mm,接浆层水泥砂浆应与混凝土浆液同成分。

⑤后浇带混凝土强度等级及性能应符合设计要求;当设计无要求时,后浇带强度等级宜比两侧混凝土提高一级,并宜采用减少收缩的技术措施进行浇筑。

(5) 超长结构混凝土浇筑应符合下列规定:

①可留设施工缝分仓浇筑,分仓浇筑间隔时间不应少于7d。

②当留设后浇带时,后浇带封闭时间不得少于14d。

③超长整体基础中调节沉降的后浇带,混凝土封闭时间应通过监测确定,差异沉降应趋于稳定后再封闭后浇带。

④后浇带的封闭时间应经设计单位认可。

3. 混凝土浇筑布料与捣实

混凝土浇筑中布料与捣实是最关键的工序,"浇"就是布料,"筑"就是捣实。混凝土的布料要考虑凝结时间和分层厚度,应分别满足表4.3.1、表4.3.2的规定。

(1) 混凝土布料

在布料时要注意操作工艺,应避免斜向抛送,勿高距离散落。布料操作工艺如下:

①手工布料

手工布料是混凝土工艺的最基本的技巧。其投放有一定的规律,如贪图方便,在正铲取料后也用正铲投料,则因石子质量大,先行抛出,而且抛的距离较远,而砂浆则滞后,且有部分黏附在工具上,将造成人为离析。如图4.3.8所示,请注意手柄上的操作方向,直投是错误的,旋转后再投才是正确的。这是混凝土工的基本功之一。

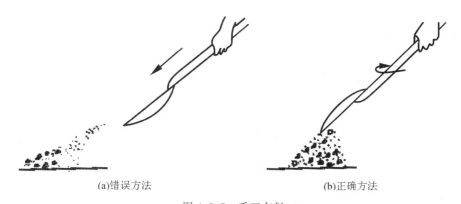

(a)错误方法　　　　　　　　　　　(b)正确方法

图4.3.8　手工布料

②斜槽或皮带机布料

斜槽或皮带机布料是工地常用的布料方法。由于拌和物是从上而下或由皮带机以相当快的速度送来,其惯性比手工操作更大,其离析也较大。图4.3.9表示斜槽卸料,图4.3.10

表示皮带机卸料。其中(a)不加挡板,则石子集中在前方;或只加单边挡板,则石子反弹集中在后方,应按图(b)加直桶,其垂直长度不小于600mm。将有惯性的拌和物纠正为垂直布料,保证混凝土各组分均匀组合,密实成型。

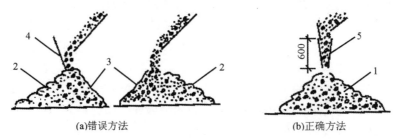

1-拌和物组合均匀;2-砂浆较集中;3-石子较集中;4-单边挡板;5-直筒

图4.3.9 斜槽布料

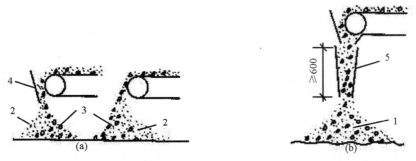

1-拌和物组合均匀;2-砂浆较集中;3-石子较集中;4-单边挡板;5-直筒

图4.3.10 皮带机布料

③串通布料

对大体积深基础混凝土施工,一般使用溜槽或泵送布料。但小体积深基础施工,则采用串筒或软管布料,其优点是可以随意移动,设备较易安排。使用时避免离析的方法是掌握好最后三个料筒或最后600mm长度的软管要保持垂直,如图4.3.11所示。

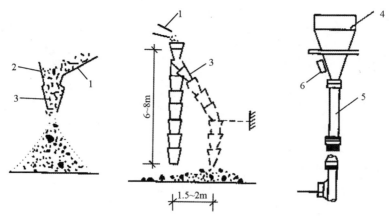

1-溜槽;2-挡板;3-串筒;4-漏斗;5-节管;6-振动器

图4.3.11 溜槽与串筒下料

④泵送布料

泵送布料可采用混凝土泵车(见图4.3.12)、搅拌泵送布料一体机(见图4.3.13)、混凝土布料机(见图4.3.14)(手动式、移动式、内爬式)等进行布料。泵送混凝土的运送有很大的惯性,如用水平管布料也容易出现离析,而且喷射面积较大,很难集中在浇筑点。通常在水平口安装弯管或帆布套或波纹软胶管套,这样既能避免离析,亦可准确浇入施工点。但应注意,出料口与受料面的距离应保持大于600mm。

图4.3.12 混凝土泵车

图4.3.13 搅拌泵送布料一体机

图4.3.14 混凝土布料机

2. 摊铺混凝土

施工中,经常出现由运料车或吊斗将混凝土临时堆放在模板或地坪上备用。使用时,须将之摊平。如将振动棒插在堆顶振动,其结果是堆顶上形成砂浆窝,石子则沉入底部,如图4.3.15(a)所示。正确的方法应如图4.3.15(b)所示,振动棒从底部插入。插入宜慢,其插入速度不应大于混凝土摊平流动的速度。插入次序:向四周轮插→由下向上螺旋式提升,直至混凝土摊平至所需要的厚度。

如用人工摊平,当堆底无钢筋网时,可用铲子从底部水平插入,将混凝土向外分摊。如已有钢筋网,只能使用齿耙将混凝土扒平。

(a)错误方法　　(b)正确方法

图4.3.15 摊平混凝土

3. 混凝土振捣

混凝土拌和物浇筑之后,通常不能全部流平,内部有中空状态。需经密实成型才能赋予混凝土制品或结构一定外形和内部结构。混凝土的强度、抗冻性、耐久性等都与密实成型好坏有关。振捣工艺是在混凝土初凝阶段使用各种方法和工具进行振捣,并在初凝前捣实完毕,使之内部密实,外部按模板形状充满模板,即达到饱满密实的要求。

当前,混凝土拌和物密实成型的途径有三:一是借助于机械外力(如机械振动)来克服拌和物的剪应力而使之液化;二是在拌和物中适当多加水以提高流动性,便于成型,成型后用离心法、真空作业法等将多余的水分和空气排出;三是在拌和物中掺入高效减水剂,使其坍落度大大增加,可自流浇筑成型。

混凝土振捣分为人工振捣和机械振捣两种方式,人工振捣用捣锤或插钎等工具的冲击力来使混凝土密实成型,效率低,效果差;机械振捣是将振动器的振力传给混凝土拌和物,使之发生强迫振动而密实成型,效率高、质量好。常见的振动机械类型如图 4.3.16 所示。

(a)内部振动器(插入式振动器)

(b)混凝土表面振动器

(c)外部振动器

(d)混凝土振动台

图 4.3.16 振动机械

混凝土分层振捣的最大厚度应符合表 4.3.6 的规定。

表 4.3.6 混凝土分层振捣的最大厚度

振捣方法	混凝土分层振捣最大厚度
内部振动器	振动棒作用部分长度的 1.25 倍
表面振动器	200mm
外部振动器	根据设置方式,通过试验确定

（1）内部振动器振捣

内部振动器又称插入式振动器,其工作部分是一棒状空心圆柱体,内部装有偏心振子,在电动机带动下高速转动而产生高频微幅的振动。多用于振实梁、柱、墙、厚板和大体积混凝土结构等。

其振捣方法有两种:一种是垂直振捣,即振动棒与混凝土表面垂直;一种是斜向振捣,即振动棒与混凝土表面成一定角度,一般为40°~45°。如图4.3.17所示。

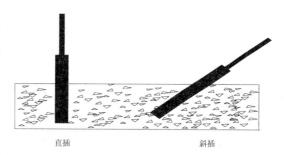

直插　　　　　　　　斜插

图 4.3.17　内部振动器插入方法

【注意事项】

①应按分层浇筑厚度分别进行振捣,振动棒的前端应插入前一层混凝土中,插入深度不应小于50mm。

②振动棒应垂直于混凝土表面并快插慢拔均匀振捣;当混凝土表面无明显塌陷、有水泥浆出现、不再冒气泡时,可结束该部位振捣。

③振动棒与模板的距离不应大于振动棒作用半径的0.5倍;振捣插点间距不应大于振动棒的作用半径的1.4倍。

（2）混凝土表面振动器(平板振动器)振捣

表面振动器又称平板振动器,它由带偏心块的电动机和平板(木板或钢板)等组成。其作用深度较小,多用在混凝土表面进行振捣,适用于楼板、地面、道路、桥面等薄型水平构件。

【注意事项】　①表面振动器振捣应覆盖振捣平面边角;②表面振动器移动间距应覆盖已振实部分混凝土边缘;③倾斜表面振捣时,应由低处向高处进行振捣。

（3）外部振动器

外部振动器又称附着式振动器,它通过螺栓或夹钳等固定在模板外部,通过模板将振动传给混凝土拌和物,因而模板应有足够的刚度。它适于振捣断面小且钢筋密的构件,如薄腹梁、箱型桥面梁等以及地下密封的结构,无法采用内部振捣器的场合。其有效作用范围可通过实测确定。

【注意事项】　①外部振动器应与模板紧密连接,设置间距应通过试验确定;②外部振动器应根据混凝土浇筑高度和浇筑速度,依次从下往上振捣;③模板上同时使用多台外部振动器时应使各振动器的频率一致,并应交错设置在相对面的模板上。

（4）混凝土振动台

混凝土振动台是混凝土构件成型工艺中生产效率较高的一种设备,只产生上下方向的定向振动,对混凝土拌和物非常有利,适用于混凝土预制构件的振捣。

4.3.4　混凝土养护

混凝土养护的目的,一是创造条件使水泥充分水化,加速混凝土硬化;二是防止混凝土成型后因暴晒、风吹、干燥、寒冷等环境因素影响而出现不正常的收缩、裂缝等破损现象。所以混凝土浇筑后应及时进行保湿养护,保湿养护可采用洒水、覆盖、喷涂养护剂等方式。选择养护方式应考虑现场条件、环境温湿度、构件特点、技术要求、施工操作等因素。

混凝土的养护时间应符合下列规定：

（1）采用硅酸盐水泥、普通硅酸盐水泥或矿渣硅酸盐水泥配制的混凝土，不应少于 7d；采用其他品种水泥时，养护时间应根据水泥性能确定；

（2）采用缓凝型外加剂、大掺量矿物掺和料配制的混凝土，不应少于 14d；

（3）抗渗混凝土、强度等级 C60 及以上的混凝土，不应少于 14d；

（4）后浇带混凝土的养护时间不应少于 14d；

（5）地下室底层墙、柱和上部结构首层墙、柱宜适当增加养护时间；

（6）基础大体积混凝土养护时间应根据施工方案确定。

1. 洒水养护

洒水养护宜在混凝土裸露表面覆盖麻袋或草帘后进行，如图 4.3.18 所示；也可采用直接洒水、蓄水等养护方式。洒水养护应保证混凝土处于湿润状态。

【注意事项】 当日最低温度低于 5℃时，不应采用洒水养护。

(a)覆盖麻袋　　　　　　　　　　　　　　(b)覆盖草帘

图 4.3.18　洒水覆盖养护

2. 覆盖养护

覆盖养护宜在混凝土裸露表面覆盖塑料薄膜、塑料薄膜加麻袋、塑料薄膜加草帘进行，如图 4.3.19 所示。

(a)覆盖塑料薄膜

图 4.3.19　混凝土覆盖

(b)塑料薄膜加麻袋　　　　　　　(c)塑料薄膜加草帘

图 4.3.19　混凝土覆盖(续)

【注意事项】 ①塑料薄膜应紧贴混凝土裸露表面,塑料薄膜内应保持有凝结水;②覆盖物应严密,覆盖物的层数应按施工方案确定。

3. 喷涂养护剂养护

喷涂养护剂养护是在混凝土裸露表面喷涂覆盖致密的养护剂进行养护,如图 4.3.20 所示。养护剂应均匀喷涂在结构构件表面,不得漏喷;养护剂应具有可靠的保湿效果,保湿效果可通过试验检验;养护剂使用方法应符合产品说明书的有关要求。

图 4.3.20　喷涂养护剂养护

4.3.4　混凝土工程施工质量检查

混凝土的质量检验包括施工过程的质量检查和养护后的质量检查。施工过程中的质量检查主要包括对原材料的质量、配合比、坍落度等的检查。养护后的质量检查主要包括对混凝土强度、表面外观质量和结构构件尺寸偏差的检查。如果设计上有特殊要求,还需对其抗冻性、抗渗性等进行检查。这里主要讲述养护后的质量检查。

1. 混凝土强度检查

结构混凝土的强度等级必须符合设计要求。用于检查结构构件混凝土强度的试件,应在混凝土的浇筑地点随机抽取。取样与试件留置应符合下列规定:

(1) 每拌制 100 盘且不超过 $100m^3$ 的同配合比的混凝土,取样不得少于一次;

(2) 每工作班拌制的同一配合比的混凝土不足 100 盘时,取样不得少于一次;

(3) 当一次连续浇筑超过 $1000m^3$ 时,同一配合比的混凝土每 $200m^3$ 取样不得少于一次;

(4) 每一楼层、同一配合比的混凝土,取样不得少于一次;

(5) 每次取样应至少留置一组标准养护试件,同条件养护试件的留置组数应根据实际需要确定。

当混凝土试件强度评定不合格时,可采用非破损或局部破损的检测方法,按国家现行有

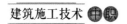

关标准的规定对结构构件中的混凝土强度进行推定,并作为处理的依据。

2. 表面外观质量检查

现浇结构的外观质量不应有严重缺陷,不宜有一般缺陷。对已经出现的严重缺陷,应由施工单位提出技术处理方案,并经监理(建设)单位认可后进行处理,对经处理的部位,应重新检查验收。

现浇结构的外观质量缺陷(见图4.3.21),应由监理(建设)单位、施工单位等各方根据其对结构性能和使用功能影响的严重程度,按表4.3.7确定。

表 4.3.7　现浇结构外观质量缺陷

名称	现象	严重缺陷	一般缺陷
露筋	构件内钢筋未被混凝土包裹而外露	纵向受力钢筋有露筋	其他钢筋有少量露筋
蜂窝	混凝土表面缺少水泥浆而形成石子外露	构件主要受力部位有蜂窝	其他部位有少量蜂窝
孔洞	混凝土中孔穴深度和长度均超过保护层厚度	构件主要受力部位有孔洞	其他部位有少量孔洞
夹渣	混凝土中夹有杂物且深度超过保护层厚度	构件主要受力部位有夹渣	其他部位有少量夹渣
疏松	混凝土中局部不密实	构件主要受力部位有疏松	其他部位有少量疏松
裂缝	缝隙从混凝土表面延伸至混凝土内部	构件主要受力部位有影响结构性能或使用功能的裂缝	其他部位有少量不影响结构性能或使用功能的裂缝
连接部位缺陷	构件连接处混凝土缺陷及连接钢筋、连接铁件松动	连接部位有影响结构传力性能的缺陷	连接部位有基本不影响结构传力性能的缺陷
外形缺陷	缺棱掉角、棱角不直、翘曲不平、飞出凸肋等	清水混凝土构件内有影响使用功能或装饰效果的外形缺陷	其他混凝土构件有不影响使用功能的外形缺陷
外表缺陷	构件表面麻面、掉皮、起砂、沾污等	具有重要装饰效果的清水混凝土构件有外表缺陷	其他混凝土构件有不影响使用功能的外表缺陷

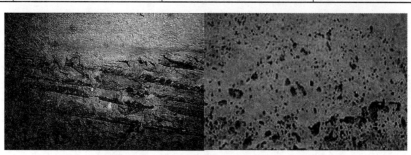

　　(a)露筋　　　　　　　　　　　　(b)蜂窝

图 4.3.21　现浇结构外观质量缺陷

(c)孔洞   (d)夹渣

(e)孔洞   (f)夹渣

(g)连接部位缺陷   (h)外形缺陷(缺棱掉角)

(i)外表缺陷(有沾污)   (j)外表缺陷(麻面、掉皮)

图 4.3.21 现浇结构外观质量缺陷(续)

3. 结构构件尺寸偏差

现浇结构不应有影响结构性能和使用功能的尺寸偏差。对超过尺寸允许偏差且影响结构性能和安装、使用功能的部位,应由施工单位提出技术处理方案,并经监理(建设)单位认可后进行处理,对经处理的部位,应重新检查验收。

现浇结构和混凝土设备基础拆模后的尺寸偏差应符合表 4.3.8 的规定。

表 4.3.8　现浇结构尺寸允许偏差和检验方法

项目		允许偏差/mm	检验方法
轴线位置	基础	15	尺检查
	独立基础	10	
	墙、柱、梁	8	
	剪力墙	5	
垂直度	层高 ≤5m	8	经纬仪或吊线、钢尺检查
	层高 >5m	10	经纬仪或吊线、钢尺检查
	全高(H)	$H/1000$ 且 ≤30	经纬仪、钢尺检查
标高	层高	±10	水准仪或拉线、钢尺检查
	全高	±30	
截面尺寸		+8,−5	钢尺检查
电梯井	井筒长、宽对定位中心线	+25,0	钢尺检查
	井筒全高(H)垂直度	$H/1000$ 且 ≤30	经纬仪、钢尺检查
表面平整度		8	2m 靠尺和塞尺检查
预埋设施中心线位置	预埋件	10	钢尺检查
	预埋螺栓	5	
	预埋管	5	
预埋洞中心线位置		15	钢尺检查

注：检查轴线、中心线位置时，应沿纵、横两个方向量测，并取其中的较大值

【实训二】　基础模板施工

采用胶合板模板完成如图 4.4.1 所示阶形基础模板的制作安装及模板拆除施工。

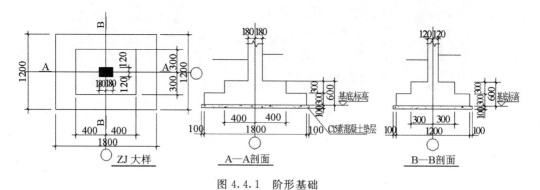

图 4.4.1　阶形基础

施工要求：

1. 作业人员必须正确使用防护用品，着装整齐，扎紧袖口，穿防滑鞋；

2. 作业中应随时清扫木屑、刨花等杂物，并送到指定地点堆放；

3. 模板采用胶合板模板;

4. 实训操作结束后将余料堆放整齐,操作现场清扫干净,并将工具整理好;

5. 施工质量要求:现浇独立基础模板安装的允许偏差及检验方法见表 4.4.1。

表 4.4.1 现浇独立基础模板安装的允许偏差及检验方法

项目	允许偏差/mm	检验方法
轴线位置	5	钢尺检查
底模上表面标高	±5	水准仪或拉线、钢尺检查
截面内部尺寸	±10	钢尺检查
相邻两板表面高低差	2	钢尺检查
表面平整度	5	2m 靠尺和塞尺检查

注:检查轴线位置时,应沿纵、横两个方向量测,并取其中的较大值

操作步骤:

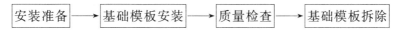

安装准备 ⟶ 基础模板安装 ⟶ 质量检查 ⟶ 基础模板拆除

第一步 安装准备

1. 了解基础模板的构造和施工注意事项;

2. 分好组,选好组长,分配好角色;

3. 准备好基础模板实训工具;

4. 准备好基础模板实训材料:18mm 厚胶合板、木方、钢管支撑、铁丝、铁钉及其他配件;

5. 熟读图纸,根据教师给的基准点在水泥地坪上弹好轴线和模板边线,定好水平标高控制点,并按图样要求复核各尺寸;

6. 按照图纸要求和工艺标准,组长向组员进行安全和技术交底。

第二步 基础模板安装

安装工序:弹线→侧板制作(拼接)→组拼各阶模板→涂刷脱模剂→下阶模板安装→上阶模板安装→杯口芯模板安装。

1. 弹线:在垫层(实训场地)上弹出基础轴线,根据轴线弹出模板安装边线,同时在已制作好的侧板内表面弹出中线;

2. 侧板制作(拼接):这次实训采用 18mm 厚胶合板,根据基础尺寸,制作好侧板,其中每阶两块侧板的尺寸与相应的台阶侧面尺寸相等,上台阶模板的其中两块侧模要加长(或采用方木当桥杠木),以便搁摆在下层台阶模板上;

3. 组拼各阶模板:依据侧板内表面弹出中线,将各阶四块侧模板钉成方框;

4. 涂刷脱模剂:均匀涂刷脱模剂,上下阶模板涂内侧,杯口芯模板涂外侧;

5. 下阶模板安装:将下阶模板安放在垫层(实训场地),两者中线对准,并用水平尺校正其标高,在模板周围钉上木桩,做好支撑固定;

6. 上阶模板安装:与下阶模板安装方法相同,注意两者中线互相对准,并用斜撑与平撑

钉牢。

7. 杯口芯模板安装：杯口芯模板的横杠搁置在上阶模板上,对准中线,加设木挡固定。

第三步　质量检查

在《混凝土结构工程施工质量验收规范》(GB 50204—2002(2011 版))中模板分项工程质量检验标准分为一般规定、主控项目和一般项目,具体要求详见规范。

本任务检查分为学生分组互检和教师组织检查两次,其中学生互检情况也要纳入实习考核范围。

结合《混凝土结构工程施工质量验收规范》(GB 50204—2002(2011 版))制定基础模板安装实训考核验收表,见表 4.4.2(此验收表同时考虑安全施工、文明施工、施工进度、社会能力、方法能力等因素来综合评价学生实训情况)。

第四步　基础模板拆除

检查完毕后,在教师指导下有序进行拆模工作:

1. 总体先上阶模板后下阶模板;
2. 每一阶先拆除斜撑与平撑,然后再用撬杠、钉锤等工具拆下 4 块侧板;
3. 把模板、方木等分类堆放;
4. 清扫场地,归还工具、用具。

表 4.4.2　基础模板安装实训考核验收表

考核员签名：　　　　　　　　　　　　　　　　　　　　　　　　　　　　　日期：

实训项目	基础模板安装		实训时间		实训地点		指导教师	
姓名			班级		组别		成绩	
序号	检查内容		要求及允许偏差/mm	检验方法	验收记录		配分	得分
1	工作程序		正确的安装程序	巡查			10	
2	上下阶模板轴线对中		5	钢尺检查			10	
3	上表面标高	上阶模板	±5	钢尺检查			5	
		下阶模板	±5	钢尺检查			5	
4	截面内部尺寸	边长	±10	钢尺检查			5	
		对角线	±10	钢尺检查			5	
5	表面平整度		5	2m 靠尺和塞尺			5	
6	上阶模板整体性			感观			5	
7	下阶模板整体性			感观			5	
8	拆模		程序正确	巡查			5	
9	安全施工		安全设施到位	巡查			5	
			没有危险动作	巡查			5	
10	文明施工		工地完好、场地整洁	巡查			5	

续 表

序号	检查内容	要求及允许偏差/mm	检验方法	验收记录	配分	得分
11	施工进度	按时完成	巡查			
12	社会能力	团结协作	巡查		5	
		敬业精神	巡查		5	
13	方法能力	计划能力	巡查		5	
		决策能力	巡查		5	

【实训三】 框架梁钢筋加工与绑扎

某简支梁(L1)配筋图如图4.4.2所示,根据该配筋图,完成此梁钢筋下料计算、切断、加工、绑扎和质量检验。

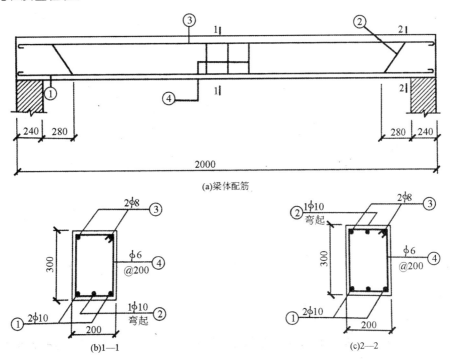

图 4.4.2 简支梁(L1)配筋图

施工要求:

1. 作业人员必须正确使用防护用品,着装整齐,扎紧袖口,穿防滑鞋;

2. 在加工前应检查钢筋外观质量;

3. 在箍筋加工前应对钢筋进行除锈、调直等准备工作;

4. 实训操作结束后将成品及余料堆放整齐,操作现场清扫干净,并将工具整理好;

5. 施工质量要求:钢筋加工允许偏差见表4.4.3,钢筋安装位置的允许偏差和检验方法见表4.4.4。

表 4.4.3　钢筋加工的允许偏差

项目	允许偏差/mm
受力钢筋长度方向全长的净尺寸	±10
弯起钢筋的弯折位置	±20
箍筋内净尺寸	±5

表 4.4.4　钢筋安装位置的允许偏差和检验方法

项目		允许偏差/mm	检验方法
绑扎钢筋骨架	长	±10	钢尺检查
	宽、高	±5	钢尺检查
受力钢筋	间距	±10	钢尺量两端中间各一点，取最大值
	排距	±5	
	保护层厚度	±20	钢尺检查
绑扎箍筋、横向钢筋间距		±20	钢尺量连续三档，取最大值
钢筋弯起点位置		20	钢尺检查

注：表中梁构件上部纵向受力钢筋保护层厚度的合格点率应达到 90% 及以上，且不得有超过表中数值 1.5 倍的尺寸偏差

操作步骤：

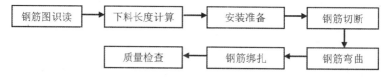

第一步　钢筋图识读

1. 看图名、比例、必要的材料、施工等说明；

2. 根据所给图样读懂构件的形状、尺寸等；

3. 了解构件使用钢筋的等级品种、直径、根数和间距；

4. 了解该构件各部位的具体尺寸、保护层厚度等。

第二步　下料长度计算

1. 了解保护层、钢筋弯曲、弯钩等规定；

2. 根据下料长度公式计算下料长度；

3. 填写钢筋配料单。

第三步　安装准备

1. 分好组，选好组长，分配好角色；

2. 准备好钢筋加工实训工具；

3. 准备好实训用的各类钢筋、绑扎用的细铁丝；

4. 准备好钢筋加工与绑扎的场地；

5. 按照图纸要求和工艺标准，组长向组员进行安全和技术交底。

第四步　钢筋切断

1. 切断前的准备工作

(1) 复核：根据钢筋配料单，复核料牌上所标注的钢筋直径、尺寸、根数，检查是否正确；

(2) 下料方案：根据钢筋情况做好下料方案，长短搭配，尽量减少损耗；

(3) 量度准确：避免使用短尺量长料，防止累计误差；

(4) 试切钢筋：调试好切断设备，试切 $1\sim2$ 根，尺寸无误后再成批加工。

2. 量距(要正确)；

3. 画线(要清晰)；

4. 切断(先切长料，后切短料，做好长短搭配)；

5. 分类堆放。

第五步　钢筋弯曲

1. 准备工作：确定合理弯曲步骤，避免在弯曲时将钢筋反复调转，影响功效；

2. 画线：应根据不同的弯曲角度扣除弯曲调整值(画弯曲钢筋分段尺寸时，在与弯曲操作方向相反的一侧长度内扣除弯曲调整值，画上分段尺寸线)，即得弯曲点线；

3. 试弯；

4. 弯曲成型。

(1) 箍筋成型一般程序(见图 4.4.3)。

在操作前，首先要在手摇扳的左侧工作台上标出 1/2 长、箍筋长边内侧长和短边内侧长三个标志。

①在钢筋 1/2 长处弯折 $90°$；

②弯折短边 $90°$；

③弯长边 $135°$弯钩；

④弯短边 $90°$弯折；

⑤弯短边 $135°$弯钩。

注意：第③⑤步的弯钩角度大，所以要比②④步操作时靠标志略松些，应预留一些长度，以免箍筋不方正。

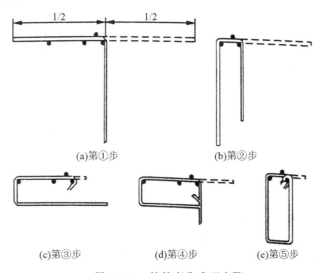

(a)第①步　(b)第②步
(c)第③步　(d)第④步　(e)第⑤步

图 4.4.3　箍筋弯曲成型步骤

（2）弯起钢筋成型一般程序：

弯起钢筋成型步骤如图 4.4.4 所示。

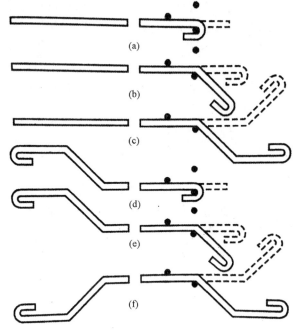

图 4.4.4 弯起钢筋成型步骤

第六步 钢筋绑扎

1. 支设绑扎：此简支梁钢筋绑扎可在马凳式绑扎架上进行，如图 4.4.5 所示；

2. 画钢筋间距点：纵向钢筋的间距点画在两端绑扎架的横杆上，横向联合钢筋的间距点画在两侧的纵向钢筋上；

3. 穿箍筋：箍筋弯钩叠合处应交错布置在两根架立筋上；

4. 绑扎成型：采用双丝双十字花扣法绑扎成型，绑扎铁丝头应弯向受压区，不应弯向保护层。

图 4.4.5 马凳式钢筋绑扎架

第七步 质量检查

本次实训质量检查内容主要涉及《混凝土结构工程施工质量验收规范》（GB 50204—2002(2011 版)）钢筋分项工程中的钢筋加工、钢筋安装两部分内容，分别按照其主控项目和一般项目检查，具体要求详见规范。

本任务检查分为学生分组互检和教师组织检查两次，其中学生互检情况也要纳入实习考核范围。

结合《混凝土结构工程施工质量验收规范》(GB 50204—2002(2011 版))制定钢筋加工与绑扎实训考核验收表,见表 4.4.5(此验收表同时考虑安全施工、文明施工、施工进度、社会能力、方法能力等因素来综合评价学生实训情况)。

表 4.4.5 钢筋加工与绑扎实训考核验收表

考核员签名: 日期:

实训项目	基础模板安装		实训时间		实训地点		指导教师	
姓名			班级		组别		成绩	
序号	检查内容		要求及允许偏差/mm	检验方法		验收记录	配分	得分
1	钢筋下料长度		按图纸规定	查看			10	
2	钢筋末端弯钩		弯曲直径≥2.5d,钩端应有≥3d平直段	钢尺检查			5	
3	受力钢筋长度方向全长的净尺寸		±10	钢尺检查			5	
4	弯起钢筋的弯折位置		±20	钢尺检查			5	
5	箍筋内净尺寸		±5	钢尺检查		5	5	
6	绑扎钢筋骨架	长	±10	钢尺检查			5	
7		宽、高	±5	钢尺检查				
8	受力钢筋	间距	±10	钢尺量两端中间,各一点取最大值			5	
9		排距	±5					
10		保护层厚度	±5	钢尺检查				
11	绑扎箍筋、横向钢筋间距		±20	钢尺量连续三档,取最大值			5	
							5	
12	绑扎松紧、漏扎成程度			查看			5	
13	弯钩朝向		按规定	查看			5	
14	整体质量观感			查看			5	
15	安全施工		安全设施到位	巡查			5	
			没有危险动作	巡查			5	
16	文明施工		工地完好、场地整洁	巡查			5	
17	施工进度		按时完成	巡查			5	
18	社会能力		团结协作	巡查			5	
			敬业精神	巡查			5	
19	方法能力		计划能力	巡查			5	
			决策能力	巡查			5	

本章小结

本章内容中是建筑施工技术中最重要的部分，本章讲述了混凝土工程和钢筋工程施工工艺及施工质量的要求，内容涵盖广泛，基本上囊括了施工用具、材料、工艺等方面。本章的内容均以现行工程规范为基准，读者在学习之余，最好能细读熟记规范中的相关条文，为今后工作做一个铺垫。

思考题

1. 模板工程必须满足的基本要求有哪些？
2. 基础模板安装施工应注意哪些问题？
3. 柱模板安装施工应注意哪些问题？
4. 梁模板安装施工应注意哪些问题？
5. 楼板模板安装施工应注意哪些问题？
6. 钢筋标牌验收包括哪些内容？
7. 钢筋加工包括哪些过程？
8. 钢筋工程隐蔽验收内容包括哪些？
9. 混凝土分层振捣的最大厚度有何规定？
10. 泵送混凝土浇筑有哪些规定？
11. 混凝土布料工艺有哪些？
12. 混凝土拌和物密实成型的途径有哪些？
13. 内部振动器振捣时应注意哪些问题？
14. 混凝土的养护时间应符合哪些规定？
15. 混凝土取样与试件留置应符合哪些规定？
16. 现浇结构外观质量缺陷有哪些？

习题

1. 模板系统不包括（　　）。
   A. 模板　　　　　　　B. 支架　　　　　　　C. 连接件　　　　　　　D. 紧固件
2. 对通排柱模板，应先装____柱模板，校正固定，拉通线校正____各柱模板。（　　）
   A. 两端；中间　　　　　　　　　　　B. 中间；两端
   C. 一端及中间；另一端　　　　　　　D. 一端；另一端
3. 当梁底离地面（　　）m 以上时，宜搭设排架支模。
   A. 4　　　　　　　　B. 5　　　　　　　　C. 6　　　　　　　　D. 7
4. 楼板底部模板安装和板钢筋安装应是（　　）。

A. 同时安装   B. 无顺序关系   C. 先钢筋后模版   D. 先模板后钢筋

5. 当板跨度大于或等于 4m 时,模板应起拱,当无具体要求时,起拱高度宜为全跨长度的( )。

    A. 1/1000～2/1000   B. 1/1000～3/1000

    C. 1/1000～4/1000   D. 1/1000～5/1000

6. 钢筋加工弯曲 90°,其每个弯折的量度差值为( )倍的钢筋直径。

    A. 0.35   B. 0.5   C. 0.85   D. 2

7. 同一厂家、同一牌号、同一规格调直钢筋其检验数量:重量不大于____为一批;每批见证取____件试件。( )

    A. 30t;6   B. 60t;6   C. 30t;3   D. 60t;3

8. 下列( )构件中的受力钢筋常用电渣压力焊。

    A. 梁   B. 柱   C. 板   D. 楼梯

9. 套筒挤压钢筋接头的安装质量应符合下列要求,其中不正确的是( )。

    A. 钢筋端部不得有局部弯曲,不得有严重锈蚀和附着物

    B. 钢筋端部应有检查插入套筒深度的明显标记,钢筋端头离套筒长度中心点不宜超过 10mm

    C. 挤压应从套筒两端开始,依次向中央挤压,压痕直径的波动范围应控制在供应商认定的允许波动范围内,并提供专用量规进行检查

    D. 挤压后的套筒不得有肉眼可见裂纹

10. 钢筋的接头宜设置在( )。

    A. 受力较大处   B. 受力较小处

    C. 任意处   D. 距柱端部 500mm 处

11. 梁主筋必须设在箍筋四角,梁各层纵筋净间距不应小于( )。

    A. 25mm 或 d B. 25 和 d C. 25 和 $1.5d$ D. 25mm 或 $1.5d$

12. 浇灌混凝土不能一次完成或遇特殊情况时,中间停歇时间超过( )小时以上时,应设置施工缝。

    A. 2   B. 3   C. 4   D. 1

13. 柱、墙水平施工缝水泥砂浆接浆层厚度不应大于____mm,接浆层水泥砂浆应与混凝土浆液____。( )

    A. 30;同成分   B. 30;水灰比高 0.05

    C. 40;同成分   D. 40;水灰比高 0.05

14. 泵送布料出料口与受料面的距离,应保持大于( )mm。

    A. 200   B. 300   C. 500   D. 600

15. 振捣柱、梁及基础混凝土宜采用( )。

    A. 内部振动器   B. 外部振动器   C. 表面振动器   D. 振动台

16. 向模板内倾倒混凝土的自由高度不应超过( )。

    A. 1m   B. 2m   C. 2m 以上   D. 1.5m

17. 采用内部振动器浇灌混凝土时宜( )振捣混凝土。

    A. 慢插慢拔   B. 快插慢拔   C. 快插快拔   D. 慢插快拔

18. 当日最低温度低于( )℃时,不应采用洒水养护。

    A. 0   B. 5   C. 8   D. 10

19. 后浇带混凝土的养护时间不应少于( )d。

    A. 3   B. 7   C. 14   D. 28

20. 现浇结构的外观质量不应有_____,不宜有_____。( )

    A. 严重缺陷;一般缺陷   B. 特别严重缺陷;一般缺陷

    B. 一般缺陷;严重缺陷   D. 特别严重缺陷;严重缺陷

第5章 预应力混凝土工程

为了避免钢筋混凝土结构的裂缝过早出现,充分利用高强材料,人们在长期的生产实践中创造了预应力混凝土结构。所谓预应力混凝土结构,是在结构(构件)受拉区预先施加压力产生预压应力,从而使结构(构件)在使用阶段产生的拉应力首先抵消预压应力,即借助于混凝土较高的抗压强度来弥补其抗拉强度的不足,从而推迟了裂缝的出现和限制裂缝的发展。以预应力混凝土制成的结构,因以张拉钢筋的方法来达到预压应力,所以也称预应力钢筋混凝土结构。接下来,让我们一起学习预应力混凝土结构。

1. 了解先张法的台座形式、夹具类型及张拉设备;
2. 掌握先张法的施工工艺;
3. 了解后张法的锚具和张拉设备;
4. 掌握后张法的施工工艺。

知识要点	能力要求
先张法	了解墩式台座、槽式台座的构成及注意事项
	了解夹具的分类、使用方法
	了解张拉设备的分类
	了解先张法的施工工艺流程
	掌握预应力筋的铺设、放张和混凝土的养护
后张法	了解锚具的分类及其使用方法
	了解张拉设备的分类及其使用方法
	了解预应力筋的制作方法
	了解后张法的施工工艺流程
	掌握孔道埋设、灌浆和预应力筋张拉

【历史沿革】 19世纪末开始出现预应力混凝土,但由于采用的材料强度低,预应力损失大(尤其是混凝土收缩、徐变引起的损失),早期的预应力混凝土使用范围受限。为此,1908年美国的斯坦纳建议:在混凝土收缩、徐变发生后再张拉预应力。1925年,美国的狄尔首次采用有涂层的预应力筋来避免混凝土与预应力筋之间的黏结。1928年,法国的弗莱

西奈特指出预应力混凝土必须采用高强钢材和高强混凝土。1939年,奥地利的恩佩格提出对普通钢筋混凝土附加少量预应力高强钢丝以改善裂缝和挠度性状的部分预应力新概念。1940年,英国的埃伯利斯进一步提出预应力混凝土结构的预应力与非预应力配筋都可以采用高强钢丝的建议。第二次世界大战后,预应力结构在世界范围内得到了蓬勃发展。直到1970年,第六届国际预应力混凝土会议上肯定了部分预应力混凝土的合理性和经济意义,认识到预应力混凝土与钢筋混凝土并不是截然不同的两种结构材料,而是同属于一个统一的加筋混凝土系列。

我国预应力结构是在20世纪50年代发展起来的。仅50多年的时间里,我国的房屋结构工程应用预应力混凝土取得重大突破,铁路桥预应力混凝土技术已达到世界先进水平。如房屋结构方面:63层的广东国际大厦(见图5.0.1)采用了无黏结预应力混凝土楼盖技术;珠海机场候机楼和首都国际机场新航站楼采用了大面积无黏结预应力混凝土技术;首都国际机场停车楼采用了双向大柱网、大面积超长度有黏结预应力混凝土技术。桥梁结构方面:上海杨浦大桥(跨度602m)(见图5.0.2)等七座跨度400m以上的斜拉桥,代表我国斜拉桥技术已进入世界领先水平;连续钢构桥继黄石大桥250m主跨后,虎门大桥达270m主跨,为世界之冠;此外还有主跨168m的攀枝花金沙江桥和钱塘江二桥等铁路桥。

图 5.0.1　广东国际大厦

图 5.0.2　上海杨浦大桥

5.1　先张法施工

预应力混凝土按预应力度大小分为全预应力混凝土和部分预应力混凝土;按施工方式分为预制预应力混凝土、现浇预应力混凝土和叠合预应力混凝土等;按预加应力的方法分为先张法预应力混凝土和后张法预应力混凝土。在此主要学习先张法预应力混凝土和后张法预应力混凝土。

在浇筑混凝土之前,先张拉预应力钢筋,并将预应力钢筋临时锚固在台座或钢模上,然后浇筑混凝土,待混凝土养护达到一定强度(一般不低于混凝土设计强度标准值的 75%),混凝土与预应力筋具有一定的黏结力时,放松预应力筋,使构件受拉区的混凝土承受预压应力。这种方法称为预应力先张法。其施工工艺及流程如图 5.1.1 和图 5.1.2 所示。

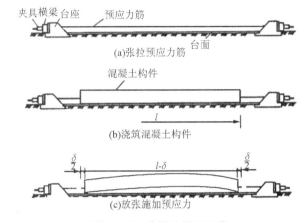

图 5.1.1 先张法施工工艺

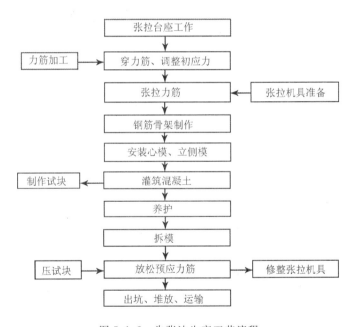

图 5.1.2 先张法生产工艺流程

5.1.1 先张法施工设施

1. 台座

台座是先张法施工张拉和临时固定预应力筋的支撑结构,是先张法施工中主要的设备之一。它承受预应力筋的全部张拉力,因此必须有足够的刚度、强度和稳定性,以免因台座的变形、倾覆和滑移引起预应力损失而影响构件质量。其布置方法和实物如图 5.1.3 和图 5.1.4 所示。

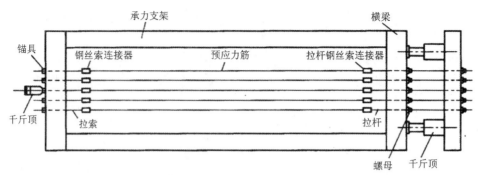

图 5.1.3　台座布置方法

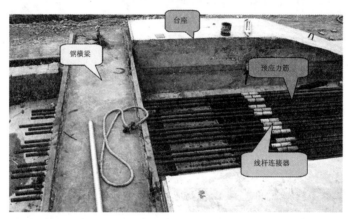

图 5.1.4　台座布置实物

台座的形式繁多,因地制宜,但一般可分为墩式台座和槽式台座两种。

(1)墩式台座

墩式台座是以混凝土墩作为承力结构,由承力台墩、台面、横梁等组成。承力台墩一般埋置在地下,由现浇钢筋混凝土做成。台面一般是在夯实的碎石垫层上浇筑一层厚度为60～100mm的混凝土而成。台座长度50～150m,张拉一次可生产多根构件,从而减少因钢筋滑移引起的应力损失。横梁一般用型钢制作。墩式台座形式包括重力式、与台面共同作用式、构架式、桩基构架式、螺栓式、双钢轨式等,如图5.1.5所示。

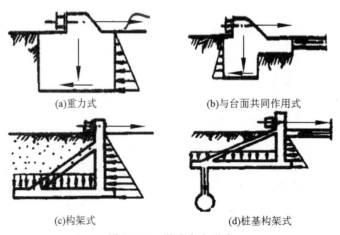

(a)重力式　　　　　　　　　(b)与台面共同作用式

(c)构架式　　　　　　　　　(d)桩基构架式

图 5.1.5　墩式台座形式

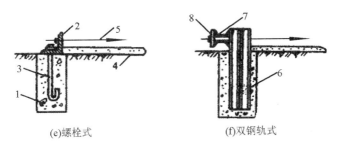

(e)螺栓式　　　　　　(f)双钢轨式

1-混凝土锚桩;2-75×75角钢;3-M16螺栓;4-混凝土台面;
5-预应力钢筋;6-两根钢轨(或工字钢);7-槽钢;8-头板

图5.1.5　墩式台座形式(续)

适用范围:一般适用于生产小型构件。

(2)槽式台座

槽式台座由钢筋混凝土压杆、上下横梁及台面组成,如图5.1.6所示,其上加砌砖墙,加盖后可进行蒸汽养护,为便于混凝土运输和蒸汽养护,槽式台座多低于地面。台座长度通常不大于50m,承载力达1000kN以上。

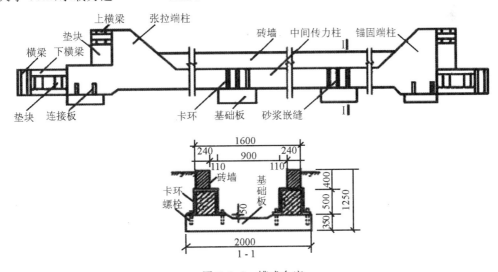

图5.1.6　槽式台座

适用范围:适用于张拉吨位较大的构件,如吊车梁、屋架、薄腹梁。当浇筑中、小型吊车梁时,由于张拉力矩和倾覆力矩都很大,因而多采用槽式台座。

【注意事项】　为便于拆迁移,台座式应设计成装配式。在施工现场可利用条石或已预制好的柱、桩和基础梁等构件,装配成简易式台座。

2. 夹具

夹具是预应力筋张拉和临时固定的锚固装置。预应力筋张拉后用锚固夹具将预应力筋直接锚于横梁上,锚固夹具可以重复使用,要求工作可靠、加工方便、成本低或能多次周转使用。一般根据预应力筋的构造形式特点选用锚固夹具。

(1)钢丝用锚固夹具

钢丝用锚固夹具是将预应力钢丝锚固在台座或钢模上的锚固夹具。常见的形式有圆锥齿板式、圆锥槽式和楔形等,如图5.1.7所示。

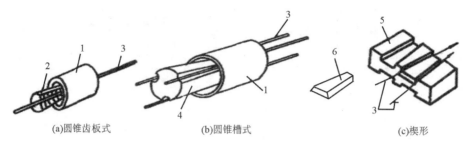

(a)圆锥齿板式 (b)圆锥槽式 (c)楔形

1-套筒;2-齿板;3-钢丝;4-锥塞;5-锚板;6-楔块

图5.1.7 钢丝用锚固夹具

（2）钢筋用锚固夹具

钢筋锚固一般用螺丝端杆锚具、镦头锚具和销片夹具等,如图5.1.8和图5.1.9所示。一般在粗钢筋端部用滚压法加工出螺纹或焊上螺杆,也有将钢筋表面轧成大螺距螺纹,利用螺母对螺杆的支承作用,在张拉时与千斤顶连接,张拉后将预应力筋锚固在结构或构件的钢垫板上,并用专门的镦头设备将高强钢丝或钢筋的端头局部镦粗,使其不能通过锚具上的锚孔,靠镦粗头支承在锚孔端面形成锚固。

总的来说,预应力钢丝的锚固夹具常采用圆锥齿板式锚固夹具,预应力钢筋常采用螺丝端杆锚固钢筋。

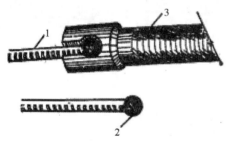

1-钢筋;2-镦粗头;3-张拉螺杆

图5.1.8 圆套筒三片式夹具

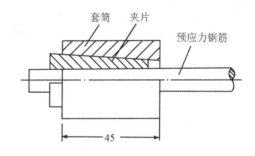

套筒 夹片 预应力钢筋

45

图5.1.9 单根镦头钢筋螺杆夹具

预应力筋施工现场锚固如图5.1.10所示。

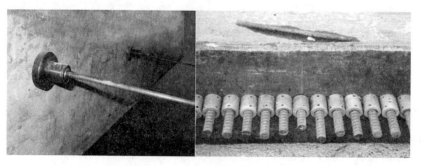

图5.1.10 预应力筋施工现场锚固

3. 张拉设备

张拉预应力筋的机械要求工作可靠,控制应力准确,操作简单,能以稳定的速率加大拉力。常用的张拉设备有穿心式千斤顶、卷扬机、电动螺杆张拉机等,如表 5.1.1 和图 5.1.11、图 5.1.12 所示。

一般来说,张拉较小直径钢筋宜采用卷扬机,张拉较大直径钢筋宜采用千斤顶。

表 5.1.1　张拉设备

名称	加载大小	适用钢筋类型
穿心式千斤顶	20t、行程 200mm	直径 12～20mm 的单根钢筋、钢绞线、钢丝束
电动螺杆张拉机	30～60t、行程 800mm	钢筋、钢丝

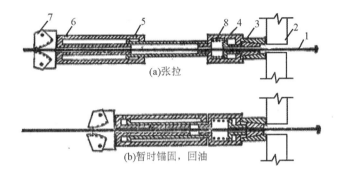

(a)张拉

(b)暂时锚固,回油

1-钢筋;2-台座;3-穿心式夹具;4-弹性顶压头;
5、6-油嘴;7-偏心式夹具;8-弹簧

图 5.1.11　YC-20 穿心式千斤顶张拉过程

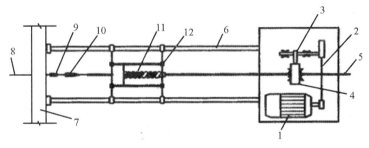

1-电动机;2-皮带传动;3-齿轮;4-齿轮螺母;5-螺杆;6-顶杆;7-台座横梁;
8-钢丝;9-锚固夹具;10-张拉夹具;11-弹簧测力器;12-滑动架

图 5.1.12　电动螺杆张拉机

5.1.2　施工工艺

预应力混凝土先张法施工工艺的特点是:预应力筋在浇筑混凝土前张拉;预应力的传递依靠预应力筋与混凝土之间的黏结力,为了获得质量良好的构件,在整个生产过程中,除确保混凝土质量以外,还必须确保预应力筋与混凝土之间的良好黏结,使预应力混凝土构件获得符合设计要求的预应力值。

1. 混凝土浇筑与养护

混凝土的浇筑应在预应力筋张拉、钢筋绑扎和支模后立即进行，一次浇筑完成。为减少预应力损失，混凝土应选用收缩变形小的水泥，水灰比不大于0.5，骨料级配良好，振捣要密实（特别是端部）。

在施工过程中，经常会出现一些混凝土振捣事故，如图5.1.13所示。

【注意事项】 振动混凝土时，振动器不得碰撞预应力钢筋。混凝土未达到一定强度前，不允许碰撞和踩踏预应力钢筋，以保证预应力筋与混凝土有良好的黏结力。

混凝土构件的养护是构件生产过程中周期最长的工艺过程，一般包括自然养护、太阳能养护和蒸汽养护。

图5.1.13 混凝土振捣事故

【注意事项】 蒸汽养护中，当台座为非钢模台座生产，宜采取"二次升温养护"（开始温差不大于20℃，达到7.5MPa或10MPa后按正常速度升温）。

在工程中应选用质量好的混凝土，采用适当的养护方法，防止混凝土出现蜂窝、麻面、孔洞等质量问题，从而防止引起钢筋的锈蚀，最终防止出现工程事故。

2. 预应力筋张拉

预应力筋张拉应根据设计要求，采用合适的张拉方法、张拉顺序和张拉程序进行，并应有可靠的质量保证措施和安全技术措施。

张拉可分单根张拉和多根整批张拉两种。多根整批张拉时为使多根力筋的初应力基本相等，在整体张拉前要进行初调应力，应力一般取张拉应力的10%~15%。

预应力筋的张拉力程序有超张拉法和一次张拉法两种。采用超张拉工艺的目的是为了减少预应力筋的松弛应力等预应力损失。超张拉可比设计要求提高5%，但最大张拉控制应力不得超过如表5.1.2所示的规定，张拉程序如表5.1.3所示，断丝限制如表5.1.4所示。

【知识链接】 所谓"松弛"即钢材在常温、高应力状态下具有不断产生塑性变形的特性。松弛的数值与张拉控制应力和延续时间有关，控制应力高，松弛也大，且随着时间的延续而增加，但在1min内可完成损失总值的50%，24h内则可完成80%。

表5.1.2 预应力筋张拉控制应力

钢种	张拉方法	
	先张法	后张法
碳素和刻痕钢丝、钢绞线	$0.8f_{ptk}$	$0.75f_{ptk}$
热处理钢筋、冷拔低碳钢丝	$0.75f_{ptk}$	$0.7f_{ptk}$
冷拉钢筋	$0.95f_{pyk}$	$0.9f_{pyk}$

注：f_{ptk}指极限抗拉强度标准值，f_{pyk}指屈服强度标准值

表 5.1.3　先张法预应力筋张拉程序

种类	张拉程序
非自锚的锚具	$0 \rightarrow 1.05\sigma_{con}$（持荷 2min）$\rightarrow \sigma_{con}$
对于夹片式等具有自锚性能的锚具	$0 \rightarrow 1.03\sigma_{con}$（锚固）

注：表中 σ_{con} 为张拉控制应力值，包括预应力损失值

表 5.1.4　先张法预应力筋断丝限制

类别	检查项目	控制数
钢筋	同一构件内断丝数不得超过钢丝总数的比例	1%
钢丝、钢绞线	断筋	不容许

【注意事项】

（1）在浇筑混凝土前，若发生钢筋断裂或滑脱，必须更换；

（2）张拉时，正对钢筋两端禁止站人，也不允许进入台座，防止断筋回弹伤人；

（3）冬季施工，其温度不宜低于-15℃。

张拉可分单根张拉和多根整批张拉两种，多根整批张拉时要进行初调应力。预应力筋的张拉力方法有超张拉法和一次张拉法两种。超张拉可比设计要求提高 5%，一次张拉可比设计要求提高 3%。张拉控制应力不得超过相应规定值，断丝数目不得超过限制值。

3. 预应力筋放张

预应力筋放张过程是预应力的传递过程，是先张法构件能否获得良好质量的一个重要环节，应根据放张要求，确定合宜的放张顺序、放张方法及相应的技术措施。

（1）放张要求

放张预应力筋时，混凝土应达到设计要求的强度，当设计无要求时，应不得低于设计的混凝土强度等级的 75%。放张过早由于混凝土强度不足，会产生较大的混凝土弹性回缩而引起较大的预应力损失或钢丝滑动。放张前应拆除构件的侧模，使放张过程中预应力构件能自由压缩，避免过大的冲击与偏心，以免模板损坏或造成构件开裂。

（2）放张方法及顺序

当预应力混凝土构件用钢丝配筋时，若钢丝数量不多，钢丝放张可采用剪切、锯割或氧-乙炔焰熔断的方法，并应从靠近生产线中间处剪断，这样比在靠近台座一端处剪断时回弹减小，且有利于脱模。若钢丝数量较多，应同时放张，应从靠近生产线中间处剪断钢丝。轴心受压构件同时放；偏心受压构件先同时放预压应力小的区域，再同时放预压应力大的区域；其他构件应分阶段、对称、相互交错放张，不允许采用逐根放张的方法，否则，最后的几根钢丝将承受过大的应力而突然断裂，导致构件应力传递长度骤增，或使构件端

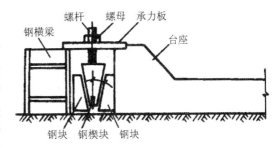

图 5.1.14　滑楔放松法

部开裂。放张方法可采用放张横梁来实现。横梁可用千斤顶或预先设置在横梁支点处的放张装置(砂箱或楔块等)来放张。滑楔放松法如图 5.1.14 所示,砂箱放松法如图 5.1.15 所示。

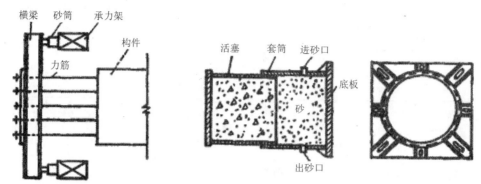

图 5.1.15　砂箱放松法

　　粗钢筋预应力筋应缓慢放张(砂箱法、楔块法、千斤顶法)。当钢筋数量较少时,可采用逐根加热熔断或借预先设置在钢筋锚固端的楔块或穿心式砂箱等单根放张。当钢筋数量较多时,所有钢筋应同时放张。

　　采用湿热养护的预应力混凝土构件宜热态放张,不宜降温后放张。

　　先张法施工简单,靠黏结力自锚,不必耗费特制锚具,临时锚具可以重复使用(一般称工具式锚具或夹具),大批量生产时经济,质量稳定,适用于中小型构件工厂化生产。但先张法需要较大的台座或成批的钢模、养护池等固定设备,一次性投资较大;预应力筋布置多数为直线型,曲线布置比较困难。而后张法不需固定的台座设备,不受地点限制,适用施工现场生产大型预应力混凝土构件。接下来,我们将一起学习预应力后张法。

5.2　后张法施工

　　预应力箱梁如图 5.2.1 所示,就是将这样的构件和其他构件组合起来,可以形成一座桥,它是在大跨度结构中应用广泛的构件。通过本章节的学习,你能掌握制作构件的预应力后张法,相信在不久的将来你也能成为一名工程师。

　　【工程实例】　杭州湾跨海大桥成为继美国的庞恰特雷恩湖桥和青岛胶州湾大桥之后世界第三长的桥梁,是国道主干线——同三线跨越杭州湾的便捷通道,将缩短宁波至上海间的陆路距离 120公里。大桥按双向六车道高速公路设计,设计速度 100km/h,设计使用年限 100 年,总投资约 140亿元。大桥(见图 5.2.2)已于 2008 年 5 月 1 日晚

图 5.2.1　预应力箱梁

11 时 58 分正式通车。

图 5.2.2　杭州湾跨海大桥

杭州湾跨海大桥所处环境潮差大、流速急、流向乱、波浪高、冲刷深、软弱地层厚,部分区段浅层气富集。其中,南岸 10km 滩涂区干湿交替,海上工程大部分为远岸作业,施工条件很差。受水文和气象影响,专家提出了施工决定设计,采取预制化、工厂化、大型化、变海上施工为陆上施工的施工方案,突破了长期以来设计决定施工的理念。除南、北航道桥外其余引桥采用 30～80m 不等的预应力混凝土连续箱梁结构。预制吊装的最大构件为长 70m、宽16m、高 4m、重 2180t 的预应力混凝土箱梁,最长的构件为长度 84m、直径 1.6m 的超长钢管桩,这种构件可称得上是举世无双。为解决大型混凝土箱梁早期开裂的工程难题,开创性地提出并实施了"二次张拉技术",彻底解决了这一工程"顽疾"。

先浇筑混凝土制作构件,预留孔道,待构件混凝土达到设计强度的 75% 以上后,在孔道内穿入预应力筋并张拉预应力钢材,并用锚具在构件端部将预应力筋锚固,最后进行孔道灌浆以形成预应力混凝土构件的方法称为预应力后张法。其施工工艺及生产工艺流程如图5.2.3 和图 5.2.4 所示。

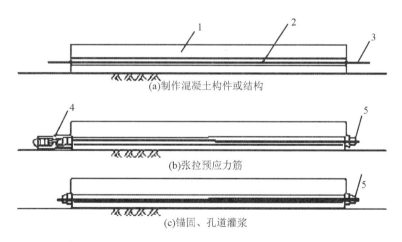

(a)制作混凝土构件或结构

(b)张拉预应力筋

(c)锚固、孔道灌浆

1-混凝土构件或结构;2-预留孔道;3-预应力筋;4-千斤顶;5-锚具

图 5.2.3　后张法施工工艺

【工程实例】　××市××路项目部承建的××桥扩建工程是××南大门上一道亮丽的风景线,在原有桥梁两侧各新建一幅桥,每幅桥宽 13.5m,全桥长 300m,上部结构为两联装

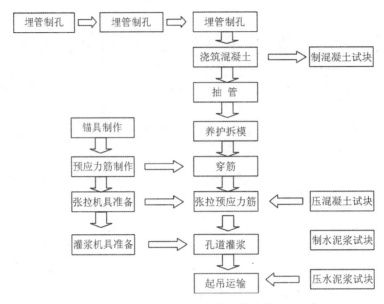

图 5.2.4　后张法生产工艺流程

配式部分预应力混凝土先简支后连续,每联五跨,每跨 30m,全桥共 80 片后张法预应力预制箱梁。其预制过程包括钢筋安装、波纹管定位、模板安装、混凝土浇筑、混凝土养护成型、预应力筋张拉、压浆、封锚等生产工艺,其如图 5.2.5 所示。

(a)钢筋安装　　　　　　　　　　　　(b)波纹管定位

(c)模板安装　　　　　　　　　　　　(d)混凝土浇筑

图 5.2.5　后张法工程实例生产工艺流程

(e)混凝土养护成型   (f)预应力筋张拉

(g)预应力张拉端   (h)压浆、封锚

图 5.2.5　后张法工程实例生产工艺流程(续)

5.2.1　锚具及张拉设备

1. 锚具

（1）夹片式锚具

夹片式锚具分为单孔夹片锚具和多孔夹片锚具，由工作锚板、工作夹片、锚垫板、螺旋筋组成（见图 5.2.6）。可锚固预应力钢绞线，也可锚固 7ϕ5mm、7ϕ7mm 的预应力钢丝束，主要用作张拉端锚具，具有自动跟进，放张后自动锚固，锚固效率系数高，锚固性能好，安全可靠等特点。

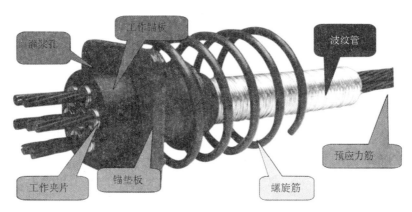

图 5.2.6　VLM15(13)多孔夹片式锚具

（2）镦头锚具

镦头锚体系可张拉 ϕ5mm、ϕ7mm 高强钢丝束，常用镦头锚分为 A 型和 B 型（见图

5.2.7),A 型由锚杯和螺母组成,用于张拉端;B 型为锚板,用于固定端。预应力筋采用钢丝镦头器镦头成型,配套张拉使用 YDC 系列穿心式千斤顶。

图 5.2.7　镦头锚具与预应力钢丝束

（3）精轧螺纹钢锚具、连接器

精轧螺纹钢锚具由螺母和垫板等组成（见图 5.2.8），可锚固 $\phi25mm$、$\phi32mm$ 高强精轧螺纹钢筋,主要用于后张法施工的预应力箱梁、纵向预应力及大型预应力屋架。连接器主要用于螺纹钢筋的接长。

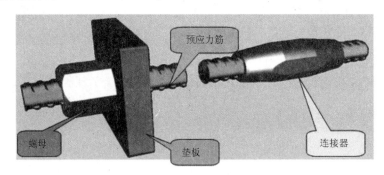

图 5.2.8　精轧螺纹钢锚具、连接器

（4）螺丝端杆锚具

螺丝端杆锚具由螺丝端杆、螺母和垫板组成（见图 5.2.9），可锚固冷拉 Ⅱ、Ⅲ 级钢筋,主要用于后张法施工的预应力板梁及大型屋架。目前已较少使用。

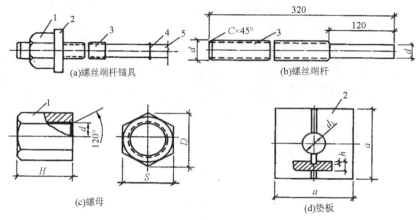

1-螺母;2-垫板;3-螺丝端杆;4-对焊接头;5-预应力筋

图 5.2.9　螺丝端杆锚具

（5）挤压式锚具（P型）

P型锚具由挤压头、螺旋筋、P型锚板等组成（见图5.2.10），它是在钢绞线端部安装钢丝衬圈和挤压套，利用挤压机将挤压套挤过模孔，使其产生塑性变形而握紧钢绞线，形成可靠锚固。用于后张预应力构件的固定端对钢绞线的挤压锚固。

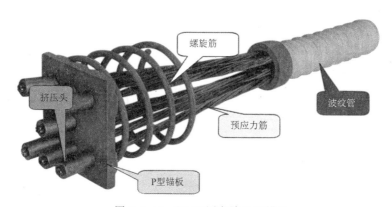

图 5.2.10　VLM 固定端 P 型锚具

（6）压花式锚具（H型）

当需要把后张力传至混凝土时，可采用 H 型固定端锚具，它包括带梨形自锚头的一段钢绞线、支托梨形自锚头用的钢筋支架、螺旋筋、约束圈等（见图5.2.11）。钢绞线梨形自锚头采用专用的压花机挤压成型。

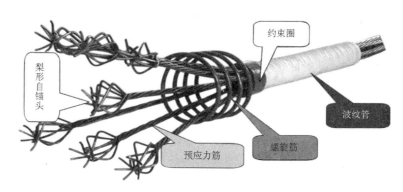

图 5.2.11　VLM15 型固定端 H 型锚具

2. 张拉设备

预应力张拉设备主要有电动张拉设备和液压张拉设备两大类。电动张拉设备仅用于先张法，液压张拉设备可用于先张法与后张法。液压张拉设备由液压千斤顶、高压油泵和外接油管组成。

YC(L)系列拉杆式千斤顶为空心拉杆式千斤顶（见图5.2.12），选用不同的配件可组成几种不同的张拉形式，如可张拉 DM 型螺丝端杆锚具、JLM 精轧螺丝钢锚具、LZM 冷铸锚具等。

穿心式千斤顶（YDC 型）（见图5.2.13）是应用最广泛的一类千斤顶，其主要特点为：机体中心有一纵向贯通孔道，预应力筋穿过孔道用工具锚固定在千斤顶尾端；适应性强，用于张拉钢丝束、钢绞线，安装拉杆等配件后还可以和拉杆式千斤顶一样，用于张拉带有螺杆式或镦头式锚具的粗钢筋或钢丝束；所需的操作空间较小。双作用穿心式千斤顶的主要机型是 YDC650-150 型千斤顶(原 YC60 型),单作用穿心式千斤顶品种繁多,而且形成系列产品,如 YCD 系列、YCQ 系列、YCW 系列以及各种前卡式千斤顶等。

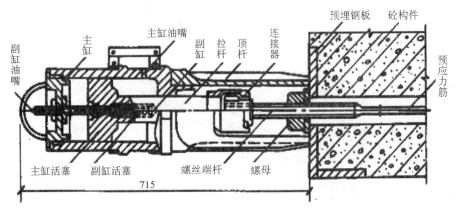

图 5.2.12 空心拉杆式千斤顶

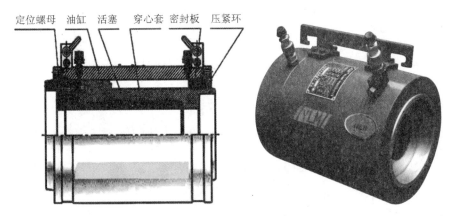

图 5.2.13 穿心式千斤顶

锥锚式千斤顶是具有张拉、顶锚和退楔三项功能的千斤顶,是用于张锚带有钢质锥形锚具钢丝束的专用千斤顶(见图 5.2.14)。锥锚式千斤顶由张拉油缸、顶压油缸、退楔装置、楔形卡环、退楔翼片等组成。其工作原理是当张拉油缸进油时,张拉油缸被压移,使固定在其

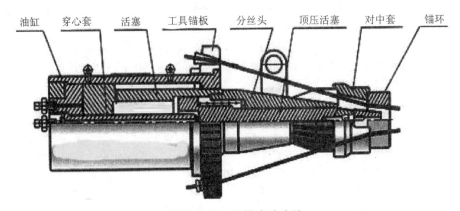

图 5.2.14 锥锚式千斤顶

上的钢筋被张拉。钢筋张拉后,改由顶压油缸进油,随即由副缸活塞将锚塞顶入锚圈中。张拉油缸、顶压油缸同时回油,则在弹簧力的作用下复位。

总的来说,目前,由于适应性强和操作空间较小,穿心式千斤顶(YDC型)是应用最广泛的一类千斤顶。不同的锚具形式及预应力筋品种,对应不同的张拉机械,如表5.2.1所示。

表5.2.1 后张法预应力筋断丝限制

预应力筋品种	锚具形式			张拉机械
	张拉端		固定端	
	安装在结构之外	安装在结构之内		
钢绞线及钢绞线束	夹片锚具挤压锚具	压花锚具挤压锚具	夹片锚具	穿心式
钢丝束	夹片锚具 镦头锚具 挤压锚具	挤压锚具镦头锚具	夹片锚具	穿心式
			镦头锚具	穿心式
			锥塞锚具	锥锚式
精轧螺纹钢筋	螺母锚具	—	螺母锚具	拉杆式

5.2.2 预应力筋的制作

预应力筋由单根、多根钢筋、钢丝或钢绞线制成。在先张法生产中,为了与混凝土黏结可靠,一般采用螺纹钢筋、刻痕钢丝或钢绞线。在后张法生产中,则采用光面钢筋、光面钢丝或钢绞线,并分为无黏结预应力筋和有黏结预应力筋。在此,后张法无黏结预应力筋是指先放置在预留孔道中,待张拉锚固后通过灌浆而恢复与周围混凝土黏结的预应力筋。对于不同的钢筋种类及其相应的制作工序,下料长度的计算方法各不相同。

1. 单根粗筋(直径18~36mm)

制作工序:下料→对焊→冷拉。

下料长度计算:

(1)两端用螺丝端杆锚具(见图5.2.15)

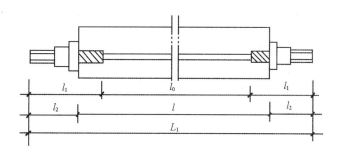

图5.2.15 预应力筋下料长度计算图

钢筋下料长度为

$$L = (l + 2l_2 - 2l_1) \div (l + \gamma - \delta) + n\Delta$$

式中:l为构件的孔道长度;l_1为螺丝端杆长度,一般为320mm;l_2为螺丝端杆伸出构件外的长度,一般为120~150mm或按张拉端:$l_2 = 2H + h + 5$mm;锚固端:$l_2 = H + h + 10$mm 计算；l_3 为帮条或墩头锚具所需钢筋长度；γ 为预应力筋的冷拉率（由试验定）；δ 为预应力筋的冷拉回弹率，一般为 $0.4\%\sim0.6\%$；n 为对焊接头数量；Δ 为每个对焊接头的压缩量，取一个钢筋直径；H 为螺母高度；h 为垫板厚度。

（2）一端用螺杆、一端用帮条或墩头锚具

钢筋下料长度为

$$L=(l+l_2+l_3-l_1)\div(l+\gamma-\delta)+n\Delta$$

1—钢丝；2—铅丝；3—衬圈

图 5.2.16　钢丝束的编束

2. 钢筋束和钢丝束

制作工序：冷拉→下料→编束（见图 5.2.16）。

下料长度 L 如下。

两端张拉：$L=l_0+2a$

一端张拉：$L=l_0+a+b$

式中：l_0 为构件孔道长度；a 为张拉端留量，与锚具和张拉千斤顶尺寸有关（$600\sim850$mm，由机具定）；b 为固定端留量（$80\sim100$mm）。

【注意事项】 钢绞线一般成盘（见图 5.2.17）供货至施工现场。现场下料时，应用钢管和型钢架夹持钢绞线盘，以免开盘时钢绞线弹伤人。

图 5.2.17　钢绞线

5.2.3　施工工艺

1. 孔道埋设

预应力筋的孔道形状有直线、曲线和折线三种。孔道直径应比预应力筋接头外径或需穿过孔道的锚具外径大 $10\sim15$mm（粗钢筋）或 $6\sim10$mm（钢丝束或钢绞线束），以利于穿入预应力筋；且孔道面积要大于预应力筋面积的 2 倍，在孔道的端部或中部应设置灌浆孔，其孔距不宜大于 12m。

孔道的留设是后张法中的关键工序之一。孔道留设方法有钢管抽芯法、胶管抽芯法和预埋波纹管法。对孔道留设的要求是：孔道的尺寸与位置应正确，孔道的线形应平顺，接头严密不漏浆，孔道的端部预埋钢板应垂直于孔道中心线。

（1）钢管抽芯法

钢管抽芯法是预先将钢管埋设在模板内的孔道位置处，在混凝土浇筑过程中和浇筑后，每间隔一定时间慢慢转动钢管，使其不与混凝土黏结，待混凝土凝固后抽出钢管即形成孔道。此法适用于直线孔道留设。具体要求为：钢管应平直、光滑，用前刷油；每根长不大于 15m，每端伸出 500mm 左右；两根接长，中间用木塞及套管连接；用钢筋井字架固定，间距不大于 1m；浇混凝土后每 $10\sim15$min 转动一次；混凝土初凝后、终凝前抽管；抽管先上后下，边转边拔（灌浆孔间距不大于 12m）。

（2）胶管抽芯法

胶管抽芯法是采用 $5\sim7$ 层帆布夹层的普通橡胶管，在管内充压力空气或压力水，使管内压力保持在 $0.5\sim0.8$MPa，此时橡胶管直径增大约 3mm，利用钢筋井字架固定在模板内的孔道位置处,井字架的间距不宜大于500mm,混凝土浇筑过程中不需要转动胶管,待混凝土浇筑完凝固后,将管内的空气或水放掉,胶管直径变小并与混凝土脱离,即可抽出胶管。适用于一般的折线或曲线孔道。

（3）预埋波纹管法

预埋波纹管法是指将波纹管预埋在构件中,混凝土浇筑后不再拔出,预埋时用间距不大于800mm的钢筋井字架固定。要求波纹管在外荷载的作用下,有抵抗变形的能力,在混凝土浇筑过程中,水泥浆不得渗入管内。预埋螺旋管,可先穿筋,接头严密,有一定刚度;井字架间距不大于0.8m;灌浆孔间距不大于30m;波峰设排气泌水管。

总的来说,钢管抽芯法适用于直线孔道留设,胶管抽芯法适用于一般的折线或曲线孔道留设,预埋波纹管法可用于各种形状的孔道留设。

【知识拓展】 留孔材料波纹管有塑料波纹管和金属波纹管(见图5.2.18和图5.2.19),通常用金属波纹管。金属波纹管是由镀锌薄钢带(厚0.3mm)经压波后卷成,具有重量轻、刚度好、弯折方便、连接简单、摩阻系数小、与混凝土黏结好等优点,可用于各种形状的孔道,是现代后张法预应力筋孔道成型的理想材料。金属波纹管有镀锌和非镀锌之分,波纹有单波和双波之分(见图5.2.20和图5.2.21)。

塑料波纹管的刚度比金属波纹管大,孔壁摩擦系数小,不易被混凝土振捣棒振瘪,价格比金属波纹管高,其在桥梁的长孔道中应用的比例在增加。

图5.2.18 塑料波纹管　　　　　　　　图5.2.19 金属波纹管

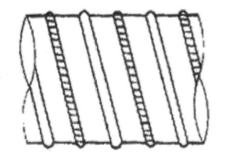 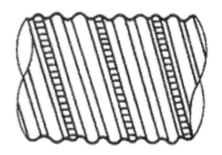

图5.2.20 金属波纹管单波　　　　　　图5.2.21 金属波纹管双波

在浇筑混凝土之前还需设置灌浆孔、排气孔、排水孔与泌水管。灌浆孔或排气孔一般设置在构件两端及跨中处,也可设置在锚具或铸铁喇叭管处,孔距不宜大于12m。灌浆孔用于进水泥浆。排气孔是为了保证孔道内气流通畅以及水泥浆充满孔道,不形成死角。灌浆孔或排气孔在跨内高点处应设在孔道上侧方,在跨内低点处应设在孔道下侧方。排水孔一般设在每跨曲线孔道的最低点,开口向下,主要用于排除灌浆前孔道内冲洗用水或养护时进入孔道内的水分。泌水管应设在每跨曲线孔道的最高点处,开口向上,露出梁面的高度一般不小于500mm。泌水管用于排除孔道灌浆后水泥浆的泌水,并可二次补充水泥浆。泌水管一般与灌浆孔统一设置。留灌浆孔做法如图5.2.22所示。

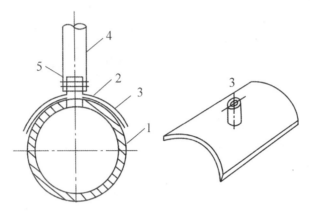

1-螺旋管;2-海绵垫;3-塑料弧形压板;4-塑料管;5-铁丝扎紧

图5.2.22　螺旋管上留灌浆孔

【注意事项】　①金属波纹管或预应力筋铺设后,其附近不得进行电焊作业,否则应采取防护措施。②混凝土浇筑时,应防止振动器触碰金属波纹管、预应力筋或端部预埋件,不得踏压或撞碰预应力筋、钢筋支架。

常见事故如图5.2.23和图5.2.24所示。

图5.2.23　波纹管事故

图5.2.24　锚垫板事故

2. 预应力筋张拉

前提条件为:混凝土达到设计规定且不大于75%强度值后方可放张。

(1)张拉控制应力和超张拉最大应力值确定

张拉控制应力和超张拉最大应力见表5.1.2。

(2)张拉程序

张拉程序同先张法。

（3）张拉方法

张拉方法有一端张拉和两端张拉。

对于曲线预应力筋，应在两端进行张拉；对于抽芯成孔的直线预应力筋，长度大于 24m 时应采用两端张拉，长度不大于 24m 时可采用一端张拉；对于预埋波纹管的直线预应力筋，长度大于 30m 时宜两端张拉，不可一端张拉；当同一截面中有多根一端张拉的预应力筋时，张拉端宜分别设置在结构的两端，以免构件受力不均匀。

（4）张拉顺序

预应力张拉顺序应符合设计要求，当设计无要求时，应采用分批、分阶段对称张拉，防止构件承受过大的偏心压力，同时应尽量减少张拉设备的移动次数。分批张拉时，应计算分批张拉的预应力损失，分别加到先张拉的预应力筋张拉控制应力值内，即先张拉的预应力筋张拉应力 σ_{con} 应增加。但为了设计和施工操作方便，实际张拉时可采用下列方法解决：

①采用同一张拉值，而后逐根复拉补足；

②分两阶段建立预应力，即全部预应力筋先张拉 90% 以后，第二次拉至 100%。

不同构件的具体做法如下：屋架下弦杆和吊车梁的张拉顺序按 1、2、3 顺序张拉，如图 5.2.25 和图 5.2.26 所示。

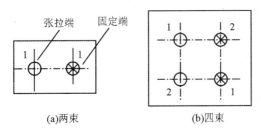

图 5.2.25　屋架下弦杆　　　　图 5.2.26　吊车梁

叠浇构件：自上而下逐层张拉，为了减少上下层之间因摩擦引起的预应力损失，可采取逐层加大拉应力，但顶底相差不大于 5%（钢丝、钢绞线、热处理筋）或不大于 9%（冷拉筋）。

总的来说，预应力筋放张过程中，要控制好其张拉控制应力和超张拉最大应力值，可采用超张拉和一次张拉两种，张拉方法根据不同的孔道埋设方法采用一端张拉或者两端张拉的方法，张拉顺序应采用分批、分阶段对称张拉，防止构件承受过大的偏心压力，同时应尽量减少张拉设备的移动次数。

【注意事项】　张拉过程中应避免预应力筋断裂或滑脱；当发生断裂或滑脱时，必须符合下列规定：对后张法预应力结构构件，断裂或滑脱的数量严禁超过同一截面预应力筋总根数的 3%，且每束钢丝不得超过一根；对多跨双向连续板，其同一截面应按每跨计算。施工过程中出现的断丝、滑丝事故如图 5.2.27 所示。

3. 孔道灌浆

预应力筋张拉后，尤其是钢丝束，张拉后应尽快进行孔道灌浆（封锚如图 5.2.28 所示），以防锈蚀与增加结构的抗裂性和耐久性。

图 5.2.27 断丝、滑丝

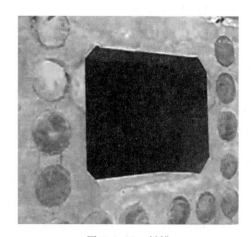

图 5.2.28 封锚

灌浆顺序应先下后上。曲线孔道灌浆宜由最低点注入水泥浆,至最高点排气孔排尽空气并溢出浓浆为止。灌浆过程应排气通顺,在出浆口出浓浆并封闭排气孔后,宜再继续加压至 0.5～0.7MPa,稳压 2min 再封闭灌浆孔。此外,灌浆工作应缓慢均匀进行,不得中断。

灌浆宜用标号不低于 32.5 号的普通硅酸盐水泥调制的水泥浆,对空隙大的孔道,水泥浆中可掺适量的细砂,但水泥浆和水泥砂浆的强度等级不低于 M30,且应有较大的流动性和较小的干缩性、泌水性(搅拌后 3h 的泌水率宜控制在 2％)。水灰比一般为 0.40～0.45。

【注意事项】 为使孔道灌浆密实,可在灰浆中掺入 0.05‰～0.1‰ 的铝粉或 0.25％ 的木质素磺酸钙。

本章小结

本章主要讲述了预应力混凝土的基本原理和施工工艺。对先张法混凝土结构应掌握台座类型及作用、夹具及张拉设备的正确选用;了解先张法的工艺特点,预应力建立和传递特点,混凝土浇筑后预应力筋的张放顺序与方法。在后张法施工中,锚具是预应力筋张拉后建立预应力和确保安全的关键,应了解常用锚具的类型、性能和受力特点,同时注意预应力筋、锚具和张拉千斤顶配套使用。

预应力混凝土施工时,关键是掌握如何按设计要求准确地建立预应力值的问题,张拉控制应力应严格按照设计规定要求取值,同时减少预应力筋的应力松弛损失,一般应多次超张拉。

 思考题

1. 简述预应力混凝土的原理及其分类。

2. 什么是先张法预应力混凝土?偏心受压构件的放张顺序如何?

3. 什么是后张法预应力混凝土?

4. 先张法预应力混凝土与后张法预应力混凝土的优缺点是什么?

5. 简述后张法预应力混凝土的施工工艺过程及其注意事项。

习题

1. 预应力混凝土是在结构或构件的( )预先施加压应力而成。

   A. 受压区   B. 受拉区   C. 中心线处   D. 中性轴处

2. 预应力先张法施工适用于( )。

   A. 现场大跨度结构施工   B. 构件厂生产大跨度构件

   C. 构件厂生产中、小型构件   D. 现场构件的组并

3. 先张法施工时,当混凝土强度至少达到设计强度标准值的( )时,方可放张。

   A. 50%   B. 75%   C. 85%   D. 100%

4. 后张法施工较先张法的优点是( )。

   A. 不需要台座、不受地点限制   B. 工序少

   C. 工艺简单   D. 锚具可重复利用

5. 后张法预应力张拉程序不正确的是( )。

   A. $0 \rightarrow \sigma_{con}$ B. $0 \rightarrow 1.03\sigma_{con}$

   C. $0 \rightarrow 1.05\sigma_{con}$ 持荷 2min $\rightarrow \sigma_{con}$ D. B 和 C

6. 对于热处理钢筋和冷拔低碳钢丝,其张拉控制应力值为( )。

   A. $0.70f_{ptk}$ B. $0.85f_{ptk}$ C. $0.65f_{ptk}$ D. $0.90f_{ptk}$

7. 预应力混凝土的主要目的是提高构件的( )。

   A. 强度   B. 刚度   C. 抗裂度   D. B 和 C

8. 后张法的概念是( )。

   A. 后张拉钢筋   B. 后浇筑混凝土

   C. 先浇筑混凝土后张拉钢筋   D. 先张拉钢筋后浇筑混凝土

9. 对配有多根预应力钢筋的构件,张拉时应注意( )。

   A. 分批对称张拉   B. 分批不对称张拉   C. 分段张拉   D. 不分批对称张拉

10. 下列哪种不是孔道留设的施工方法( )。

   A. 钢筋抽芯法   B. 预埋波纹管法   C. 沥青麻丝法   D. 胶管抽芯法

第6章 结构安装工程

结构安装工程就是利用各种类型的起重机械将预先在工厂或施工现场制作的结构构件,严格按照设计图纸的要求在施工现场进行组装,以构成一幢完整的建筑物或构筑物的整个施工过程。在结构安装过程中需要什么设备?用到什么机械?结构安装过程中需要注意什么?这些问题都可以在本章找到答案。

 学习目标

1. 了解索具设备;
2. 了解起重机械;
3. 掌握起重参数及相互关系;
4. 掌握钢筋混凝土排架结构单层工业厂房结构吊装。

知识要点	能力要求
索具设备	了解索具设备的类型
	掌握各种索具设备的特点
起重机械	了解起重机械的类型
	掌握各种起重机械的特点和起重参数
钢筋混凝土排架结构单层工业厂房结构吊装	了解吊装前的准备工作
	掌握构件吊装工艺
	掌握结构吊装方案

【基本概念】

起重机械:起重机械是指用于垂直升降或者垂直升降并水平移动重物的机电设备,其范围规定为额定起重量大于或者等于0.5t的升降机;额定起重量大于或者等于1t,且提升高度大于或者等于2m的起重机和承重形式固定的电动葫芦等。

排架结构:排架结构主要用于单层厂房,由屋架、柱子和基础构成横向平面排架,是厂房的主要承重体系,再通过屋面板、吊车梁、支承等纵向构件将平面排架联结起来,构成整体的空间结构。

结构构件吊装:结构构件吊装是建筑施工中,用起重机具将各种建筑结构的预制构件单件或经过拼装后的组合件或整体的屋盖、塔类结构等吊起,并安装到设计位置上的作业。

【引例:吊装"鸟巢"】 被称作"第四代体育馆"的"鸟巢"国家体育场是2008年北京奥

运会的标志性建筑。"鸟巢"因其主体由一系列辐射式的钢结构旋转而成,外形酷似鸟巢而得名。搭建起"鸟巢"这个巨大建筑物的不是树枝,而是数万吨钢结构。

"鸟巢"在吊装过程中,面临构件运输距离长、组拼安装难度大、高空焊接工作量大、吊装单元吨位重、起重位高、构件造型复杂且节点数量多、超大型吊装机械多等诸多前所未遇的困难。玛姆特重型设备运输安装有限公司承担了城建精工部分的钢结构吊装,吊装总量为25000t,平均每两天吊装115t。该公司配备了一台800t德马格CC4800履带起重机、一台600t德马格CC2800和一台300t德马格CC1800起重机进行吊装(图6.0.1为"鸟巢"现场起重机械),800t起重机主要是用来进行立柱的吊装,特别是立柱上部的吊装对接工作,上下部分对接上之后,工人开始进行焊接。由于施工现场场地非常狭小,起重机站位受到限制,不能近距离地接近钢结构安装位置,加大了起重机作业半径,这样要将重达800t的立柱整体钢结构精确安装到位也是一大难题。针对工程特点、结构形式、构件重量及现场场地情况,为降低构件的拼装难度,保证节点焊接质量,施工设计方决定对立柱分段吊装。首先将钢结构在地上像搭积木一样拼起来,在工地进行现场焊接,这样形成的结构叫装配式结构件,接下来将这些焊接完的装配式结构件进行吊装和焊接(见图6.0.2)。尽管这样,外形奇特、结构复杂的立柱上部的吊装和与下部的对接工作对起重机和吊装公司也是一个巨大的考验,如何选择吊装时的吊点和支承点都需要经过精确的吊装计算。

图6.0.1　"鸟巢"现场起重机械

图6.0.2　装配式结构件吊装

随着最后一件约5m长的灰色钢结构吊装到位,受世人瞩目的2008年北京奥运会主会场——国家体育场("鸟巢")工程中最关键的项目——钢结构吊装施工于2006年11月30日全部完成。钢结构吊装完成标志着国家体育场主体结构工程施工全部完成。从设备进场到大型钢结构主体吊装结束,只用了不到一年的时间,现代化的吊装技术和吊装设备为吊装工程顺利完成提供了有力的技术保障。

6.1　施工设备

6.1.1　索具设备

索具指为了实现物体挪移系结在起重机械与被起重物体之间的受力工具,以及为了稳固空间结构的受力构件。索具主要有金属索具和合成纤维索具两大类。

金属索具主要有钢丝绳吊具和链式吊具(见图 6.1.1(a)和(b))等。

合成纤维索具主要有以锦纶、丙纶、涤纶、高强高模聚乙烯纤维为材料生产的绳类和带类索具(见图 6.1.1(c))。

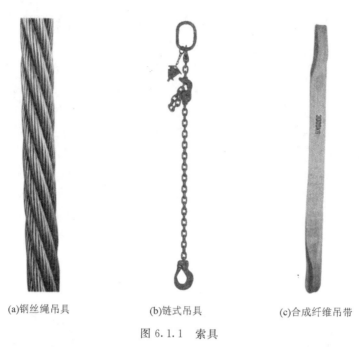

(a)钢丝绳吊具 (b)链式吊具 (c)合成纤维吊带

图 6.1.1 索具

钢丝绳是起重机械中用于悬吊、牵引或捆缚重物的挠性件(见图 6.1.2),一般由许多根直径为 0.4~2mm、抗拉强度为 1200~2200MPa 的钢丝按一定规则捻制而成。结构安装用的钢丝绳的规格有 6×19 和 6×37(6 股,每股由 19 或 37 根钢丝捻成),前者钢丝粗、较硬,不易弯曲,多用作缆风绳;后者钢丝细、较柔软,多用作起重吊索。

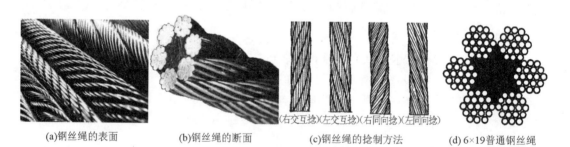

(右交互捻)(左交互捻)(右同向捻)(左同向捻)

(a)钢丝绳的表面 (b)钢丝绳的断面 (c)钢丝绳的捻制方法 (d)6×19普通钢丝绳

图 6.1.2 钢丝绳

【注意事项】 索具使用注意事项有:①不要使用已损坏的索具;②在吊装时,不要扭、绞索具;③不要让索具打结;④避免撕开缝纫连合部位或超负荷工作;⑤当移动索具的时候,不要拖拉它;⑥避免强夺或震荡负载;⑦每一个索具在每一次使用前必须要检查;⑧涤纶、锦纶有耐无机酸的能力,易受有机酸的伤害;⑨丙纶适用于最能抗化学物品的场所使用;⑩锦纶在受潮时,强力损失可达15%;⑪如果索具是在可能受化学品污染的环境下或者是在高温下使用,则应向供应商寻求参考意见。

6.1.2 吊具设备

吊具是指起重机械中吊取重物的装置。吊具中常用的是吊钩,其他还有吊环、起重吸盘、卸扣和横吊梁等。

1. 吊钩

吊钩是起重机械中最常见的一种吊具。吊钩常借助于滑轮组等部件悬挂在起升机构的钢丝绳上。吊钩按形状分为单钩和双钩(见图 6.1.3);按制造方法分为锻造吊钩和叠片式吊钩。

单钩制造简单、使用方便,但受力情况不好,

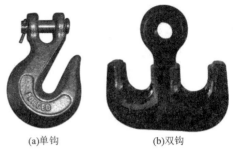

(a)单钩   (b)双钩

图 6.1.3 吊钩

大多用在起重量为 80t 以下的工作场合;起重量大时常采用受力对称的双钩。锻造吊钩是一个整体的锻制品,其材料采用优质低碳镇静钢或低碳合金钢,如 20 优质低碳钢、16Mn、20MnSi、36MnSi,锻后经退火处理。叠片式吊钩由数片切割成形的钢板铆接而成,个别板材出现裂纹时整个吊钩不会破坏,安全性较好,但自重较大,大多用在大起重量或吊运钢水盛桶的起重机上。吊钩在作业过程中常受冲击,须采用韧性好的优质碳素钢制造。

【注意事项】 吊钩出现下列情况之一时应予报废:①裂纹;②危险断面磨损达原尺寸的 10%;③开口度比原尺寸增加 15%;④钩身扭转变形超过 10°;⑤吊钩危险断面或吊钩颈部产生塑性变形;⑥吊钩螺纹被腐蚀。另外,片钩衬套磨损达原尺寸的 50%时,应更换衬套;片钩心轴磨损达原尺寸的 5%时,应更换心轴。

2. 吊环

吊环主要是用在重型起重机上(载重超出 100t),但有时在中型和小型起重机上(重载重量低至 5t 的)也有采用。因吊环为一全部封闭的形状,所以他的受力情况比开口的吊钩要好;但其缺点是钢索必须从环中穿过才行。

在载重量甚小及载重量中等的起重机中,所用的吊环是由一整块材料锻造的。吊环的受力情形,外部为静力决定式,但在内部则为三级静力不定式。因此它的应力计算颇为困难,仅能做出概略估计。

吊环的种类有圆吊环、梨形环、长吊环、吊环螺钉等,如图 6.1.4 所示。

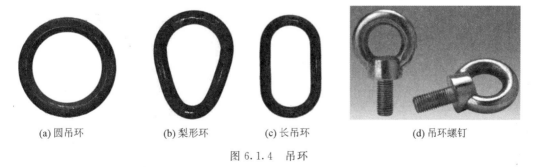

(a) 圆吊环   (b) 梨形环   (c) 长吊环   (d) 吊环螺钉

图 6.1.4 吊环

3. 起重吸盘

起重吸盘是一种利用磁力或空气压力差吸取重物的吊具,分为电磁吸盘和真空吸盘两种。

（1）电磁吸盘

电磁吸盘（见图 6.1.5(a)）由盘形钢壳和壳内的激磁线圈组成，用以吸取导磁性物料，又称起重电磁铁，通常挂在起重机吊钩上使用，其电缆随吊钩一起升降。圆形电磁吸盘用得最多。吸取板材和条材时则多采用矩形电磁吸盘。吸盘底面大多呈平面形；也有呈凹弧形的，用以吸取桶和板卷等。吊运长件物品时，可以使用几个吸盘同时工作。用电磁吸盘吸取的物料温度一般不超过 600℃。

(a) 电磁吸盘　　　　　　　　　　　　　(b) 真空吸盘

图 6.1.5　起重吸盘

（2）真空吸盘

真空吸盘（见图 6.1.5(b)）由真空装置和软塑料或碗状橡胶吸盘头等组成，分有动力和无动力两种。动力真空吸盘利用真空泵获得真空，吸力较大，但有噪声，且需要附有电缆或通气软管。无动力真空吸盘又称自吸式真空吸盘，在提起吸盘时由吊钩带动活塞杆获得真空，不需要动力源，具有结构简单、无噪声等优点，但通常只能吸取 500kg 以下的物料。真空吸盘常用来吸取表面平整的物品，被吸的物料不受有无导磁性的限制，钢板、玻璃、塑料、水泥制品和木材等都可吸运，并可从一叠板材上逐一取料，作业效率高。

4. 卸扣

卸扣又称为卸甲、卡环等，它是起重作业中最为广泛使用的连接工具，常常用来连接起重滑车、滑车组、吊环、钢丝绳的固定，各种设备和构件捆扎时作为连接点，有时也用作钢丝绳与钢丝绳之间的连接等。

卸扣一般都采用锻造的，不允许用铸造的方法来制造，锻造卸扣的材料常用 20 号或 25 号钢，锻造后须经热处理，以消除卸扣在锻造过程中的内应力，并增加卸扣的韧性。

常用卸扣有 C 形（圆形）卸扣、D 形（直形）卸扣及特殊的宽体卸扣，其中最常用的为前两类，如图 6.1.6 所示。

(a) C形卸扣　　　　　　(b) D形卸扣　　　　　　(c) 宽体卸扣

图 6.1.6　卸扣

5．横吊梁

横吊梁又称为铁扁担，常用于柱和屋架等构件的吊装。用横吊梁吊柱容易使柱身保持垂直，便于安装；用横吊梁吊屋架可以降低起吊高度，减少吊索的水平分力对屋架的压力。如图 6.1.7 所示为使用横吊梁吊装重型货物。

常用的横吊梁有滑轮横吊梁、钢板横吊梁和钢管横吊梁等，如图 6.1.8 所示。

图 6.1.7　横吊梁的使用

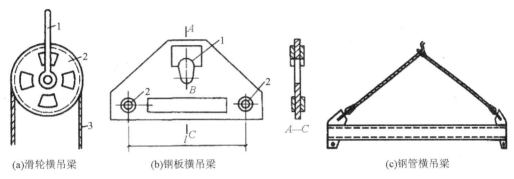

(a)滑轮横吊梁　　　　(b)钢板横吊梁　　　　　　　　　(c)钢管横吊梁

1-吊环；2-滑轮；3-吊索；1-挂吊钩孔；2-挂卡环孔

图 6.1.8　横吊梁

6.1.3　滑轮组

滑轮组是由一定数量的定滑轮和动滑轮以及绳索组成，如图 6.1.9 所示。滑轮组既能省力又可改变力的方向，但是没有既省力又省距离的滑轮，也就是说使用滑轮组虽然省了力，但是费了距离——动力移动的距离大于货物升高的距离。滑轮组是起重机械的重要组成部分。通过滑轮组能用较小拉力的卷扬机起吊较重的构件。

滑轮组中共同负担构件重量的绳索根数称为工作线数。滑轮组的名称常以组成滑轮组的

图 6.1.9　滑轮组实例

定滑轮和动滑轮数来表示,如由四个定滑轮和四个动滑轮组成的滑轮组称为四四滑轮组;由五个定滑轮和四个动滑轮组成的滑轮组,叫作五四滑轮组,其余类推。定滑轮仅改变力的方向、不能省力,动滑轮随重物上下移动,可以省力,滑轮组滑轮越多、工作线数也越多,省力越大。

滑轮组根据引出绳的引出方向不同,可分为以下几种:

(1)引出绳自动滑轮引出,用力方向与重物的移动方向一致,如图 6.1.10(a)所示;

(2)引出绳自定滑轮引出,用力方向与重物的移动方向相反,如图 6.1.10(b)所示;

(3)双联滑轮组,多用于门数较多的滑轮,有两根引出绳。它的优点是:速度快,滑轮受力比较均匀,避免发生自锁现象,如图 6.1.10(c)所示。

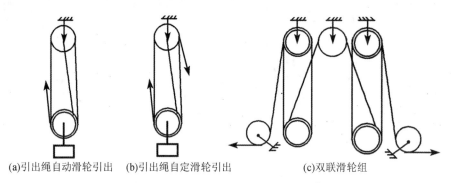

(a)引出绳自动滑轮引出　(b)引出绳自定滑轮引出　(c)双联滑轮组

图 6.1.10　滑轮组的种类

利用滑轮组起重,可根据穿绕动滑轮的绳子根数确定其省力情况,绳子根数越多,越省力。如图 6.1.11(a)所示的滑轮组,穿绕动滑轮的绳子有四根,即重物 Q 由四根绳子负担,每根绳的拉力等于 $Q/4$,即滑轮组的跑头拉力(引出绳拉力)等于重物的 1/4。因此,当不考虑滑轮的摩阻力时,如有几根绳穿绕动滑轮,则所需拉力 S 为

$$S = Q/n \qquad (6.1.1)$$

式中:S——跑头拉力;

Q——起吊物的重量;

n——穿绕动滑轮的绳数,称为工作线数。如引出绳自定滑轮引出,则 $n=$ 滑轮组的滑轮总数。

现场上将穿绕动滑轮绳子的根数叫"走几",如图 6.1.11 所示的滑轮组分别是"走 4"、"走 3"、"走 5"、"走 4"。

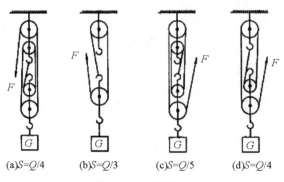

(a)S=Q/4　(b)S=Q/3　(c)S=Q/5　(d)S=Q/4

图 6.1.11　滑轮组

实际上滑轮组有摩阻力,必须要考虑滑轮轴承处的摩阻力对滑轮组的影响,实际的拉力较计算的理论值 S 要稍大些,才能将重物拉起。考虑摩阻力以后的实用公式为

$$S = KQ \tag{6.1.2}$$

式中: S——跑头拉力;

Q——计算荷载;

K——滑轮组省力系数。

$$K = \frac{f^n(f-1)}{f^n-1} \tag{6.1.3}$$

式中: f——单个滑轮阻力系数。青铜轴套轴承: $f=1.04$;滚珠轴承: $f=1.02$;无轴套轴承: $f=1.06$。

n——工作线数。若绳索从定滑轮引出,则 $n=$ 定滑轮数＋动滑轮数＋1;若绳索从动滑轮引出,则 $n=$ 定滑轮数＋动滑轮数。

起重机械用的滑轮多用青铜轴套轴承,其滑轮组省力系数如表 6.1.1 所示。

表 6.1.1　青铜轴套滑轮组省力系数

工作线数 n	1	2	3	4	5	6	7	8	9	10
省力系数 K	1.04	0.529	0.36	0.275	0.224	0.19	0.166	0.148	0.134	0.123
工作线数 n	11	12	13	14	15	16	17	18	19	20
省力系数 K	0.114	0.106	0.1	0.095	0.09	0.086	0.082	0.079	0.076	0.074

6.1.4　卷扬机

卷扬机是用卷筒缠绕钢丝绳或链条,提升或牵引重物的轻小型起重设备,又称绞车。卷扬机可以垂直提升、水平或倾斜拽引重物。卷扬机分为手控卷扬机和电控卷扬机两种。现在以电控卷扬机为主。可单独使用,也可作起重、筑路和矿井提升等机械中的组成部件,因操作简单、绕绳量大、移置方便而广泛应用。主要运用于建筑、水利工程、林业、矿山、码头等的物料升降或平拖。

建筑施工中常用的卷扬机分快速和慢速两种,如图 6.1.12 所示。快速卷扬机又分为单筒和双筒两种,起重能力为 5～50kN,速度为 20～43m/min;慢速卷扬机多为单筒,起重能力为 30～200kN,速度为 7～21m/min。

(a)JK-D型快速电控卷扬机　　　(b)JK2手控卷扬机　　　(c)平行双筒快速卷扬机

图 6.1.12　卷扬机

1. 卷扬机的固定方法

卷扬机必须用地锚予以锚固,以防工作时发生滑动或倾覆。根据受力的大小,固定卷扬机的常用方法有螺栓锚固法、立桩锚固法、水平锚固法和压重锚固法,如图 6.1.13 所示。

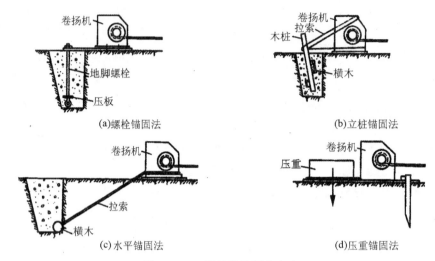

(a)螺栓锚固法

(b)立桩锚固法

(c)水平锚固法

(d)压重锚固法

图 6.1.13 卷扬机的固定方法

2. 卷扬机的布置

卷扬机的安装位置应使操作人员能看清指挥人员或起吊(拖动)的重物。卷扬机至构件安装位置的水平距离应大于构件的安装高度(即保证操作者的视线仰角不大于 45°);为使钢丝绳能自动在卷筒上往复缠绕,应在卷扬机的正前方设置导向滑轮,滑轮至卷扬机的距离为卷筒宽度的 15 倍,以保证钢丝绳在卷筒边时与卷筒中垂线的夹角不大于 2°,如图 6.1.14 所示。

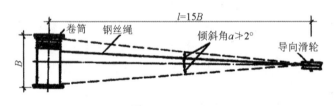

图 6.1.14 卷扬机的布置

【注意事项】 卷扬机使用时的注意事项有:①卷筒上的钢丝绳应排列整齐,如发现重叠和斜绕时,应停机重新排列。严禁在转动中用手、脚拉踩钢丝绳。钢丝绳不许完全放出,最少应保留三圈。②钢丝绳不许打结、扭绕,在一个节距内断线超过 10% 时,应予更换。③作业中,任何人不得跨越钢丝绳,物体(物件)提升后,操作人员不得离开卷扬机。休息时物件或吊笼应降至地面。④作业中,司机、信号员要同吊起物保持良好的可见度,司机与信号员应密切配合,服从信号统一指挥。⑤作业中如遇停电情况,应切断电源,将提升物降至地面。⑥工作中要听从指挥人员的信号,信号不明或可能引起事故时应暂停操作,待弄清情况后方可继续作业。⑦作业中突然停电,应立即拉开闸刀,将运送物放下。⑧作业完毕,应将料盘落地,关锁电箱。⑨钢丝绳在使用过程中与机械的磨损、自然的局部腐蚀难以避免,应间隔时间段涂刷保护油。⑩严禁超载使用。即不能超过最大承载吨数。⑪使用过程中要注意不要出现打结、压扁、电弧打伤、化学介质的侵蚀。⑫不得直接吊装高温物体,对于有棱角的物体要加护板。⑬使用过程中应经常检查所使用的钢丝绳,达到报废标准应立即报废。

6.1.5 地锚

地锚又称锚锭,它可分为锚桩、锚点、锚锭、拖拉坑。起重作业中常用地锚来固定拖拉绳、缆风绳、卷扬机、导向滑轮等。地锚一般用钢丝绳、钢管、钢筋混凝土预制件、圆木等做埋件埋入地下,它是保证系缆构件稳定的重要组成部分。

地锚一般有桩式地锚和水平地锚两种。木桩锚锭尺寸和承载力如表 6.1.2 所示。水平锚锭构造如图 6.1.15 所示。水平锚锭的承载力较大,常用规格尺寸及允许承载力如表6.1.3 所示。

表 6.1.2　木桩锚锭尺寸和承载力

类型	承载力/kN	10	15	20	30	40	50
	桩尖处施于土的压力/MPa	0.15	0.2	0.23	0.31		
	a/cm	30	30	30	30		
	b/cm	120	120	120	120		
	c/cm	40	40	40	40		
	d/cm	18	20	22	26		
	桩尖处施于土的压力/MPa				0.15	0.2	0.28
	a_1/cm				30	30	30
	b_1/cm				120	120	120
	c_1/cm				90	90	90
	d_1/cm				22	25	26
	a_2/cm				30	30	30
	b_2/cm				120	120	120
	c_2/cm				40	40	40
	d_2/cm				20	22	24

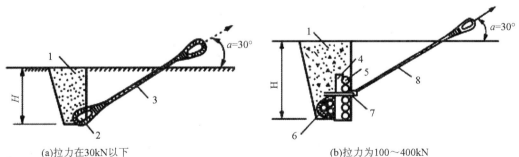

(a)拉力在30kN以下　　　　(b)拉力为100~400kN

1-回填土逐层夯实;2-地龙木 1 根;3-钢丝绳或钢筋;
4-柱木;5-挡木;6-地龙木 3 根;7-压板;8-钢丝绳圈或钢筋环

图 6.1.15　水平锚锭构造

表 6.1.3 水平锚锭规格尺寸及允许承载力

承载力/kN	28	50	75	100	150
埋深 H/m	1.7	1.7	1.8	2.2	2.5
横木：根数×长度/cm	1×250	3×250	3×320	3×320	3×270
横木上系绳点数/点	1	1	1	1	2
木壁：根数×长度/cm					4×270
立柱：根数×长度/cm×直径/cm					2×120×ϕ20
压板：长×宽/cm					140×270

【提示】 地锚使用时的注意事项有：①锚碇不得反向使用；②锚碇前 2.5m 内无坑槽；③周围高出地坪，防止浸泡；④原有的或放置时间较长的锚锭应经试拉后再用。

6.2 起重机械

起重机械是指在一定范围内垂直提升和水平搬运重物的多动作起重机械，又称吊车，属于物料搬运机械。起重机的工作特点是做间歇性运动，即在一个工作循环中取料、运移、卸载等动作的相应机构是交替工作的，起重机在市场上的使用越来越广泛。

起重机械按起重性质分为桅杆式起重机、自行式起重机和塔式起重机等几类。

6.2.1 桅杆式起重机

桅杆式起重机又称为拔杆或把杆，是最简单的起重设备，一般用木材或钢材制作。这类起重机具有制作简单、装拆方便、起重量大、受施工场地限制小的特点。特别是吊装大型构件而又缺少大型起重机械时，这类起重设备更显它的优越性。但这类起重机需设较多的缆风绳，移动困难。另外，其起重半径小，灵活性差。因此，桅杆式起重机一般多用于构件较重、吊装工程比较集中、施工场地狭窄，而又缺乏其他合适的大型起重机械时。

桅杆式起重机可分为独脚拔杆、人字拔杆、悬臂拔杆和牵缆式桅杆拔杆，如图 6.2.1 所示。

1. 独脚拔杆

独脚拔杆是由拔杆、起重滑轮组、卷扬机、缆风绳及锚碇等组成，如图 6.2.1(a)所示。其中缆风绳数量一般为 6～12 根，最少不得少于 4 根。起重时拔杆保持不大于 10°的倾角。独脚拔杆的移动靠其底部的拖橇进行。

独脚拔杆分为木独脚拔杆、钢管独脚拔杆和格构式独脚拔杆。木独脚拔杆起重量在 100kN 以内，起重高度一般为 8～15m；钢管独脚拔杆起重量可达 300kN，起重高度在 20m 以内；格构式独脚拔杆起重量可达 1000kN，起重高度可达 70m。

2. 人字拔杆

人字拔杆一般是由两根圆木或两根钢管用钢丝绳绑扎或铁件铰接而成,两杆夹角一般为 20°～30°,底部设有拉杆或拉绳,以平衡水平推力,拔杆下端两脚的距离约为高度的 1/3～1/2,如图 6.2.1(b)所示。

3. 悬臂拔杆

悬臂拔杆是在独脚拔杆的中部或 2/3 高度处装一根起重臂而成。其特点是起重高度和起重半径都较大,起重臂左右摆动的角度也较大,但起重量较小,多用于轻型构件的吊装,如图 6.2.1(c)所示。

4. 牵缆式桅杆拔杆

牵缆式桅杆拔杆是在独脚拔杆下端装一根起重臂而成,如图 6.2.1(d)所示。这种起重机的起重臂可以起伏,机身可回转 360°,可以在起重机半径范围内把构件吊到任何位置。用角钢组成的格构式截面杆件的牵缆式起重机,桅杆高度可达 80m,起重量可达 60t 左右。牵缆式桅杆起重机要设较多的缆风绳,比较适用于构件多且集中的工程。

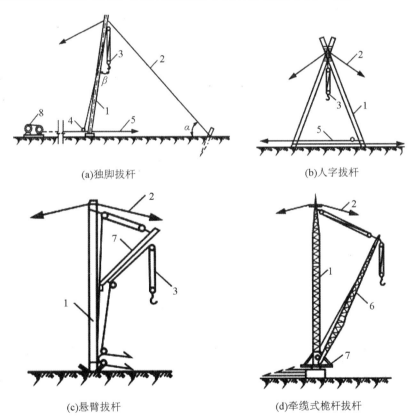

(a)独脚拔杆　　　　　　　　　　　　(b)人字拔杆

(c)悬臂拔杆　　　　　　　　　　　　(d)牵缆式桅杆拔杆

1-拔杆;2-缆风绳;3-起重滑轮组;4-导向装置;5-拉索;6-起重臂;7-回转盘;8-卷扬机

图 6.2.1 桅杆式起重机

6.2.2 自行式起重机

自行式起重机是指自带动力并依靠自身的运行机构沿有轨或无轨通道运移的臂架型起重机。这类起重机的特点是自身有行走装置,移位及转场方便,操作灵活,使用方便,可 360°

全回转。但它稳定性差,工作空间小。

行式起重机可分为履带式起重机、汽车式起重机与轮胎式起重机等。

1. 履带式起重机

履带式起重机是一种具有履带行走装置的全回转起重机,它利用两条面积较大的履带着地行走,由行走装置、回转机构、机身及起重臂等部分组成,如图 6.2.2 所示。行走装置为履带式的臂架起重,常用于建筑安装工地和石油钻探现场。最初,履带起重机是在单斗挖掘机上装设起重机臂架而形成的,后来逐渐发展成为独立的机种。它的优点是:操作灵活,使用方便,起重臂可分节接长,机身可 360° 回转,在平坦坚实的道路上可负重行走,换装工作装置后可成为挖土机或打桩机使用,是一种多功能、移动式吊装机械。其缺点有:一是行走速度慢,对路面破坏性大,长距离转移需平板拖车运输;二是稳定性较差,未经验算不得超负荷吊装。履带式起重机常用型号有 W1-50(10t)、W1-100(15t)、W1-200(50t)、QU20(20t)、QUY50(50t)等。

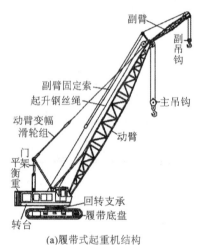
(a)履带式起重机结构

(b)履带式起重机实例

图 6.2.2 履带式起重机

履带式起重机的主要技术参数有以下三个:

(1) 起重量 Q:所吊物件重量,不包括吊钩、滑轮组重量;

(2) 起重高度 H:起重吊钩中心至停机面的垂直距离;

(3) 回转半径 R:回转中心至吊钩的水平距离。

三个参数的关系:当起重臂长度一定时,随着仰角的增加,起重量和起重高度增加,而起重半径减小;当起重臂仰角不变时,随着起重臂长度增加,则起重半径和起重高度增加,而起重量减小。

履带式起重机一般根据构件重量和安装高度查找起重设备的性能表或性能曲线进行选择,W1-100(15t)型履带式起重机性能曲线如图 6.2.3 所示。

履带式起重机的稳定性一般不需要验算,只在超出性能参数范围或斜坡上起吊时方进行。起重机的稳定性指标为稳定安全系数(稳定力矩/倾覆力矩)K。

考虑吊装荷载及附加荷载时:

$$K_1 \geqslant 1.15 \tag{6.2.1a}$$

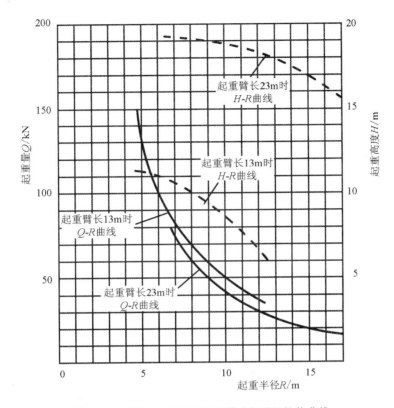

图 6.2.3　W1-100(15t)型履带式起重机性能曲线

仅考虑吊装荷载时：

$$K_2 \geqslant 1.4 \tag{6.2.1b}$$

$$K_2 = \frac{G_1 l_1 + G_2 l_2 + G_0 l_0 - G_3 d}{Q(R - l_2)} \tag{6.2.2}$$

式中：G_0——起重机平衡重；

　　　G_1——起重机可转动部分的重量；

　　　G_2——起重机机身不转动部分的重量；

　　　G_3——起重臂重量（起重臂接长时为接长后的重量）；

　　　l_0、l_1、l_2、d——以上各部分的重心至倾覆中心的距离，稳定性验算如图 6.2.4 所示。

【提示】　履带式起重机安全规定：①起重吊钩中心与臂架顶部定滑轮之间的最小安全距离一般为 2.5～3.5m，起重机工作时的地面允许最大坡度不应超过 3°，起重臂杆的最大仰角一般不得超过 78°，如图 6.2.5(a)所示；②起重机不宜同时进行起重和旋转操作，也不宜边起重边改变起重臂的幅度；③起重机如需负载行走，荷载不得超过允许起重量的 70%；

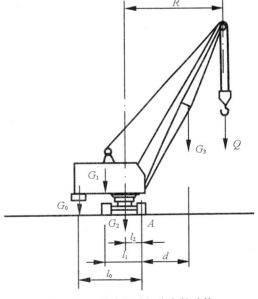

图 6.2.4　履带式起重机稳定性验算

④起重机在松软土壤上工作时,应采用枕木或路基箱垫好道路,如图6.2.5(b)所示;⑤起重机在进行超负荷吊装或接长臂杆时,需进行稳定性验算。不满足验算时可考虑增加平衡配重、设置临时性缆风绳等措施加强起重机的稳定性。

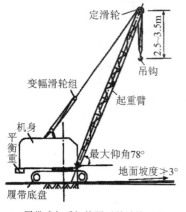
(a)履带式起重机使用时的结构要求

(b)履带下铺垫路基箱

图6.2.5　履带式起重机安全规定

2. 汽车式起重机

汽车式起重机是装在普通汽车底盘或特制汽车底盘上的一种起重机,其行驶驾驶室与起重操纵室分开设置。这种起重机的优点是机动性好,转移迅速。缺点是工作时须支腿,不能负荷行驶,也不适合在松软或泥泞的场地上工作。汽车起重机的底盘性能等同于同样整车总重的载重汽车,符合公路车辆的技术要求,因而可在各类公路上通行无阻。此种起重机一般备有上、下车两个操纵室,作业时必须伸出支腿保持稳定。汽车起重机起重量的范围很大,可从8t到1000t,底盘的车轴数可从2根到10根。汽车起重机是产量最大,使用最广泛的起重机类型,如图6.2.6所示。汽车式起重机广泛用于构件装卸和结构吊装,其特点是灵活性好、转移迅速、对道路无损伤。

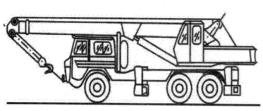
(a)汽车式起重机结构

(b)汽车式起重机实例

图6.2.6　汽车式起重机

【工程实例】 中国之最——国内最大的人字梁钢架一次吊装就位

塔里木石化80万吨/年尿素装置工程散装仓库的57m人字梁钢屋架分三段吊装,三台汽汽车式起重机联动作业,空中同时进行四个作业面螺栓连接,如图6.2.7所示。

【提示】 汽车式起重机作业前应伸出全部支腿,并在撑脚板下垫方木;调整支腿必须在无荷载时进行;起吊作业时驾驶室严禁坐人,所吊的重物不得超越驾驶室上空,不得在车的前方起吊；发现起重机倾斜或支腿不稳时，立即将重物下降落在安全地方，下降中严禁制动。

3. 轮胎式起重机

轮胎式起重机是利用轮胎式底盘行走的动臂旋转起重机。它是把起重机构安装在加重型轮胎和轮轴组成的特制底盘上的一种全回转式起重机，其上部构造与履带式起重机基本相同，为了保证安装作业时机身

图 6.2.7 人字梁吊装

的稳定性，起重机设有四个可伸缩的支腿，如图 6.2.8 所示。在平坦地面上可不用支腿进行小起重量吊装及吊物低速行驶。它由上车和下车两部分组成。上车为起重作业部分，设有动臂、起升机构、变幅机构、平衡重和转台等；下车为支承和行走部分。上、下车之间用回转支承连接。吊重时一般需放下支腿，增大支承面，并将机身调平，以保证起重机的稳定。轮胎式起重机横向稳定性好，能全回转作业，且在允许载荷下能负载行走。其缺点是行驶速度慢，不宜长距离行驶，常用于作业地点相对固定而作业量较大的吊装作业。

【提示】 轮胎式起重机作业时也要放出伸缩支腿以保护轮胎，必要时支腿下可加设垫块以扩大支承面，除全回转作业和允许载荷下负载行走外，其使用要点同汽车式起重机。

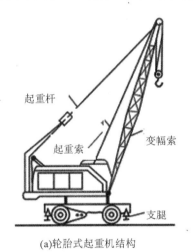

起重杆

起重索

变幅索

支腿

(a)轮胎式起重机结构

(b)轮胎式起重机实例

图 6.2.8 轮胎式起重机

6.2.3 塔式起重机

塔式起重机简称塔机，亦称塔吊，塔式起重机的起重臂安装在塔身顶部，可以 360° 回转，具有较高的起重高度、工作幅度和起重能力，作业空间大，在多层、高层结构的吊装和垂直运输中应用最广。塔式起重机由金属结构、工作机构和电气系统三部分组成。金属结构包括塔身、动臂和底座等。工作机构有起升、变幅、回转和行走四部分。电气系统包括电动机、控制器、配电柜、连接线路、信号及照明装置等。

塔式起重机表示方法：Q——起重机；T——塔式；P——内爬升式；Z——自升式。例

如,QT 表示上回转式塔式起重机;QTP 表示内爬式塔式起重机;QTZ 表示上回转自升式塔式起重机。

塔式起重机的类型较多,按有无行走机构分为固定式、自行式;按回转部位分为上回转、下回转;按变幅方法分为动臂变幅、小车变幅;按升高方式分为内爬式、附着自升式;按起重能力分为轻型 0.5~5t、中型 5~15t、重型 15~40t。

常用的塔式起重机的类型有轨道式塔式起重机、爬升式塔式起重机和附着式塔式起重机三类,如图 6.2.9 所示。

(a)轨道式塔式起重机　　　　(b)爬升式塔式起重机　·　　　(c)附着式塔式起重机

图 6.2.9　常用塔式起重机

塔式起重机主要性能参数是:起重量 Q、起重高度 H、回转半径(工作幅度)R、起重力矩 M。

1. 轨道式塔式起重机

轨道式塔式起重机能负荷行走,同时完成水平和垂直运输,且能在直线和曲线轨道上运行,使用安全、生产效率高,起重高度可按需要增减塔身、互换节架。但其缺点是需铺设轨道、占用施工场地过大,塔架高度和起重量较固定式小。轨道式塔式起重机的几种型号的参数见表 6.2.1。图 6.2.10 所示为 QT16 型轨道式塔式起重机的外形与起重特性。

表 6.2.1　轨道式塔式起重机的几种型号

型号	Q	R	H	轨距	备注
QT16	1~2t	16~8m	17.2~28.3m	2.8m	下旋、轻型,可折叠运输
QT80A	1.5~8t	50~12.5m	45.5m	5m	上回转、小车变幅、可自升,附着时 $H=140m$
QT60/80	低塔 $M=80t \cdot m$		≤48	4.2m	臂长 15、20、25、30m(30m 为加长臂,限制 $M \le 60t \cdot m$)
	低塔 $M=80t \cdot m$		≤48		臂长 15、20、25、30m(30m 为加长臂,限制 $M \le 60t \cdot m$)
	低塔 $M=80t \cdot m$		≤48		臂长 15、20、25、30m(30m 为加长臂,限制 $M \le 60t \cdot m$)

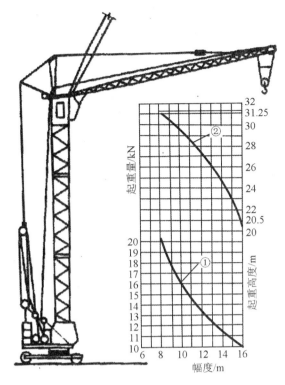

①—起重量与幅度关系曲线;②—起重高度与幅度关系曲线

图 6.2.10 QT16 型轨道式塔式起重机的外形与起重特性

2. 爬升式塔式起重机

爬升式塔式起重机安装在建筑物内部电梯井、框架梁或其他合适开间的结构上,是随建筑物的升高向上爬升的起重机械。它的优点是塔身短,不需轨道和附着装置,不占施工场地。但其缺点是全部荷载由建筑物承受,拆除时需在屋面架设辅助起重设施。爬升式塔式起重机主要用于超高层建筑施工中。

爬升过程为:固定下支座→提升套架→固定套架→下支座脱空→提升塔身→固定下支座,爬升过程如图 6.2.11 所示。

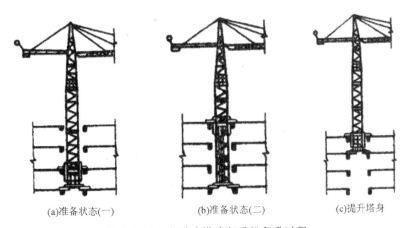

(a)准备状态(一)　　　　(b)准备状态(二)　　　　(c)提升塔身

图 6.2.11 爬升式塔式起重机爬升过程

3. 附着式塔式起重机

附着式塔式起重机在建筑物外部布置,塔身借助顶升系统向上接高,每隔 14～20m 采用附着式支架装置,将塔身固定在建筑物上,它适用于与塔身高度适应的高层建筑施工。附着式塔式起重机自身的原理是:以液压千斤顶为动力,通过套架和塔身的相互作用而升降。其自升过程如图 6.2.12 所示。

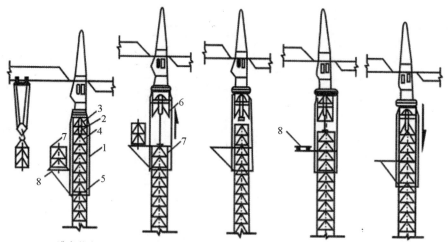

(a)准备状态　　(b)顶升塔顶　(c)推入塔身标准节　(d)安装塔身标准节　(e)塔顶与塔身连成整体

1-顶升套架;2-液压千斤顶;3-支承座;4-顶升横梁;

5-定位销;6-过渡节;7-标准节;8-摆渡小车

图 6.2.12　附着式塔式起重机自升过程

【工程实例】 世界之最——世界最大起重机

世界上最大的龙门吊是韩国现代重工为德国造船巨头 HDW 在瑞典 Kockums AB 工厂生产的 1500t Kockums Crane。世界上最大的浮吊是上海振华港机为中海油制造的 7500t 全回转浮吊"蓝鲸"号。世界上最大的桥式起重机是大连重工起重集团有限公司为烟台莱佛士船业有限公司设计制造的"泰山"号,额定起重量 20000t。世界上最大的履带式起重机是德国特雷克斯德马格公司推出 3000t 级履带起重机 CC8800TWIN,该起重机最大起重能力达到 3200t。世界上最大的轮式起重机是德国利勃海尔 LTM1500 型汽车全液压起重机,最大起吊重量 500t。世界上最大的塔式起重机是丹麦柯尔 KROLL 公司是制造的 K10000 塔吊,它的主要技术参数为:标准臂长作业半径 85m,起重重量 120t,长臂时作业半径 100m,吊装 94t。

6.3　钢筋混凝土排架结构吊装

钢筋混凝土排架结构单层工业厂房主要用于冶金、机械、化工、纺织等行业,其结构组成有:屋面板、屋架、吊车梁、连系梁、柱和基础。构件吊装是单层工业厂房施工的关键问题。吊装作业开工前须制定吊装方案,关键是选用合适的吊点和起重机具。合理布置施工场地,确定机械运行路线和构件堆放地点,铺设道路及机械运行轨道,测定建筑物轴线和标高,安装吊装机械,准备各种索具、吊具和工具。单层工业厂房的结构吊装方法有很多,合理的选择吊装方法可以节省时间,使劳动效率大大提高。

6.3.1 准备工作

1. 场地清理与铺设道路

起重机进场之前,按照现场平面布置图,标出起重机的开行路线,清理道路上的杂物,进行平整压实。回填土或松软地基上,要用枕木或厚钢板铺垫。雨季施工,要做好排水工作,准备一定数量的抽水机械,以便及时排水,做好场地的三通(水、电、路)、一平(地)、一排(水)。

2. 构件的检查与清理

为了保证工程质量,在吊装之前要对构件进行全面的检查。检查构件的型号与数量是否与设计相符。一般规定混凝土强度不得低于设计强度等级的75%,对一些大型构件如屋架则应达到100%的设计强度方可起吊搬运。总之,预制混凝土构件的质量应符合现行国家标准《预制混凝土质量检验评定标准》的规定。做好构件以下各方面的检查:

(1) 构件强度检查。吊装时构件混凝土强度不低于设计强度的75%,大跨度构件应达到100%强度。

(2) 构件外形尺寸、预埋件的位置及大小检查。

(3) 构件的表面检查。

(4) 吊环位置及变形检查,如图 6.3.1 所示。

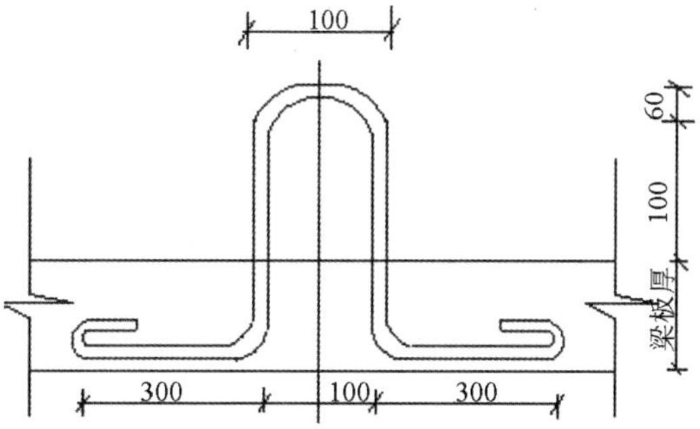

图 6.3.1 吊环及预埋铁件大样

3. 构件的弹线与编号

构件质量检查合格后,即可在构件上弹出吊装中心线,作为构件吊装、对位、校正的依据。外形复杂的构件,还要标出它的重心和绑扎点位置。具体要求如下。

(1) 柱子:在柱身三面弹出吊装中心线。矩形截面柱按几何中心弹线;工字形截面柱除在矩形截面部分弹出中心线外,为便于观测及避免视差,还应在工字形截面的翼缘部位弹一条与中心线平行的线。所弹中心线的位置应与柱基杯口面上的吊装中心线相吻合。此外,在柱顶与牛腿面上还要弹出屋架及吊车梁的安装中心线,如图 6.3.2 所示。

(2) 屋架:屋架上弦顶面应弹出几何中心线,并从跨度中央向两端分别弹出天窗架、屋面板(桁条)的安装中心线,端头弹出安装中心线。

(3) 梁:两端及顶面弹出吊装中心线即可。

(4) 在对构件弹线的同时,应按图纸将构件进行编号,不易辨别上下左右的构件,应在构件上用记号标明,以免吊装时将方向搞错。

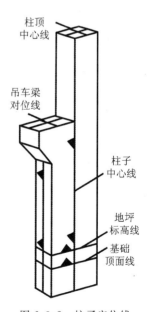

图 6.3.2 柱子定位线

4. 杯形基础的准备

(1) 各柱杯底按牛腿标高抄平一致后填细石混凝土；

(2) 检查杯口的尺寸并弹线(杯口顶面十字交叉定位中心线)，如图 6.3.3 所示。

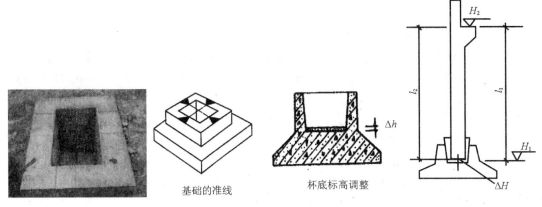

基础的准线　　　　　杯底标高调整

图 6.3.3　杯形基础弹线与抄平

【提示】 杯底抄平方法：在杯口内抄上平线，一般此线比杯口设计标高低 10cm。如杯口设计标高为−0.50m 线，则杯口内侧抄平线标高为−0.60m。这条平线就是作为杯底抄平的依据，也是吊装柱子时控制柱底部标高的依据。抄平必须准确，认真操作。杯底标高调整值 Δh 确定方法：对杯底抄平时，先要测出杯底原有标高(小柱测中间一点，大柱测四个角点)，再量出柱脚底面至牛腿面的实际长度，从而计算出杯底标高调整值，并在杯口内标出。然后用水泥砂浆或细石混凝土将杯底垫平至标志处。例如：测出杯底原有标高为−1.2m，牛腿面的设计标高是+7.8m，而柱脚至牛腿面的实际长度为 8.95m，则杯底标高的调整值 $\Delta h = (7.8m+1.2m) − 8.95m = 0.05m$，即杯底应调整加高 50mm。

5. 料具的准备

进行结构安装之前，要准备好钢丝绳、吊具、吊索、滑车等，还要配备电焊机、电焊条。为配合高空作业，便于人员上下，应准备好轻便的竹梯或挂梯。为临时固定柱子和调整构件的标高，准备好各种规格的铁垫片、木楔或钢楔等。

6. 构件的运输

钢筋混凝土构件的运输多采用汽车运输，选用载重量较大的载重汽车，半拖式或全拖式平板拖车。

在构件的运输过程中必须保证构件不变形、不倾倒、不损坏。为此，要求路面平整，且有足够的宽度和转弯半径；构件的强度不能低于设计对吊装的要求；构件的支垫位置要正确，支垫数要适当，符合设计要求；按路面情况掌握行车速度，尽量保持平稳，避免构件受震动而损坏。具体规定如下：

(1) 当设计无具体规定时，构件运输时的混凝土强度不应小于设计的混凝土强度标准值的 75%。

(2) 构件支承的位置和方法应根据其受力情况而定，不得引起混凝土的超应力或损伤构件。

(3) 构件装运时应绑扎牢固，防止移动或倾倒；对构件边部或与链索接触处的混凝土，应用衬垫加以保护。

（4）在运输细长构件时行车应平稳，并根据需要对构件设置临时水平支垫，如图 6.3.4 所示。

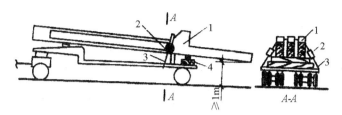

1-柱子；2-捆链；3-钢丝绳；4-垫木

图 6.3.4　构件的支垫

7. 构件的堆放

构件应按照施工组织设计的平面布置图进行堆放，以免进行二次搬运。堆放构件时，应使构件堆放的状态符合设计的受力状态，并保持稳定。构件应放置在垫木上，各层垫木的位置应在同一条垂直线上，以免构件折断，构件堆垛的高度按构件混凝土的强度、地面的耐压力、垫木的强度和堆垛的稳定性来确定。

构件堆放应符合下列规定：

（1）堆放构件的场地应平整坚实，并具有排水措施，堆放构件时应使构件与地面之间留有一定空隙。

（2）应根据构件的刚度及受力情况确定构件平放或立放，并应保持其稳定。

（3）重叠堆放的构件，吊环应向上，标志应向外；其锚具堆垛高度应根据构件与垫木的承载能力及堆垛的稳定性确定；各层垫木的位置应在一条垂直线上。

（4）采用靠放架立放的构件，必须对称靠放和吊运，其倾斜角度应保持大于 80°，构件上部宜用木块隔开。

8. 构件的临时加固

构件在吊装时所受的荷载一般均小于设计时的使用荷载，但荷载的位置大多与设计时的荷载位置不同，因此会使构件产生变形与损坏，如衔架吊升时其下弦拉杆会变成受压杆件。因此，如吊点与设计规定不同时，在吊装前须进行吊装应力的验算，并采取适当的临时加固措施。

6.3.2　构件吊装工艺

构件的吊装主要有柱的吊装、吊车梁的吊装、屋架的吊装、天窗架和屋面板的吊装等。构件吊装工艺为：绑扎→起吊→对位→临时固定→校正→最后固定。

1. 柱子的吊装

（1）绑扎

柱的吊装有单机一点起吊（中小型柱）、两点起吊或双机抬吊（重型柱或配筋少而细长的柱）等方法，如图 6.3.5 和图 6.3.6 所示。

柱的绑扎位置和点数根据柱的形状、断面、长度、配筋部位和起重机性能确定。

一点绑扎：用于中小型柱（<13t），绑扎点在牛腿根部（实心处，否则加方木垫平）；

两点绑扎：用于重型柱或配筋少而细长的柱（抗风柱）；

三点绑扎：用于重型柱，双机抬吊。

【提示】　两点、三点绑扎须计算确定位置，合力作用点高于柱重心。有牛腿的柱，一点绑扎的位置常选在牛腿以下,上柱较长时也可选在牛腿以上;工字形断面柱的绑扎点应选在矩形断面处,否则,应在绑扎位置用方木加固翼缘;双肢柱的绑扎点应选在平腹杆处。

构件绑扎的方法有斜吊绑扎法和直吊绑扎法两种。

当柱平卧起吊的抗弯刚度满足要求时采用斜吊绑扎法,如图 6.3.5 所示。该方法绑扎时柱不需要翻身,起重钩低于柱顶,当柱身较长、起重机臂长不够时较为方便。但因柱身倾斜,起吊后柱身与杯底不垂直,对中就位较困难。

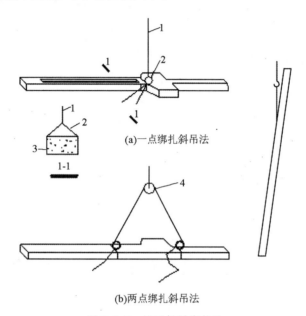

图 6.3.5　柱子斜吊绑扎法

当柱平卧起吊的抗弯刚度不足时,采用直吊绑扎法,如图 6.3.6 所示。该方法需先将柱翻身后再绑扎起吊。此法吊索从柱两侧引出,上端通过卡环或滑轮挂在铁扁担上,柱身成垂直状态,便于插入杯口和对中校正,由于铁扁担高于柱顶,起重臂长度会稍长。斜吊绑扎法和直吊绑扎法对比如表 6.3.1 所示。

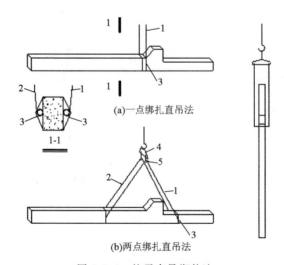

图 6.3.6　柱子直吊绑扎法

表 6.3.1　斜吊绑扎法和直吊绑扎法对比

绑扎方法	斜吊绑扎法	直吊绑扎法
起重杆长度	要求较短	要求较长
柱的宽面抗弯能力	要求满足	仅要求窄面满足
预制柱翻身	不需要翻身(满足吊装要求时)	需要翻身
吊装施工	起吊后柱身与杯底 不垂直(施工不方便)	起吊后柱身与杯底 垂直(施工方便)

（2）起吊

对于一般柱,常采用单机吊装,其起吊方法有旋转法和滑行法。对于重型柱,一般采用双机抬吊,起吊方法有双机抬吊滑行法和双机抬吊旋转法。

①旋转法

起重机边起钩边回转,使柱子绕柱脚旋转而吊起柱的方法叫旋转法。采用旋转法吊装柱子时,柱的平面布置宜使柱脚靠近基础,柱的绑扎点、柱脚中心与基础中心三点共圆弧,该圆弧的圆心为起重机的停点,半径为停点至绑扎点的距离。吊升时,起重机边收钩边回转,使柱子绕着柱脚旋转成直立状态,然后吊离地面,略转起重臂,将柱放入基础杯口,如图 6.3.7 所示。

旋转法的特点是:旋转法振动小、效率高,一般中小型柱多采用旋转法吊升,但此法对起重机的回转半径和机动性要求较高,适用于自行杆式(履带式)起重机吊装。

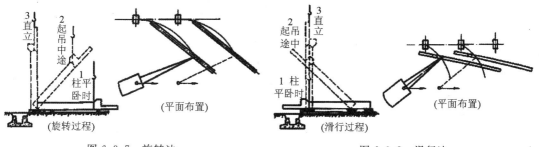

图 6.3.7　旋转法　　　　　　图 6.3.8　滑行法

②滑行法

采用滑行法时,柱吊点布置在靠近杯口处,柱的绑扎点与杯口中心均位于起重半径的圆弧上(即两点共弧),起吊时,起重机只升钩、不回转,使柱脚沿地面滑行,至柱身直立吊离地面插入杯口,如图 6.3.8 所示。

滑行法的特点是:柱的布置灵活、起重半径小、起重杆不转动,操作简单,适用于柱子较长较重、现场狭窄或桅杆式起重机吊装。

③双机抬吊滑行法

当柱的重量较大,使用一台起重机无法吊装时,可以采用双机抬吊滑行法。柱应斜向布置,起吊绑扎点尽量靠近基础杯口,如图 6.3.9 所示。两台起重机停放位置相对而立,其吊钩均应位于基础上方。起吊时,两台起重机以相同的升钩、降钩、旋转速度工作,故宜选择型号相同的起重机。

吊装步骤为:柱翻身就位→柱脚下设置托板、滚筒,铺好滑道→两机相对而立、同时起钩将柱吊离地面→同时落钩、将柱插入基础杯口。

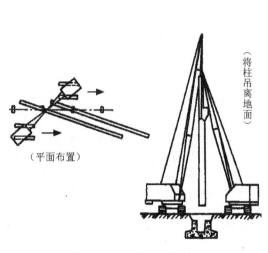

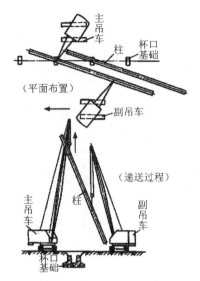

图 6.3.9　双机抬吊滑行法　　　　图 6.3:10　双机抬吊旋转法

④双机抬吊旋转法(递送法)

双机抬吊旋转法是用一台起重机抬柱的上吊点,另一台抬柱的下吊点,柱的布置应使两个吊点与基础中心分别处于起重半径的圆弧上,起吊绑扎点尽量靠近杯口。主机起吊上柱,副机起吊柱脚。随着主机起吊,副机进行跑吊和回转,将柱脚递送至杯口上方,主机单独将柱子就位,如图 6.3.10 所示。

(3) 对位和临时固定

当柱子吊升后,需要将柱子与杯形基础进行对位,具体对位过程是:直吊法时,应将柱悬离杯底 20～50mm 处对位;斜吊法时则需将柱送至杯底,在吊索的一侧的杯口插入两个楔子,再通过起重机回转使其对位。对位时,在柱四周向杯口内放入 8 只楔子,用撬棍拨动柱脚,使吊装准线对准杯口上的吊装准线。

对位后,应将塞入的 8 只楔子逐步打紧进行临时固定,以防对好线的柱脚移动,如图6.3.11 所示。细长柱子的临时固定应增设缆风。

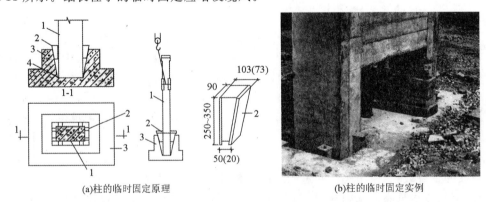

(a)柱的临时固定原理　　　　　　　　　　　(b)柱的临时固定实例

1-柱;2-楔子;3-杯形基础;4-石子

图 6.3.11　柱的临时固定

(4) 校正

柱的校正是对已临时固定的柱子进行全面检查(标高、平面位置和垂直度等)及校正的一道工序。柱的校正包括标高校正、平面位置校正和垂直度的校正。标高校正在吊装前通过调整杯底标高已经校正;平面位置校正通过对位在临时固定前已经校正。

柱的校正主要是垂直度的校正,用两台经纬仪从柱的两个垂直方向同时观测柱的正面和侧面的中心线进行校正,如图 6.3.12 所示。

①柱的平面位置校正

柱的平面位置校正主要有钢钎校正法、反推法(见图 6.3.13)两种方法。

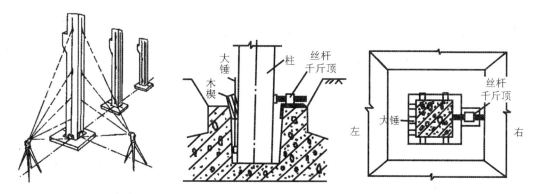

图 6.3.12　柱的垂直度校正　　　　　图 6.3.13　反推法校正柱平面位置

②柱的垂直度校正

柱的垂直度校正的常用方法有钢钎校正法、螺旋千斤顶校正法(平顶、斜顶、立顶)、敲打楔块法、钢管撑杆校正法、缆风校正法等,如图 6.3.14 所示。

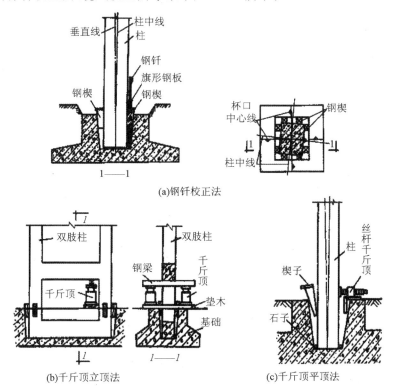

(a)钢钎校正法

(b)千斤顶立顶法　　　　　　　　(c)千斤顶平顶法

图 6.3.14　柱的垂直校正

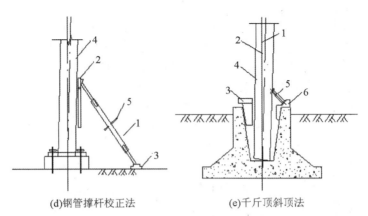

(d)钢管撑杆校正法　　　　(e)千斤顶斜顶法

1-钢管校正器;2-头部摩擦板;1-柱中线;2-铅垂线;3-楔块;

3-底板;4-钢柱;5-转动手柄;4-柱;5-千斤顶;6-卡座

图 6.3.14　柱的垂直校正(续)

在实际施工中,无论采用何种方法,均必须注意以下几点:应先校正偏差大的,后校正偏差小的,如两个方向偏差数相近,则先校正小面,后校正大面。校正好一个方向后,稍打紧两面相对的四个楔子,再校正另一个方向。柱在两个方向的垂直度都校正好后,应再复查平面位置,如偏差在5mm 以内,则打紧八个楔子,并使其松紧基本一致。80kN 以上的柱校正后,如用木楔固定,最好在杯口另用大石块或混凝土块塞紧,柱底脚与杯底四周空隙较大者,宜用坚硬石块将柱脚卡死。在阳光照射下校正柱的垂直度,要考虑温差影响。由于温差影响,柱将向阴面弯曲,使柱顶有一个水平位移。水平位移的数值与温差、柱长度及厚度等有关。长度小于 10m 的柱可不考虑温差影响。细长柱可利用早晨、阴天校正;或当日初校,次日晨复校;也可采取预留偏差的办法来解决。

（5）最后固定

钢筋混凝土柱是在柱与杯口的空隙内浇筑细石混凝土进行最后固定的。浇筑工作应在校正后立即进行。浇筑前,应将杯口空隙内的木屑等垃圾清除干净,并用水湿润柱和杯口壁。对于因柱底不平或柱脚底面倾斜而造成柱脚与杯底间有较大空隙的情况,应先浇筑一层稀水泥砂浆后,再浇筑细石混凝土。

浇筑工作分两次进行,第一次浇至楔块底面,待混凝土强度达到 25％设计强度后,拔出楔块再第二次浇筑混凝土至杯口顶面,如图 6.3.15 所示。若浇捣细石混凝土时发现碰动了楔子,可能影响柱子的垂直,必须及时对柱的垂直度进行复查。第二次浇筑的混凝土强度达到 75％设计强度后方可安上部构件。

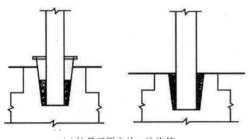

(a)柱最后固定的二次浇筑　　　　(b)柱最后固定实例

图 6.3.15　柱的最后固定

2. 吊车梁的吊装

吊车梁的安装必须在柱子杯口第二次浇筑的混凝土强度标准值达到75%以后进行。其安装程序为：绑扎、吊升、就位、临时固定、校正和最后固定。

（1）绑扎、吊升、就位与临时固定

吊车梁绑扎点应对称设在梁的两端，吊钩应对准梁的重心，如图6.3.16所示，以便吊升后梁身基本保持水平。梁的两端设拉绳控制，避免悬空时碰撞柱子。

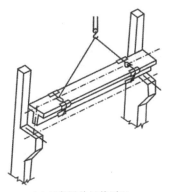 

(a)吊车梁的吊装原理　　　　　　　　　　(b)吊车梁的吊装实例

图6.3.16　吊车梁的吊装

吊车梁本身的稳定性较好，一般对位时，仅用垫铁垫平即可，无须采取临时固定措施，起重机即可松钩移走。当梁高与底宽之比大于4时，可用8号铁丝将梁捆在柱上，以防倾倒。

吊车梁对位时应缓慢降钩，使吊车梁端部与柱牛腿面的横轴线对准。在对位过程中不宜用撬棍顺纵轴方向撬动吊车梁。因为柱子顺纵轴线方向的刚度较差，撬动后会使柱顶产生偏移。假如横线未对准，应将吊车梁吊起，再重新对位。

（2）校正、最后固定

吊车梁的校正主要是标高、垂直度和平面位置的校正。当检查校正吊车梁时，可在屋盖吊装前校正，亦可在屋盖吊装后校正，较重的吊车梁宜在屋盖吊装前校正。

标高的校正：因为吊车梁的标高在做基础抄平时，已对牛腿面至柱脚的距离测量和调整过，如仍存在误差，可待安装吊车轨道时，在吊车梁面上抹一层砂浆找平即可。

垂直度的校正：用垂球检查，偏差应在5mm以内，可在支座处加铁片垫平。

平面位置的校正：包括纵轴线和跨距两项。检查吊车梁纵轴线偏差，有通线法、平移轴线法和边吊边校法。

①通线法

根据柱的定位轴线，在车间两端地面定出吊车梁定位轴线的位置，打下木桩，并设置经纬仪。用经纬仪先将车间两端的四根吊车梁位置校正准确，并用钢尺检查两列吊车梁之间的跨距是否符合要求。然后在四根已校正的吊车梁端设置支架（或垫块），约高200mm，并根据吊车梁的定位轴线拉钢丝通线。如发现吊车梁的吊装纵轴线与通线不一致，则根据通线来逐根拨正吊车梁的安装中心线。拨动吊车梁可用撬棍或其他工具，如图6.3.17所示。

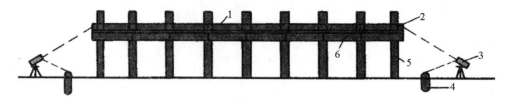

1-通线；2-支架；3-经纬仪；4-木桩；5-柱子；6-吊车梁

图 6.3.17　通线法校正吊车梁示意图

②平移轴线法

在柱列边设置经纬仪，如图 6.3.18 所示，逐根将杯口上柱的吊装准线投影到吊车梁顶面处的柱身上，并做出标志。若柱安装准线到柱定位轴线的距离为 a，则标志距吊车梁定位轴线应为 $\lambda-a$（λ 为柱定位轴线到吊车梁定位轴线之间的距离，一般 $\lambda=750mm$）。可据此来逐根拨正吊车梁的安装纵轴线，并检查两列吊车梁之间的跨距是否符合要求。

在检查及拨正吊车梁纵轴线的同时，可用垂球检查吊车梁的垂直度。若发现有偏差，则在吊车梁两端的支座面上加斜垫铁纠正。每叠垫铁不得超过三块。

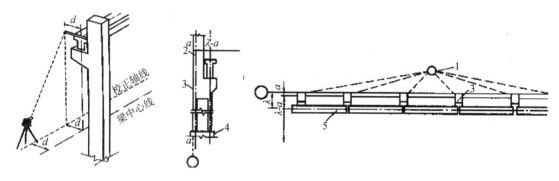

1-经纬仪；2-标志；3-柱；4-桩基础；5-吊车梁

图 6.3.18　平移轴线法校正吊车梁

③边吊边校法

重型吊车梁由于校正时撬动困难，也可在吊装时，借助于起重机，采取边吊装边校正的方法。

吊车梁的最后固定，是在吊车梁校正完毕后，用连接钢板与柱侧面、吊车梁顶端的预埋铁件相焊接，并在接头处支模，浇筑细石混凝土。

3. 屋架的吊装

工业厂房的钢筋混凝土屋架一般在施工现场平卧预制。安装的施工顺序是：绑扎、扶直与就位、吊升、对位、临时固定、校正和最后固定。

（1）绑扎

屋架的绑扎点应选在上弦节点处，左右对称，并高于屋架重心，在屋架两端应加拉绳，以控制屋架转动。绑扎时吊索与水平线的夹角不宜小于 $45°$，以免屋架承受过大的横向压力。必要时，为了减少屋架的起吊高度及所受横向压力，可采用横吊梁。

屋架跨度小于或等于 18m 时绑扎两点；当跨度大于 18m 时绑扎四点；当跨度大于 30m

时,应考虑采有横吊梁,以减少绑扎高度,对三角组合屋架等刚度较差的屋架,下弦不能承受压力,故绑扎时也应采用横吊梁,如图 6.3.19 所示。

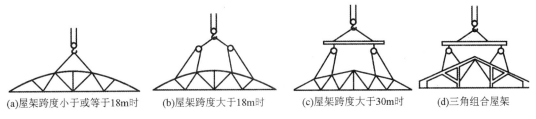

(a)屋架跨度小于或等于18m时　(b)屋架跨度大于18m时　(c)屋架跨度大于30m时　(d)三角组合屋架

图 6.3.19　屋架的绑扎

（2）扶直与就位

屋架是平卧生产,故吊装前必须先翻身扶直,并将屋架吊运至预定地点就位。

由于钢筋混凝土屋架的侧向刚度较差,扶直时由于自重影响,改变了杆件的受力性质,特别是上弦杆极易扭曲造成屋架损伤,因此应事先进行吊装验算。

18m 以上的屋架应在屋架两端用方木搭设井字架,高度与下一榀屋架上平面同,以便屋架扶直后搁置其上,如图 6.3.20 所示。

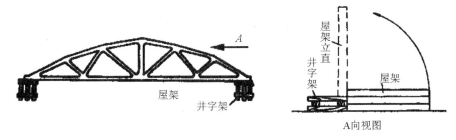

图 6.3.20　屋架重叠生产的翻身扶直

24m 以上的屋架当验算抗裂度不够时,可在屋架下弦中节点处设置垫点,使屋架在翻身过程中下弦中节点始终着实,如图 6.3.21 所示。扶直后,下弦的两端应着实,中部则悬空,因此中垫点的厚度应适中。

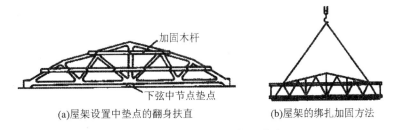

(a)屋架设置中垫点的翻身扶直　　　(b)屋架的绑扎加固方法

图 6.3.21　24m 以上屋架的扶直

屋架高度大于 1.7m 时,应加绑木、竹或钢管横杆,以加强屋架平面刚度。

在屋架扶直时应严格遵守操作要求,才能保证安全施工。

扶直屋架时,由于起重机与屋架相对位置不同,可分为正向扶直与反向扶直。

①正向扶直

起重机位于屋架下弦一边,首先以吊钩对准屋架上弦中心,收紧吊钩,然后略略起臂使屋架脱模,随即起重机升钩升臂使屋架以下弦为轴缓缓转为直立状态,如图 6.3.22 和图 6.3.23(a)所示。

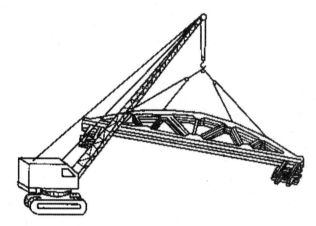

图 6.3.22　屋架正向扶直

②反向扶直

起重机立于屋架上弦一边,吊钩对准屋架上弦中点,收紧吊钩,接着升钩并降低起重臂,使屋架以下弦为轴缓缓转为直立状态,如图 6.3.23(b)所示。

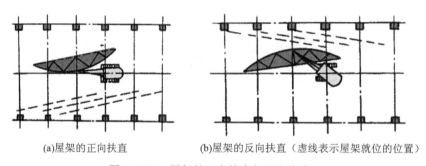

(a)屋架的正向扶直　　　　(b)屋架的反向扶直（虚线表示屋架就位的位置）

图 6.3.23　屋架的正向扶直与反向扶直

正向扶直与反向扶直的最大不同点,就是在扶直过程中,前者升起起重臂,后者降低起重臂。而升臂比降臂易于操作且较安全,故应尽可能采用正向扶直。

屋架扶直后,立即进行就位。屋架就位的位置与屋架的安装方法、起重机械性能有关,应少占场地、便于吊装,且应考虑到屋架的安装顺序、两端朝向等问题。一般靠柱边斜放或以 3～5 榀为一组平行柱边就位。

（3）屋架的吊升、对位与临时固定

屋架吊升是先将屋架吊离地面约 300mm,然后将屋架转至吊装位置下方,再将屋架提升超过柱顶约 300mm,然后将屋架缓缓降至柱顶,进行对位。

屋架对位应以建筑物的定位轴线为准。因此在屋架吊装前,应用经纬仪或其他工具在柱顶放出建筑物的定位轴线。如柱顶截面中线与定位轴线偏差过大时,可逐渐调整纠正。

屋架对位后,立即进行临时固定。临时固定稳妥后,起重机方可摘钩离去。

第一榀屋架的临时固定必须高度重视。因为它是单片结构,侧向稳定性较差,而且还是第二榀屋架的临时固定的支撑。第一榀屋架的临时固定方法,通常是用四根缆风绳从两边将屋架拉牢,也可将屋架与抗风柱连接进行临时固定,如图 6.3.24(a)所示。

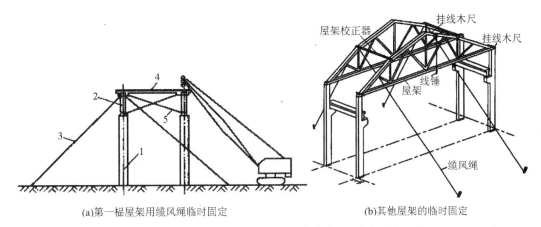

(a)第一榀屋架用缆风绳临时固定   (b)其他屋架的临时固定

1-柱子;2-屋架;3-缆风绳;4-工具式支撑;5-屋架垂直支撑

图 6.3.24 屋架的临时固定

第二榀屋架的临时固定是用工具式支撑撑牢在第一榀屋架上,如图 6.3.24(b)所示。15m 跨以内的屋架用 1 根校正器,18m 以上的屋架用 2 根校正器。临时固定稳妥后吊车方能脱钩,以后各榀屋架的临时固定也都是用工具式支撑撑牢在前一榀屋架上,如图 6.3.25 所示。

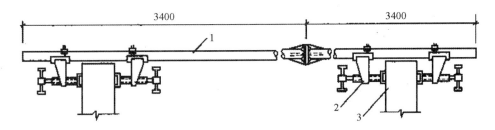

1-钢管;2-撑脚;3-屋架上弦

图 6.3.25 工具式支撑的构造

(4) 校正、最后固定

屋架经对位、临时固定后,主要校正垂直度偏差。规范规定:屋架上弦(在跨中)对通过两支座中心垂直面的偏差不得大于 $h/250$(h 为屋架高度)。检查时可用垂球或经纬仪。用经纬仪检查,是将仪器安置在被检查屋架的跨外,距柱的横轴线约 500mm 左右,如图 6.3.26 所示;然后,观测屋架中间腹杆上的中心线(安装前已弹好),如偏差超出规定数值,可转动工具式支撑上的螺栓加以纠正,并在屋架端部支承面垫入薄钢片。校正无误后,立即用电焊焊牢作为最后固定,应对角施焊,以防焊缝收缩导致屋架倾斜。

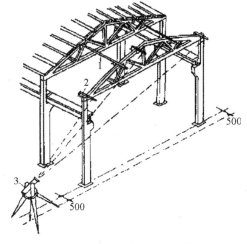

1-工具式支撑;2-卡尺;3-经纬仪

图 6.3.26 屋架的临时固定与校正

4. 天窗架、屋面板的吊装

天窗架常用单独吊装,也可与屋架拼装成整体同时吊装,如图 6.3.27 所示。单独吊装时,应待屋架两侧屋面板吊装后进行,采用两点或四点绑扎,并用工具式夹具或圆木进行临时加固。图 6.3.28 为天窗架的吊装实例。

屋面板多采用一钩多块叠吊或多块平吊法,以发挥起重机的效能,如图 6.3.29 所示。吊装顺序为:由两边檐口开始,左右对称逐块向屋脊安装,避免屋架承受半跨荷载。屋面板对位后应立即焊接牢固,每块板不少于三个角点焊接。图 6.3.30 为屋面板的吊装实例。

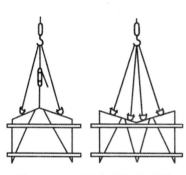

图 6.3.27 天窗架的绑扎、吊装

图 6.3.28 天窗架的吊装实例

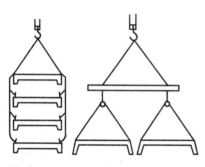

图 6.3.29 屋面板多块叠吊、多块平吊

图 6.3.30 屋面板的吊装实例

6.3.3 结构吊装方案

单层工业厂房结构的特点是:平面尺寸大、承重结构的跨度与柱距大、构件类型少、重量大,厂房内还有各种设备基础(特别是重型厂房)等。因此,在拟定结构安装方案时,应着重解决起重机的选择、结构安装方法、起重机械开行路线与构件的平面布置等问题。

1. 起重机的选择

起重机的选择是吊装工程的重要问题,因为它关系到构件安装方法、起重机开行路线与停机位置、构件平面布置等许多问题。起重机的选择包括起重机类型的选择、起重机型号的选择、起重臂长度的确定和起重机台数的确定。

（1）起重机类型的选择

结构安装用的起重机类型主要根据厂房的跨度、构件重量、安装高度以及施工现场条件和当地现有起重设备等确定。

中小型厂房结构采用自行式起重机安装是比较合理的。当厂房结构的高度和长度较大时，可选用塔式起重机安装屋盖结构。在缺乏自行式起重机的地方，可采用独脚拔杆、人字拔杆、悬臂拔杆等安装。大跨度的重型工业厂房选用的起重机既要能安装厂房的承重结构，又要能完成设备的安装，所以多选用大型自行式起重机、重型塔式起重机、大型牵缆式桅杆起重机等。对于重型构件，当一台起重机无法吊装时，也可用两台起重机抬吊。对多层装配式结构，常选用大起重量的履带式起重机或塔式起重机；对高层或超高层装配式结构则需选用附着式或内爬式塔式起重机。

（2）起重机型号的选择

起重机的类型确定之后，还需要进一步选择起重机的型号。所选起重机应满足三个工作参数：起重量 Q、起重高度 H、起重半径 R。

①单机吊装起重量按下式选择：

$$Q \geqslant Q_1 + Q_2 \qquad (6.3.1)$$

式中：Q——起重机的起重量（kN）；

$\quad Q_1$——构件的重量（kN）；

$\quad Q_2$——索具的重量（包括临时加固件重量）（kN）。

②起重机的起重高度（停机面至吊钩的距离）H 的计算如图 6.3.31 所示，按下式计算：

$$H \geqslant h_1 + h_2 + h_3 + h_4 \qquad (6.3.2)$$

式中：h_1——安装支座表面高度（m）；

$\quad h_2$——安装间隙（m），应不小于 0.3m；

$\quad h_3$——绑扎点至构件起吊后底面的距离（m）；

$\quad h_4$——索具高度（绑扎点至吊钩的距离）（m）。

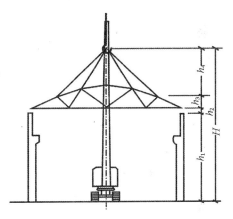

图 6.3.31　起重高度的计算

③当起重机的停机位不受限制时，对起重半径没有要求；当起重机的停机位受限制时，需根据起重量和起重高度数查阅起重机性能表或曲线来选择起重机的型号，起重半径的计算如图 6.3.32 所示，按下式计算：

$$R_{\min} = f + d + 0.5B \qquad (6.3.3)$$

式中：F——起重臂枢轴中心距回转中心距离（m）；

$\quad b$——构件的宽度（m）；

$\quad D$——起重臂枢轴中心距所吊构件边缘距离（m），可用下式计算；

$$D = g + (h_1 + h_2 + h'_3 - E)\cot\alpha \qquad (6.3.4)$$

式中：g——构件上口边缘与起重臂之间的水平空隙（m），不小于 0.5m；

$\quad E$——吊杆枢轴中心距地面高度（m）；

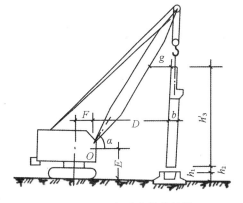

图 6.3.32　起重半径的计算

α——起重臂的倾角；

h_1、h_2——含义同前；

h_3'——所吊构件的高度(m)。

（3）起重臂长度的确定

同一种型号的起重机可能具有几种不同长度的起重臂，应选择一种既能满足三个吊装工作参数的要求而又最短的起重臂。但有时由于各种构件吊装工作参数相差大，也可选择几种不同长度的起重臂。例如，吊装柱子可选用较短的起重臂，吊装屋面结构则选用较长的起重臂。

当起重机的起重臂需跨过已安装的结构去吊装构件时，为避免起重臂与已安装结构相碰，则就采用数解法或图解法求出起重机的最小臂长及起重半径。

①数解法的计算如图 6.3.33 所示。

$$L_{min} \geqslant L_1 + L_2 - \frac{h}{\sin\alpha} + \frac{f+g}{\cos\alpha} \quad (6.3.5)$$

$$\alpha = \arctan^3 \sqrt{\frac{h}{f+g}} \quad (6.3.6)$$

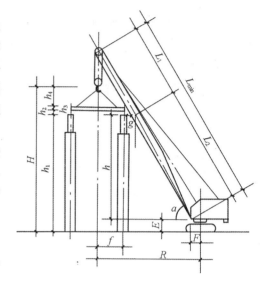

图 6.3.33 起重臂长度的计算

式中：L_{min}——起重臂的最小长度(m)；

h——起重臂底铰至构件吊装支座的距离(m)，$h = h_1 - E$；

f——起重钩需跨过已吊装结构的距离(m)；

g——起重臂轴线与已吊装屋架间的水平距离(m)，至少取 1m；

E——起重臂底铰至停机面的距离(m)；

α——起重臂的倾角。

②图解法的步骤如下：

a. 如图 6.3.34 所示，按一定比例绘出欲吊装厂房一个节间的纵剖面图，并画出吊装屋面板时，起重钩需伸到的位置的垂线 $y-y$。

b. 按地面实际情况确定停机面，并根据初选的型号，从外形尺寸表中查出起重臂底铰至停机面的距离 E 值，画出水平线 $H-H$。

c. 自屋架顶面向起重机方向水平量出一距离（$g \geqslant 1m$），可得 P 点。

d. 在垂线 $y-y$ 上写出起重臂上定滑轮中心点 G（G 点到停机面距离为 $H_0 + h_1 + h_2 + h_3 + h_4 + d$，$d$ 为吊钩至起重臂顶端滑轮中心的最小高度，一般取 $2.5 \sim 3.5m$）。

e. 连接 GP，并延长使之与 $H-H$ 相交于

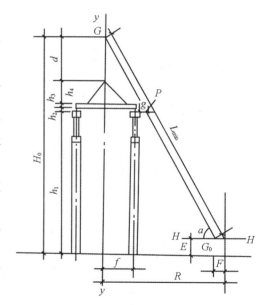

图 6.3.34 图解法确定起重臂长

G_0,即为超重臂下铰中心,GG_0为起重臂的最小长度 L_{min},α 角即为吊装时起重臂的仰角。

　　f. 根据所得 L_{min} 理论值,选择起重臂长度,求得起重半径。

$$R = F + L\cos\alpha \tag{6.3.7}$$

　　【注意事项】　一般按上述方法先确定起重机位于跨中,吊装中间屋面板所需臂长及起重臂仰角。然后再复核吊装最边缘一块屋面板时,能否满足。

　　(4) 起重机台数的确定

　　起重机台数按下式确定:

$$N = \frac{1}{TCK} \sum \frac{Q_i}{P_i} \tag{6.3.8}$$

式中：N——起重机台数；

　　　T——工期(d)；

　　　C——每天工作班数；

　　　K——时间利用系数,一般取 $0.8 \sim 0.9$；

　　　Q_i——每种构件的安装工程量(件或 t)；

　　　P_i——起重机相应的产量定额(件/台班或吨/台班)。

　　【提示】　决定起重机台数时,应考虑构件装卸、拼装和就位的需要。

　　2. 结构安装方法

　　单层工业厂房的结构吊装方法有分件吊装法、综合吊装法和混合吊装法三种。

　　(1) 分件吊装法

　　分件吊装法指起重机在车间内每开行一次仅吊装一种或两种构件。通常分三次开行吊装完全部构件,如图 6.3.35 所示。

　　第一次开行：吊装全部柱子,并对柱子进行校正和最后固定；

　　第二次开行：吊装吊车梁、联系梁以及柱间支撑等；

　　第三次开行：分节间吊装屋架、天窗架、屋面板、屋面支撑及抗风柱等。

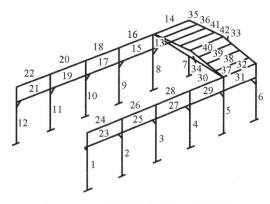

图 6.3.35　分件吊装法的构件安装顺序

　　在第一次开行(柱子吊装之后),起重机即进行屋架的扶直排放以及吊车梁、联系梁、屋面板的摆放布置。

　　采用分件吊装法的优点是：由于每次基本安装同类构件,索具不需经常更换。操作程序基本相同,所以安装速度快。构件校正、接头焊接、灌缝、混凝土养护时间充分。构件供应、现场平面布置比较简单。但其缺点是：不能为后续工程及早提供工作面,起重机开行路线长,同时,也有柱子固定工作跟不上吊装速度的问题。一般单层厂房多采用分件吊装法。

　　(2) 综合吊装法

　　起重机在车间内的一次开行中,分节间安装完各种类型的构件,即先吊装 $4 \sim 6$ 根柱,并立即加以校正和最后固定,接着吊装联系梁、吊车梁、屋架、天窗架、屋面板等构件。起重机在每一个停机点上,要求安装尽可能多的构件,如图 6.3.36 所示。

采用综合吊装法的优点是:停机点少,开行路线短;每一节间安装完毕后,即可为后续工作开辟工作面,使各工种能进行交叉平行流水作业,有利于加快施工速度。并且能保证质量,吊装误差能及时发现和纠正,同时吊完一个节间,全部构件已经校正和固定,这一节间已成为一个稳定的整体,有利于保证工程质量。其缺点是:由于要同时安装各种不同类型的构件,影响安装效率的提高;使构件供应和平面布置复杂;构件校正和最后固定时间紧迫;构件校正工作较为复杂,混凝土柱与杯形基础接头的混凝土结硬需要有一定

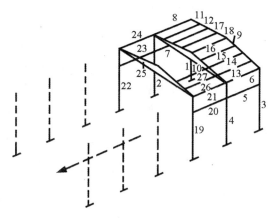

图 6.3.36　综合吊装法的构件安装顺序

的时间,柱子的固定跟不上吊装速度。因此,目前很少采用综合吊装法,只有对某些结构(如门架式结构)必须采用综合安装法时,或当采用移动比较困难的桅杆式起重机进行安装时,才采用此法。

(3)混合吊装法

混合吊装法是将分件吊装和综合吊装相结合的方法。由于分件安装法与综合安装法各有优缺点,因此,目前有不少工地采用分件吊装法吊装柱,而用综合吊装法来吊装吊车梁、联系梁、屋架、屋面板等各种构件。

第一次开行将全部(或一个区段)柱子吊装完毕并校正固定,杯口二次灌浆混凝土强度达到设计的75%后,第二次开行吊装柱间支撑,吊车梁、联系梁,第三次开行分节间吊装屋架、天窗架、屋面板等其余全部构件。

分件吊装法和综合吊装法两种方法的比较如表 6.3.2 所示。

表 6.3.2　分件吊装法和综合吊装法两种方法的对比

吊装方法		分件吊装法	综合吊装法
优点		机械灵活选用	停机次数少,开行路线短
		校正、固定允许较长时间	利于大型设备安装(先安)
		索具更换少,工人熟工、工效高	后续工程可紧跟,局部早用
		现场不拥挤(构件单一布置)	
缺点		装饰、维护晚	现场紧张
		开行路线长	机械不经济
		需及时校正固定	
		工效低	

3.起重机械开行路线

吊装屋架、屋面板等屋面构件时,起重机宜跨中开行;吊装柱子时,则视跨度大小、构件尺寸、质量及起重机性能,可沿跨中开行或跨边开行。当柱布置在跨外时,起重机一般沿跨外开

行,停机位置与跨边开行相似。图 6.3.37 为某单跨厂房的起重机开行路线及停机位置。

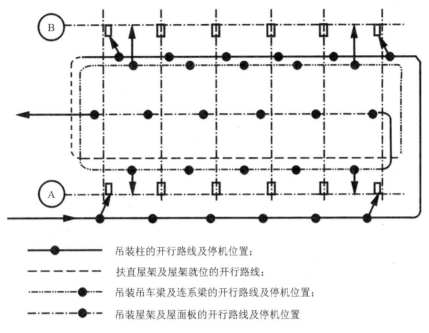

━━●━━	吊装柱的开行路线及停机位置;
━ ━ ━	扶直屋架及屋架就位的开行路线;
━●━	吊装吊车梁及连系梁的开行路线及停机位置;
━·●·━	吊装屋架及屋面板的开行路线及停机位置

图 6.3.37　某单跨厂房的起重机开行路线及停机位置

当吊装柱子时,当起重半径 $R \geqslant L/2$(厂房跨度)时,起重机沿跨中开行,每个停机位可吊两根柱子,如图 6.3.38(a)所示。

当 $R \geqslant \sqrt{\left(\dfrac{L}{2}\right)^2 + \left(\dfrac{b}{2}\right)}$ 时,起重机沿跨中开行,可吊四根柱子,如图 6.3.38(b)所示。

当 $R < L/2$ 时,起重机沿跨边开行,每个停机位可吊一根柱子,如图 6.3.38(c)所示。

当 $R = \sqrt{a^2 + \left(\dfrac{b}{2}\right)^2}$ 时,则可吊两根柱子,如图 6.3.38(d)所示。

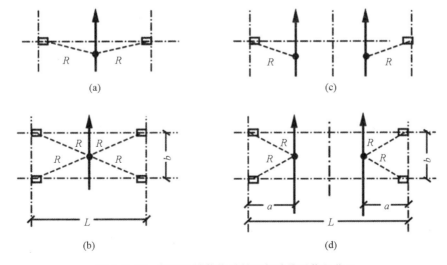

图 6.3.38　起重机吊装柱时的开行路线及停机位置

4．构件的平面布置

单层厂房现场预制构件的布置是一项重要工作,布置合理可避免构件在场内的二次搬运,充分发挥起重机械的效率。需在现场预制的构件主要是柱、屋架和吊车梁,其他构件可在构件厂或场外制作。

（1）构件的平面布置原则

构件的平面布置与起重机的性能、安装方法、构件的制作方法有关。在选定起重机型号、确定施工方案后,根据施工现场实际情况加以制定。一般来说,起重机的起重能力大,构件比较轻时,应先考虑便于预制构件的浇筑;起重机的起重能力小,构件比较重时,则应优先考虑便于吊装。构件的平面布置原则如下:

①每跨构件尽可能布置在本跨内,如确有困难也可布置在跨外而便于吊装的地方;

②构件布置方式应满足吊装工艺要求,尽可能布置在起重机的起重半径内,尽量减少起重机在吊装时的跑车、回转及起重臂的起伏次数;

③按"重近轻远"的原则,首先考虑重型构件的布置;

④构件的布置应便于支模、扎筋及混凝土的浇筑,若为预应力构件,要考虑有足够的抽管、穿筋和张拉的操作场地等;

⑤所有构件均应布置在坚实的地基上,以免构件变形;

⑥构件的布置应考虑起重机的开行与回转,保证路线畅通,起重机回转时不与构件相碰;

⑦构件的平面布置分预制阶段构件的平面布置和安装阶段构件的平面布置。布置时两种情况要综合加以考虑,做到相互协调,有利于吊装。

（2）预制阶段的构件平面布置

①柱子的布置

柱子的布置方式与场地大小、安装方法有关,一般有三种:斜向布置、纵向布置及横向布置。其中以斜向布置应用最多,因其占地较少,起吊也方便。纵向布置是柱身和车间的纵轴线平行,虽然占地面积少,制作方便,但起吊不便,只有当场地受限制时,才采用此种方式。横向布置占地最多,且妨碍交通,也只在个别特殊情况下加以采用。

柱子如用旋转法起吊,且场地空旷,柱脚靠近杯口时,可按三点共弧（如图 6.3.39（a）所示的杯口 M、柱脚 K、吊点 S 三点共弧）斜向布置。

布置柱子时,有时由于场地限制或柱身过长,无法做到三点（杯口、柱脚、吊点）共弧,可根据不同情况,布置成两点共弧。两点共弧的布置方法有两种:一是将杯口、柱脚共弧,如图 6.3.39（b）所示的 K、M 共弧,吊点放在回转半径 R 之外。安装时,先用较大的回转半径 R' 吊起柱子,并提升起重杆,当回转半径变为 R 后,停止升杆,随之用旋转法安装柱子。另一种方法是将吊点、杯口共弧,如图 6.3.39（c）所示的 S、M 共弧,安装时采用滑行法,即起重机在吊点上空升钩,柱脚向前滑行,直到柱子呈直立状态,起重杆稍加回转,即可将柱子插入杯口。

对于一些较轻的柱子,起重机能力有富余,考虑到节约场地、方便构件制作,可顺柱列纵向布置。若柱子长度大于 12m,柱子纵向布置宜排成两行,如图 6.3.40（a）所示;若柱子长度小于 12m,则可叠浇排成一行,如图 6.3.40（b）所示。

柱子纵向布置时,起重机的停机点应安排在两柱基的中点,使 $OM_1 = OM_2$,这样,每一停机点可吊两根柱子,如图 6.3.40 所示。

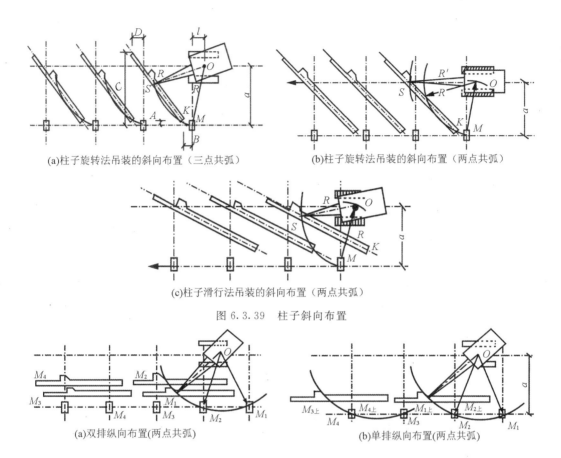

(a)柱子旋转法吊装的斜向布置（三点共弧）　　　　(b)柱子旋转法吊装的斜向布置（两点共弧）

(c)柱子滑行法吊装的斜向布置（两点共弧）

图 6.3.39　柱子斜向布置

(a)双排纵向布置(两点共弧)　　　　　　　　(b)单排纵向布置(两点共弧)

图 6.3.40　柱子纵向布置

②屋架的布置

屋架一般安排在跨内叠层预制,每叠 3～4 榀。布置的方式有正面斜向、正反斜向、正反纵向布置等,如图 6.3.41 所示,图 6.3.42 为屋架正面斜向布置实例。斜向布置便于屋架的扶直就位,宜优先采用,当现场受限时,方可考虑其他两种形式。每两垛屋架之间,要留 1m 左右的空隙,以便支模及浇混凝土。布置屋架预制位置时,要考虑屋架的扶直就位要求和扶直的先后次序,先扶直的放在上层。屋架的朝向、预埋铁件的位置也要注意安放正确。

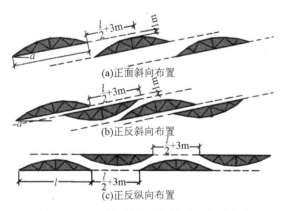

(a)正面斜向布置

(b)正反斜向布置

(c)正反纵向布置

图 6.3.41　现场预制屋架的平面布置方向

图 6.3.42　屋架正面斜向布置实例

③吊车梁的布置

吊车梁安排在现场预制时,可靠近柱基顺纵向轴线或略倾斜布置,也可插在柱子的空当中预制。

(3)安装阶段构件的就位布置及运输堆放

安装阶段的就位布置是指柱子已安装完毕,其他预应力锚具构件的就位布置,包括屋架的扶直就位,吊车梁、屋面板的运输就位等。

①屋架的扶直就位

屋架扶直后立即进行就位。屋架的就位方式有两种:一种是屋架的预制位置与就位位置均在起重机开行路线的同一侧,称为靠柱边斜向就位;另一种是屋架由预制的一边转至起重机开行路线的另一边,称为靠柱边成组纵向就位。屋架纵向就位时,一般以 4~5 榀为一组靠柱边顺轴线纵向就位。屋架与柱之间、屋架与屋架之间的净距不小于 20cm,相互之间用铅丝及支撑拉紧撑牢。每组屋架之间应留 3m 左右的间距作为横向通道。应避免在已安装好的屋架下面去绑扎、吊装屋架。屋架起吊后,注意不要与已安装的屋架相碰。因此,布置屋架时,每组屋架的就位中心线,可大约安排在该组屋架倒数第二榀安装轴线之后 2m 处。这两种就位方式如图 6.3.43 所示。

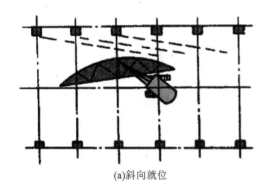
(a)斜向就位

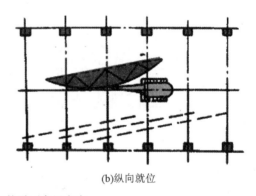
(b)纵向就位

图 6.3.43　现场预制屋架的平面布置方向

②吊车梁、连系梁、屋面板的运输就位

单层厂房的吊车梁、连系梁、屋面板一般在预制厂梁中生产,运至工地安装。构件运至现场后,按平面布置图安排的部位,依编号、安装顺序进行就位和集中堆放。吊车梁、连系梁的就位位置,一般在其安装位置的柱列附近,跨内跨外均可;有时,也可从运输车辆上直接起吊。屋面板的就位位置可布置在跨内或跨外,根据起重机安装屋面板时所需的回转半径,排放在适当部位。在一般情况下,屋面板在跨内就位时,后退四五个节间开始堆放;跨外就位时,应后退一两个节间。屋面板吊装就位布置如图 6.3.44 所示。

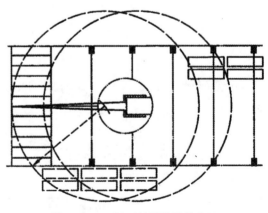

图 6.3.44　屋面板吊装就位布置

构件集中堆放时应注意：场地要平整压实，并有排水措施；构件应按使用时的受力情况放在垫木上。重叠构件之间也要加垫木，上下层垫木要在同一垂直线上。构件之间应留有20cm的空隙，以免吊装时互相碰坏。堆垛的高度应按构件强度、垫木强度、地基耐压力以及堆垛的稳定性而定，一般梁2～3层，屋面板6～8层。

单层厂房构件的平面布置受很多因素影响。制定时，要密切联系现场实际，因地制宜，并充分地征求安装部门的意见，确定出切实可行的构件平面布置图。排放构件时，可按比例将各类构件的外形用硬纸片剪成小模型，在同样比例的平面图上，按以上所介绍的各项原则进行布置，并在征集群众意见的基础上，排出几种方案进行比较，确定出最优方案。

【小知识】 吊装工程"十不吊"：①超负荷不吊；②歪拉斜吊不吊；③指挥信号不明不吊；④安全装置失灵不吊；⑤重物起过人头不吊；⑥光线阴暗看不清不吊；⑦埋在地下的物件不吊；⑧吊物上站人不吊；⑨捆绑不牢不稳不吊；⑩重物边缘锋利无防护措施不吊。

6.3.4 工程实例

1. 工程概况

某厂金工车间为装配式单层二跨工业厂房，一高跨一低跨两跨各18m的单层厂房，厂房长84m，柱距6m，共有14个车间。厂房平面及剖面如图6.3.45所示。

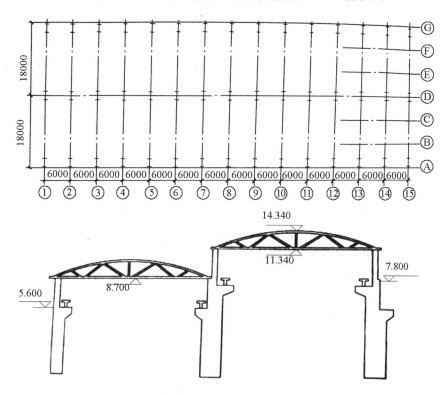

图6.3.45 某厂房平面及剖面

2. 结构安装方法

采用分件安装法。柱现场预制用履带式起重机吊装；柱吊装后，预制预应力屋架（后张法），屋架混凝土强度达到75%设计强度标准值后，穿预应力筋、张拉。屋架扶直就位后，屋盖结构一次吊装(屋架、联系梁、屋面板)。吊车梁在柱吊装完毕,屋架预制前进行吊装(由构件厂供应)。金工车间主要预制构件如表 6.3.3 所示。

表 6.3.4　金工车间主要预制构件

轴线	构件名称及型号	数量	构件重量/t	构件长度/m	安装高度/m
Ⓐ~Ⓖ ①~⑮	基础梁 YJL	40	1.4	5.97	
Ⓓ~Ⓖ	连系梁 YLL	28	0.8	5.97	+8.20
Ⓐ	柱 Z_1	15	5.1	10.1	
Ⓓ~Ⓖ	柱 Z_2	30	6.4	13.1	
Ⓑ~Ⓒ	柱 Z_3	4	4.6	12.6	
Ⓕ~Ⓕ	柱 Z_4	4	5.8	15.6	
低跨屋架 YGJ-18		15	4.46	17.70	+8.70
高跨屋架 YGL-18		15	4.46	17.70	+11.34
吊车梁 DCL_1		28	3.5	5.97	+5.60
吊车梁 DCL_2		28	5.02	5.97	+7.80
屋面板 YWB		336	1.35	5.97	+14.34

3. 起重机的选择

起重机的选择主要是根据厂房跨度、构件重量、吊装高度、现场条件及现有设备等确定,本工程结构采用履带式起重机进行吊装,部分主要构件吊装时的工作参数如下。

(1)柱

采用斜吊法吊装;

最长最重的柱子为 Z_2,重 6.4t,长 13.10m;

要求起重量 $Q = Q_1 + Q_2 = 6.4t + 0.2t = 6.6t$;

要求起重高度 $H = h_1 + h_2 + h_3 + h_4 = 0m + 0.3m + 8.2m + 2m = 10.5m$,如图 6.3.46 所示。

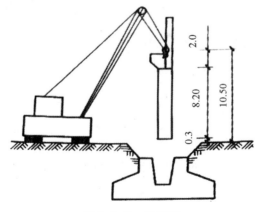

图 6.3.46　柱吊装

（2）屋架

采用两点绑扎吊装；

要求起重量 $Q=Q_1+Q_2=4.46\text{t}+0.3\text{t}=4.76\text{t}$；

要求起重高度 $H=h_1+h_2+h_3+h_4=11.34\text{m}+0.3\text{m}+2.6\text{m}+3\text{m}=17.24\text{m}$，如图 6.3.47 所示。

根据上述数据可选用 W1-100 型履带式起重机，起重机臂长为 23m，在起重半径 19m。

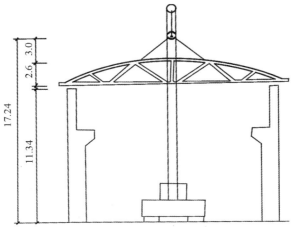

图 6.3.47 屋架吊装

（3）屋面板

要求起重量 $Q=Q_1+Q_2=1.35\text{t}+0.2\text{t}=1.55\text{t}$；

要求起重高度 $H=h_1+h_2+h_3+h_4=14.34\text{m}+0.3\text{m}+0.24\text{m}+2.5\text{m}=17.38\text{m}$；

吊装高跨跨中屋面板时，采用 W1-100 型履带式起重机，最小起重臂长度时的起重臂仰角 α 为

$$\alpha=\arctan\sqrt[3]{\frac{14.34-1.70}{3+1}}=\arctan\sqrt[3]{\frac{h}{f+g}}\approx55°$$

所需最小起重臂长度为

$$L_{\min}=h/\sin+(f+g)/\cos\alpha=22.35(\text{m})$$

选用 W1-100 履带式起重机，起重臂长 23m，仰角 55°，吊装屋面板时的起重半径为

$$R=F+L\cos\alpha=1.3+23\cos55°=14.49(\text{m})$$

查 W1-100 履带式起重机的性能曲线，当 $L=23\text{m}$，$R=14.49\text{m}$ 时，$Q=2.3\text{t}>1.55\text{t}$，$H=17.5\text{m}>17.38\text{m}$，满足吊装高跨度跨中屋面板的要求。

综合各构件吊装时起重机的工作参数，确定选用 W1-100 履带式起重机，23m 起重臂吊装厂房各构件。查起重机性能表，确定出各构件吊装时起重机的工作参数，如表 6.3.4 所示。$R=14.49\text{m}$ 时，$Q=2.3\text{t}>1.55\text{t}$，$H=17.5\text{m}>17.38\text{m}$，满足吊装高跨度跨中屋面板的要求。屋面板吊装如图 6.3.48 所示。

表 6.3.4　金工车间主要预制构件吊装工作参数

构件名称	柱子 Z_1			屋架 YGJ－18			屋面板 YWB		
吊装工作参数	Q/t	H/m	R/m	Q/t	H/m	R/m	Q/t	H/m	R/m
计算所需最小数值	6.6	10.5		4.76	17.24		1.55	17.38	13.82
23m 起重臂工作参数	6.6	19	7.5	5.0	19	9.0	2.3	17.5	14.5

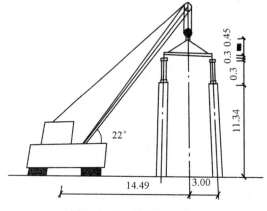

图 6.3.48　屋面板吊装

4. 起重机开行路线及构件的平面布置

（1）吊装柱时起重机的开行路线及柱的平面布置

柱的预制位置即吊装前的就位位置。吊装Ⓐ列柱子时,起重机的起重半径为 8.7m;吊装Ⓓ Ⓒ列柱时,起重半径为 7.5m。起重机跨边开行,采用一点绑扎旋转法吊装,柱的平面布置和起重机开行路线如图 6.3.49 所示。

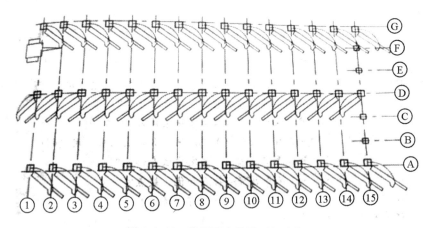

图 6.3.49　柱平面布置及开行路线

（2）吊装屋架时起重机的开行路线及构件的平面布置

吊装屋架及屋盖结构中其他构件时,起重机均采用跨中开行。屋架的平面布置分为预制阶段平面布置和吊装阶段平面布置。

屋架一般在跨内平卧叠浇预制,每叠 3～4 榀。布置方式有斜向、正反斜向和正反纵向布置 3 种,本工程优先考虑斜向布置。图 6.3.50 所示为屋架现场预制阶段平面布置排放。

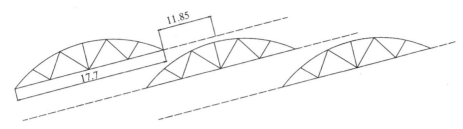

图 6.3.50　屋架现场预制阶段平面布置排放

屋架吊装阶段的平面布置指将叠浇的屋架扶直后,排放到吊装前的预制位置。其布置方式采用靠柱边斜向排放,如图 6.3.51 所示。

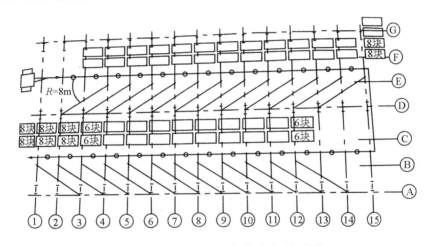

图 6.3.51　屋架、屋面板布置及开行路线

本章小结

本章主要介绍了各种索具设备和起重机类型、性能及其使用特点,以及钢筋混凝土排架结构单层工业厂房结构吊装过程。重点讲解了构件的吊装工艺及平面布置、结构安装方案的拟定,分析了起重机开行路线及构件平面布置的关系以及影响结构安装方案的因素。

思考题

1. 钢筋混凝土排架结构单层工业厂房结构吊装时,常用哪类起重机? 选择起重机的类型、起重参数的依据是什么?

2. 单层厂房预制混凝土柱安装之前,柱子和基础要做哪些准备工作?

3. 柱子起吊的方法有哪几种? 吊点选择应考虑什么原则?

4. 如何对柱进行固定和校正?

5. 分件吊装法和综合吊装的优缺点是什么?

6. 起重机开行路线与构件预制和就位排放有何关系？

7. 对屋架扶直就位有何要求？

习题

1. 一般来讲，对于同一台可变幅的起重机，其起重量越大，工作幅度（　　）。
   A. 越大　　　　　　B. 越小　　　　　　C. 不变　　　　　　D. 变化不定

2. 动作灵活、操作轻便平稳、使用安全、省时省力、起重范围大，特别适用于流动性大、场地不固定作业，但车身较长，转弯半径大，工作时需要打支腿的起重机是（　　）。
   A. 履带式起重机　　B. 汽车式起重机　　C. 轮胎式起重机　　D. 塔式起重机

3. 能在较差的地面上行驶和作业，作业时不需要支腿，可带载移动，并可原地转弯的起重机是（　　）。
   A. 履带式起重机　　B. 汽车式起重机　　C. 轮胎式起重机　　D. 塔式起重机

4. 不能带载移动作业的起重机是（　　）。
   A. 履带式起重机　　B. 汽车式起重机　　C. 轮胎式起重机　　D. 塔式起重机

5. 下列哪种起重形式不属于桅杆式起重机（　　）。
   A. 悬臂拔杆　　　　　　　　　　　　B. 独脚拔杆
   C. 牵缆式桅杆起重机　　　　　　　　D. 塔式起重机

6. 下列哪种不是选用履带式起重机时要考虑的因素（　　）。
   A. 起重量　　　　　B. 起重动力设备　　C. 起重高度　　　　D. 起重半径

7. 屋架跨度小于或等于 18 时绑扎（　　）点。
   A. 一　　　　　　　B. 两　　　　　　　C. 三　　　　　　　D. 四

8. 柱斜向布置中三点共弧是指（　　）三者共弧。
   A. 停机点、杯形基础中心点、柱脚中心　　B. 柱绑扎点、停机点、杯形基础中心点
   C. 柱绑扎点、柱脚中心、停机点　　　　　D. 柱绑扎点、杯形基础中心点、柱脚中心

9. 履带式起重机当起重臂长一定时，随着仰角的增大（　　）。
   A. 起重量和回转半径增大　　　　　　B. 起重高度和回转半径增大
   C. 起重量和起重高度增大　　　　　　D. 起重量和回转半径减小

10. 构件吊装前其混凝土强度应符合设计要求，设计未规定时，应达到设计强度标准值的（　　）以上。
    A. 50%　　　　　　B. 75%　　　　　　C. 90%　　　　　　D. 100%

11. 抗弯承载力满足要求，所吊柱子较长，而选用起重机起重高度不足时，可采用（　　）。
    A. 一点绑扎　　　　B. 两点绑扎　　　　C. 斜吊绑扎　　　　D. 直吊绑扎

12. 柱子吊装后进行校正，其最主要的内容是校正（　　）。
    A. 柱平面位置　　　B. 柱标高　　　　　C. 柱距　　　　　　D. 柱子垂直度

13. 吊车梁应待杯口细石混凝土达到（　　）的设计强度后进行安装。
    A. 25%　　　　　　B. 50%　　　　　　C. 75%　　　　　　D. 100%

14. 吊屋架时采用横吊梁的主要目的是（　　）。
    A. 减小起重高度　　　　　　　　　　B. 防止屋架上弦压坏

C. 减小吊索拉力   D. 保证吊转安全

15. 吊屋架时,吊索与屋架水平面夹角 α 应满足( )。

     A. $\alpha \geqslant 30°$ B. $\alpha \geqslant 45°$ C. $\alpha \leqslant 60°$ D. $\alpha \leqslant 45°$

16. 当屋架跨度( )时,应采用四点绑扎。

     A. $L > 15m$ B. $L > 18m$ C. $L > 24m$ D. $L > 30m$

17. 综合吊装法的特点有( )。

     A. 生产效率高   B. 平面布置较简单   C. 构件校正容易   D. 开行路线短

18. 下列部件中不属于吊具的是( )。

     A. 钢丝绳   B. 吊索   C. 卡环   D. 横吊梁

19. 下列工具中用于绑扎和起吊构件的工具是( )。

     A. 卡环   B. 吊索   C. 横吊梁   D. 铁扁担

20. 柱吊装后仅需要进行校正柱的( )。

     A. 平面位置   B. 垂直度   C. 标高   D. A 和 C

第7章 防水工程

防水工程是保证建筑物(构筑物)的结构不受水的侵袭、内部空间不受水的危害的一项分部工程,在整个建筑工程中占有重要的地位。建筑防水工程涉及建筑物(构筑物)的地下室、地面、墙身、屋顶等诸多部位,其功能就是要防止建筑物(或构筑物)在设计耐久年限内,遭受雨水及生产、生活用水的渗漏和地下水的侵蚀,确保建筑结构、内部空间不受到污损,为人们提供一个舒适和安全的生活空间环境。

 **学习目标**

1. 了解各种防水材料的防水性能;
2. 掌握防水卷材的施工要点;
3. 了解涂膜防水层的施工要点;
4. 掌握常见渗漏的防治办法。

 **学习要求**

知识要点	能力要求
屋面防水工程	能够根据建筑防水工程的等级要求合理选择防水材料
	掌握卷材防水构造和施工工艺
	掌握涂膜防水层的施工要点
	了解质量通病防治方法
室内其他部位防水工程	掌握卫生间楼地面聚氨酯防水施工工艺
	掌握氯丁胶乳沥青防水涂料施工
	了解卫生间涂膜防水施工注意事项
	掌握卫生间渗漏与堵漏技术

7.1 屋面防水工程

【历史沿革】 建筑防水工程是建筑工程中的一个重要组成部分。建筑防水技术是保证建筑物和构筑物不受水侵蚀,内部空间不受危害的分项工程和专门措施。我国历史悠久,传统防水材料丰富多彩,先民从洞穴搬到平原,采用树枝、树叶和草等植物做防水材料。秦汉发明了砖瓦,采用致密多层叠合的具有一定防水能力的瓦防水,以大坡度将水排走,它是防排结合,以排为主,这种以防为辅的技术延续了近两千年历史。元宋以后,宫殿庙宇的建筑多采用琉璃瓦,而且采用了多道设防,在当时的经济文明条件下,祖先创造的古代防水理论和防水技术实为可贵。

北京故宫的屋顶(见图7.1.1)采用五道以上防水层:首先在木望板上铺薄砖,再铺贴桐油浸渍的油纸,然后拍灰泥层(将石灰加上糯米汁等拌和铺抹一层后,将麻丝均匀地拍入),接着铺一层铅锡合金的"锡拉背"片材,用焊锡连接成整体,其上再铺一层灰泥加麻丝,最后坐浆铺琉璃瓦勾缝。其用材考究、做工精细、工艺严格,具有非常可靠的防水能力,是我国建筑防水史上辉煌的一页。

图7.1.1 北京故宫

随着社会的快速发展,建筑的现代化、功能的多样化以及建设节约型社会的工作对防水技术提出了新的、更高的要求,同时也凸显了防水工程的重要性。渗漏问题是建筑物的质量通病。因渗漏而出现大面积墙皮剥落或导致发霉直接影响建筑物使用,甚至直接影响到建筑物的使用寿命。由此可见建筑防水效果的好坏对建筑物的质量尤为重要,防水工程在建筑工程中占有十分重要的地位,在整个建筑工程施工中必须严格、认真地做好建筑防水工程。

屋面工程应符合下列基本要求:具有良好的排水功能和阻止水侵入建筑物内的作用;冬季保温,减少建筑物的热损失并防止结露;夏季隔热,减少建筑物对太阳辐射热的吸收;适应主体结构的受力变形和温度变形;承受风、雪荷载的作用而不产生破坏;具有阻止火势蔓延的性能;满足建筑外形美观和使用的要求。

根据这些要求,屋面类型有卷材屋面、涂膜屋面、瓦屋面、金属板屋面和玻璃采光顶等。可根据建筑物的性质、使用功能、气候条件等因素进行组合。

屋面工程设计应遵照"保证功能、构造合理、防排结合、优选用材、美观耐用"的原则,屋面工程施工应遵照"按图施工、材料检验、工序检查、过程控制、质量验收"的原则。因此,屋面防水工程根据建筑物的类别、重要程度、使用功能要求确定防水等级,并按相应等级进行防水设防;对防水有特殊要求的建筑屋面,进行专项防水设计。屋面防水等级和设防要求应符合表7.1.1的规定。

表 7.1.1 屋面防水等级和设防要求

防水等级	建筑类别	设防要求
Ⅰ级	重要建筑和高层建筑	两道防水设防
Ⅱ级	一般建筑	一道防水设防

【基本概念】 建筑的防水等级:设计人员在进行防水设计时,要根据建筑物的性质、重要程度、使用功能要求等来确定建筑物各部位的防水等级,然后根据防水等级、防水层耐用年限来选用防水材料和进行构造设计。

【注意事项】《屋面工程质量验收规范》GB 50207—2012 是在 GB 50207—2002 的基础上修订完成的,取消了细石混凝土防水层,把细石混凝土作为卷材、涂膜防水层上面的保护层。

7.1.1 卷材防水屋面

卷材防水屋面属于柔性防水施工,它重量轻,防水性能较好,尤其是防水层具有良好的柔韧性,能适应一定程度的结构振动和胀缩变形,但它造价高,特别是沥青卷材易老化、起鼓、耐久性差,施工工序多,工效低,维修工作量大,产生渗漏时补找漏困难。常用的防水卷材有传统沥青防水卷材、高聚物改性沥青防水卷材、合成高分子防水卷材,其外观质量和品种规格应符合国家现行有关材料标准的规定。常用的 SBS 改性沥青防水卷材就是属于高聚物改性沥青防水卷材。

卷材防水屋面构造层次如图 7.1.2 所示。

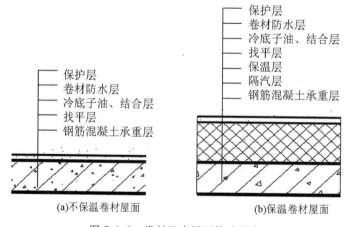

(a)不保温卷材屋面　　　　(b)保温卷材屋面

图 7.1.2 卷材防水屋面构造层次

1. 屋面基层(结构层)施工

屋面结构层是其上各层次的承重层,其刚度对各层次均有影响,特别对屋面防水层影响极大。

结构层若为整体式现浇钢筋混凝土,则刚度大,变形小,对屋面防水层的影响较小。结构层若为装配式预制钢筋混凝土屋盖时,为了增加屋盖整体刚度,要采用强度等级不小于C20的细石混凝土将板缝灌嵌密实。对于开间大、跨度大的结构,可在其上浇筑钢筋混凝土层,借以提高屋盖结构整体刚度。

【注意事项】 基层检查并修整后,应进行基层清理,以保证找坡层、找平层与基层能牢固结合。

2. 隔汽层施工

在室内空气湿度常年大于75%的地区,在保温层与结构层之间都设有隔汽层。隔汽层的主要作用是防止室内的水汽渗入保温层使保温材料受潮降低保温性能。

隔汽层的位置可设在平整的结构层上面,如结构层为预制钢筋混凝土屋面板时,应按规定先做好找平层。隔汽层做在找平层上面。根据设计规定,一般采用涂刷热沥青两度、一毡两油、二毡三油或粘贴单层高聚物改性沥青卷材或高分子卷材等。采用石油沥青基防水卷材或热沥青做隔汽层时,都要涂刷基层处理剂。采用卷材隔汽层,卷材宜空铺,卷材搭接缝应满黏,其搭接宽度不得小于80mm。

在冬季室内外温差大,室外温度在0℃以下,而室内温度都在0℃以上时,室内有水蒸气;在夏季太阳照晒的高温辐射热,使密闭在防水层下面保温层中的水分汽化,体积膨胀,造成卷材防水层起鼓,所以要设置隔汽层。

【注意事项】 若隔汽层出现破损现象,将不能起到隔绝室内水蒸气的作用,严重影响保温层的保温效果。

3. 保温层施工

施工前,基层应平整、干燥、干净,保温层可分为纤维材料保温层、板状保温层及现浇泡沫混凝土保温层三种。

(1)纤维材料保温层

纤维保温材料在施工时,应避免重压,并应采取防潮措施;纤维保温材料铺设时,平面拼接缝应贴紧,上下层拼接缝应相互错开;屋面坡度较大时,纤维保温材料宜采用机械固定法施工。

【注意事项】 随意掉落的矿物纤维对人体健康会造成危害。在铺设时,应重视做好劳动保护工作。施工人员应穿戴头罩、口罩、手套、鞋、帽和工作服,以防矿物纤维刺伤皮肤和眼睛或吸入肺部。

(2)板状保温层

板状保温材料应紧靠在需保温的基层表面上,并应铺平垫稳;分层铺设的板块上下层接缝应相互错开,板间缝隙应采用同类材料填密实;粘贴的板状保温材料应贴严、粘牢。

(3)现浇泡沫混凝土保温层

泡沫混凝土应按设计要求的干密度和抗压强度进行配合比设计,拌制时应计量准确,并应搅拌均匀;泡沫混凝土应按设计的厚度设定浇筑面标高线,找坡时宜采取挡板辅助措施;泡沫混凝土的浇筑出料口离基层的高度不宜超过1m,泵送时应采取低压泵送;泡沫混凝土应分层浇筑,一次浇筑厚度不宜超过 200mm,终凝后应进行保湿养护,养护时间不得少于 7d。

4. 找平层施工

找平层的作用是保证卷材铺贴平整、牢固;屋面板等基层应安装牢固,不得有松动现象;找平层必须清洁、干燥。常用的找平层分为水泥砂浆、细石混凝土、沥青砂浆找平层。水泥砂浆采用水泥∶砂为 1∶2.5(体积比),细石混凝土强度等级为 C20,混凝土随浇随抹时,应将原浆表面抹平、压光。

找平层厚度应符合表 7.1.2 的规定。

表 7.1.2　找平层厚度

找平层分类	适用的基层	厚度/mm
水泥砂浆	整体混凝土	15～20
	整体或板状材料	20～25
细石混凝土	装配式混凝土板	30～35
沥青砂浆	整体混凝土	15～20
	装配式混凝土板,整体或板状材料	20～25

【注意事项】　水泥砂浆中掺加抗裂纤维,可提高找平层的韧性和抗裂能力,有利于提高防水层的整体质量。

5. 防水层施工

卷材防水层施工的一般工艺流程为:清理、修补基层(找平层)表面→喷、涂基层处理剂→节点附加层增强处理→定位、弹线、试铺→铺贴卷材→收头处理、节点密封→清理、检查、调整。

(1)基层表面清理

铺设防水层前找平层必须干燥、洁净。

基层干燥程度的简易检验方法:将 $1m^2$ 卷材平坦地干铺在找平层上,静置 3～4h 后掀开检查,找平层覆盖部位与卷材上未见水印,即可铺设防水层。

(2)喷、涂基层处理剂

基层处理剂(或称冷底子油)的选用应与卷材的材性相容。基层处理剂可采用喷涂、刷涂施工。喷涂应均匀,待第一遍干燥后再进行第二遍喷涂,待最后一遍干燥后,方可铺设卷材,如图 7.1.3 所示。

【注意事项】　水泥砂待基层处理剂干燥后应及时进行卷材防水层和接缝密封防水施工。

图 7.1.3　涂刷基层处理剂

(3)节点附加层铺设

檐口、檐沟和天沟、水落口、女儿墙、变形缝等部位最容易漏水,也是防水施工的薄弱环节,因此需要重点处理,一般要加铺卷材或涂刷涂料作为附加增强层。

①檐口、檐沟和天沟

卷材防水屋面檐口 800mm 范围内的卷材应满黏,卷材收头应采用金属压条钉压,并应用密封材料封严。檐口下端应做鹰嘴和滴水槽,如图 7.1.4 所示。檐沟和天沟的防水层下应增设附加层,附加层伸入屋面的宽度不应小于 250mm;檐沟防水层和附加层应由沟底翻上到外侧顶部,卷材收头应用金属压条钉压,并应用密封材料封严,如图 7.1.5 所示。

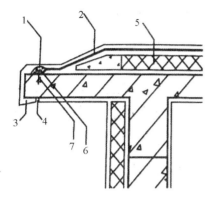 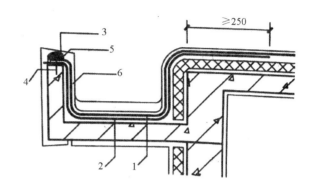

1-密封材料;2-卷材防水层;3-鹰嘴;4-滴水槽;
5-保温层;6-金属压条;7-水泥钉

图 7.1.4 卷材防水屋面檐口

1-防水层;2-附加层;3-密封材料;
4-水泥钉;5-金属压条;6-保护层

图 7.1.5 卷材防水屋面檐沟和天沟

②水落口

水落口杯应牢固地固定在承重结构上,水落口周围直径 500mm 范围内坡度不应小于 5%,防水层下应增设涂膜附加层,防水层和附加层伸入水落口杯不应小于 50mm,并应黏结牢固,如图 7.1.6 所示。

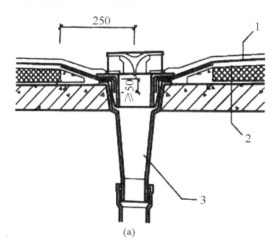 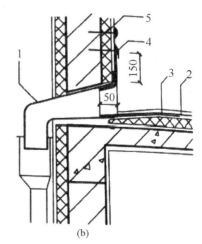

(a)

(b)

1-防水层;2-附加层;3-水落斗

1-水落斗;2-防水层;3-附加层;4-密封材料;5-水泥钉

图 7.1.6 水落口

③女儿墙

泛水是指屋面的转角与立墙部位。女儿墙泛水处的防水层下应增设附加层,附加层在平面和立面的宽度均不应小于 250mm。卷材收头应用金属压条钉压固定,并应用密封材料封严,如图 7.1.7 所示。

④变形缝

变形缝泛水处的防水层下应增设附加层,附加层在平面和立面的宽度不应小于 250mm,防水层应铺贴至泛水墙的顶部;变形缝内应预填不燃保温材料,上部应采用防水卷材封盖,并放置衬垫材料,再在其上干铺一层卷材;等高变形缝顶部宜加扣混凝土或金属盖板,如图 7.1.8 所示。

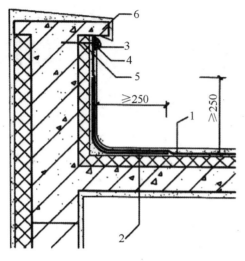
1-防水层;2-附加层;3-密封材料;
4-金属压条;5-水泥钉;6-压顶
图 7.1.7　女儿墙

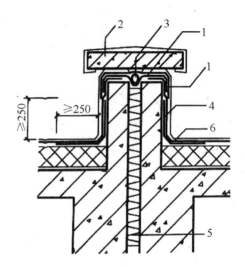
1-卷材封盖;2-混凝土盖板;3-衬垫材料;
4-附加层;5-不燃保温材料;6-防水层
图 7.1.8　变形缝

(4)定位、弹线

为了保证卷材搭接宽度和铺贴顺直,铺贴卷材时应按设计要求及卷材铺贴方向、搭接宽度放线定位,并在基层弹上墨线。

卷材防水层铺贴顺序和方向如图 7.1.9 所示:先进行细部构造处理,然后由屋面最低标高向上铺贴;卷材宜平行屋脊铺贴,上下层卷材不得相互垂直铺贴;檐沟卷材施工时,宜顺檐沟方向铺贴,搭接缝应顺流水方向;屋面坡度大于 25% 时,卷材应采取满黏和钉压固定的措施。

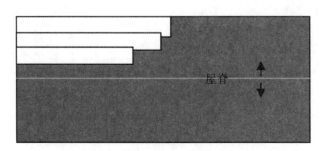
图 7.1.9　卷材防水层铺贴顺序和方向

卷材搭接缝要求：平行屋脊的卷材搭接缝应顺流水方向，卷材搭接宽度应符合表 7.1.3 的规定；相邻两幅卷材搭接缝应错开，且不得小于 500mm；上下层卷材长边搭接缝应错开，且不得小于幅宽的 1/3。

表 7.1.3　卷材搭接宽度

卷材类别		搭接宽度/mm
合成高分子防水卷材	胶黏剂	80
	胶黏带	50
高聚物改性沥青防水卷材	胶黏剂	100
	自黏	80

【注意事项】　为确保卷材防水层的质量，所有卷材均应用搭接法。卷材防水层采用叠层工法时，上下层卷材不得相互垂直铺贴，尽可能避免接缝叠加。

（5）铺贴卷材

铺贴卷材分为热熔法、冷黏张、自黏法、热黏法、焊接法和机械固定法等。下面介绍前三种方法。

①热熔法施工

热熔法是指高聚物改性沥青热熔卷材的铺贴方法，如图 7.1.10 所示。热熔卷材是一种在工厂生产过程中底面涂有一层软化点较高的改性沥青热熔胶的卷材。

施工时，火焰加热器的喷嘴与卷材面的距离应适中（一般为 0.5m 左右），如图 7.1.11 所示，幅宽内加热要均匀，应以卷材表面熔融至光亮黑色为度，不得过分加热卷材。铺贴卷材时应平整顺直，搭接尺寸应准确，不得扭曲。

图 7.1.10　热熔法施工

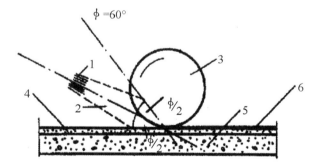

1-喷嘴；2-火焰；3-改性沥青卷材；
4-水泥砂浆找平层；5-混凝土层；6-卷材防水层
图 7.1.11　熔焊火焰的喷射方向

卷材表面沥青热熔后，应立刻滚铺卷材，滚铺时应排除卷材下面的空气。搭接缝边缘以溢出热熔的改性沥青为度，宽度宜为 8mm，并用铁抹子或其他工具刮抹一遍，再用喷枪均匀细致地封边。这种方法施工时受气候影响小，对基层表面干燥程度要求相对较宽松，但烘烤时对火候的掌握要求适度。

【注意事项】　加热温度要适当，若熔化不够，会影响卷材接缝的黏结强度和密封性能，加温过高会使沥青老化变焦且把卷材烧穿。厚度小于 3mm 的高聚物改性沥青防水卷材严禁采用热熔法施工。

②冷黏法施工

冷黏法是将胶黏剂涂刷在基层或卷材上,使卷材与基层相互黏结形成防水层,如图 7.1.12 所示。

图 7.1.12　冷黏法施工

胶黏剂要涂刷均匀,不应露底,不应堆积;卷材空铺、点黏、条黏时,应按规定的位置与面积涂刷胶黏剂;应根据胶黏剂的性能、施工环境与气温条件,控制胶黏剂涂刷与卷材铺贴的间隔时间;卷材下面的空气应排尽,并应辊压黏牢固;卷材铺贴应平整顺直,搭接尺寸应准确,不得扭曲,皱折。

【注意事项】　采用冷黏法铺贴卷材时,胶黏剂的涂刷质量对保证卷材防水施工质量关系极大,涂刷不均匀、有堆积或漏涂现象,不但影响卷材的黏结力,还会造成材料浪费。低温施工时宜采用热风机加热,搭接缝口应用材性相容的密封材料封严。

③自黏法施工

自黏法采用带有自黏胶的防水卷材,不加热、不涂胶结材料而进行黏结的方法,如图 7.1.13 所示。

为了提高卷材与基层的黏结性能,铺黏卷材前,基层表面应均匀涂刷基层处理剂,干燥后应及时铺贴卷材;首先应将卷材背面隔离纸全部撕净,否则不能实现完全黏结;铺贴卷材时应排除卷材下面的空气,并应辊压粘贴牢固。

图 7.1.13　自黏型卷材

【注意事项】　采用这种铺贴工艺,考虑到施工的可靠度、防水层的收缩,以及外力使缝口翘边开缝的可能,要求接缝口用密封材料封严,以提高其密封抗渗的性能。

(6)收头处理、节点密封

当整个防水层熔贴完毕后,所有搭接缝均应用密封材料涂封严密。

【注意事项】　防水卷材有合成高分子防水卷材和高聚物改性沥青防水卷材可选用,其外观质量和品种、规格应符合国家现行有关材料标准的规定。根据屋面卷材的暴露程度,选择耐紫外线、耐老化、耐霉烂相适应的卷材。

6. 保护层施工

待卷材铺贴完成,进行雨后观察、淋水或蓄水试验,合格后再进行保护层施工。保护层施工前,防水层的表面应平整、干净。施工时应避免损坏防水层。

用块体材料做保护层时,宜设置分格缝,分格缝纵横间距不应大于 10m,分格缝宽度宜为 20mm。用水泥砂浆做保护层时,表面应抹平压光,并应设表面分格缝,分格面积宜为 1m²。用细石混凝土做保护层时,混凝土应振捣密实,表面应抹平压光,分格缝纵横间距不应大于 6m,分格缝的宽度宜为 10～20mm。

【注意事项】 水泥砂浆及细石混凝土保护层铺设前,应在防水层上做隔离层;细石混凝土铺设不宜留施工缝。

7.1.2 涂膜防水屋面

涂膜防水屋面是在屋面基层上涂刷防水涂料,经固化后形成一层有一定厚度和弹性的整体涂膜,使基层表面与水隔绝,从而达到防水目的的一种防水屋面形式。防水涂料能在屋面上形成无接缝的防水涂层,涂膜层的整体性好,并能在复杂基层上形成连续的整体防水层。

涂膜防水屋面的典型构造层次如图 7.1.14 所示。具体施工有哪些层次,根据设计要求确定。

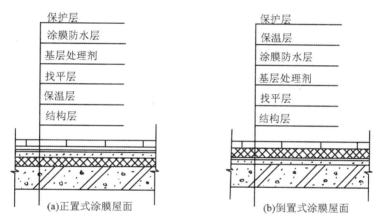

图 7.1.14 涂膜防水屋面的典型构造层次

【注意事项】 屋面工程施工前,应进行图纸会审,掌握施工图中的构造要求、节点做法及有关的技术要求,并编制防水施工方案或技术措施。涂料施工前,确定涂刷的遍数和每遍涂刷的用量,安排合理的施工顺序。对施工班组进行技术交底。

防水涂料包装容器应密封,容器表面应标明涂料名称、生产厂家、执行标准号、生产日期和产品有效期,并应分类存放。采用双组分涂料时,应采用电动机具搅拌均匀并及时使用。涂膜防水层施工工艺流程如图 7.1.15 所示。

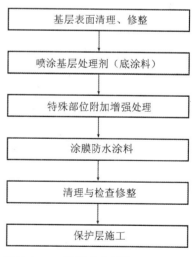

图 7.1.15 涂膜防水层施工工艺流程

1. 基层表面清理、修整

涂膜防水层的基层应坚实、平整、干净,应无孔隙、起砂和裂缝,保证涂膜防水层与基层有较好黏结强度。基层的干燥程度应根据所选用的防水涂料的特性确定。溶剂型、热熔型和反应固化型防水涂料的基层要求干燥,否则会导致防水层成膜后空鼓、起皮现象。

2. 涂刷基层处理剂

在基层上涂刷基层处理剂的作用,一是堵塞基层毛细孔,使基层的湿气不易渗到防水层中,引起防水层空鼓、起皮现象;二是增强涂膜防水层与基层的黏结强度。因此,涂刷基层处理剂要均匀、覆盖完全。

基层处理剂应与卷材相容,配比应准确并搅拌均匀,基层处理剂可先用喷涂或涂刷工艺,喷涂前应对屋面细部进行涂刷,喷涂应均匀一致。

3. 特殊部位附加增强处理

涂膜防水层施工前,应先对水落口、天沟、檐沟、泛水、伸出屋面管道根部等节点部位进行增强处理,一般涂刷加铺胎体增强材料的涂料进行增强处理。

胎体增强材料是为了增强涂膜防水层的适应变形能力和涂膜防水层的抗裂能力。胎体增强材料主要有聚酯无纺布、化纤无纺布材料,其质量要求应符合表7.1.4的要求。

表7.1.4　胎体增强材料质量要求

项目		质量要求	
		聚酯无纺布	化纤无纺布
拉力(宽50mm)/N	纵向	≥150	≥45
	横向	≥100	≥35
延伸率/%	纵向	≥10	≥20
	横向	≥20	≥25

胎体增加材料应随防水涂料边涂刷边铺贴,用毛刷或纤维布抹平,排除气泡,应与防水涂料完全黏结。

胎体增加材料平行或垂直屋脊铺设应视方便施工而定。平行于屋脊铺设时,应由最低标高处向上铺设,胎体增强材料顺着流水方向搭接,长边搭接宽度不小于50mm,短边搭接宽度不小于70mm。两层胎体增强时,上下层不得垂直铺设,上下层长边搭接缝应错且不得小于1/3幅宽。

【注意事项】　胎体增强材料铺贴时,应边涂刷边铺胎体,避免两者分离;胎体增强材料不得有外露现象,外露易导致老化而失去增强作用;胎体增强材料与防水涂料黏结不牢固,不平整,涂膜防水层会出现分层现象。

4. 涂膜防水涂料

根据防水涂料成膜物质的主要成分,适用于涂膜防水屋面的防水层涂料有合成高分子防水涂料、聚合物水泥防水涂料和高聚物改性沥青防水涂料可选用。每道涂膜防水层最小厚度应符合表7.1.5的规定。

表7.1.5　每道涂膜防水层最小厚度　　　　　　　　　　单位:mm

防水等级	合成高分子防水涂料	聚合物水泥防水涂料	高聚物改性沥青防水涂料
Ⅰ级	1.5	1.5	2.0
Ⅱ级	2.0	2.0	3.0

(1) 为了提高涂膜施工的工效,保证涂膜的均匀性和涂膜质量,不同类型的防水涂料应

采用不同的施工工艺,如表 7.1.6 所示。

表 7.1.6 防水涂料施工工艺

防水涂料	宜选用	不宜采用
水乳型及溶剂型	刷涂或喷涂	
反应固化型	刮涂或喷涂	滚涂
热熔型	刮涂	滚涂或喷涂
聚合物水泥防水涂料	刮涂	

(2)防水涂料应多遍均匀涂布,一般为涂布三遍或三遍以上为宜,而且须待先涂的涂料干后再涂后一遍涂料,涂膜总厚度应符合设计要求。如一次涂成,涂膜层易开裂。

(3)涂膜防水层涂布时,要求涂刮厚薄均匀、表面平整,否则会影响涂膜层的防水效果和使用年限,也会造成材料不必要的浪费。

(4)屋面转角及立面的涂膜应薄涂多遍,若一次涂成,极易产生下滑并出现流淌或堆积现象,造成涂膜厚薄不均匀,影响防水质量。

【注意事项】 涂膜防水层成膜后如出现流淌、起泡和露胎体等缺陷,会降低防水工程质量而影响使用寿命。各类防水涂料的包装容器必须密封,如密封不好,水分或溶剂挥发后,易使涂料表面结皮,另外溶剂挥发时易引起火灾。溶剂型涂料的施工环境温度宜在$-5\sim+35℃$,水乳型涂料宜为 $5\sim35℃$。

5.收头处理

涂膜防水层收头是屋面细部构造施工的关键环节,涂膜防水层收头应用防水材料多遍涂刷,以增强密封效果,并形成无接缝的防水涂膜。

【注意事项】 防水是屋面的主要功能之一,若涂膜防水层出现渗漏和积水现象,则是严重问题。检查屋面有无渗漏和积水、排水系统是否通畅,可在雨后或持续淋水 2h 以后进行。有可能做蓄水试验的屋面,其蓄水时间不应少于 24h。

7.1.3 瓦屋面

近年来,随着建筑设计的多样化,为了满足造型和艺术的要求,对有较大坡度的屋面工程也越来越多地采用了瓦屋面,包括烧结瓦屋面、混凝土瓦屋面和沥青瓦屋面。规范规定:防水等级为Ⅰ级的瓦屋面,防水做法采用瓦+防水层;防水等级为Ⅱ级的瓦屋面,防水做法采用瓦+防水垫层。

瓦屋面中的"瓦",本身不能算作是一种防水材料,只有瓦和防水垫层组合后才能形成一道防水设防。防水垫层宜选用自黏聚合物沥青防水垫层或聚合物改性沥青防水垫层。

瓦屋面必须具有一定的坡度,如果屋面坡度太小,不仅不利于屋面排水,而且瓦片之间易出现爬水、浸水现象,导致屋面渗漏。规范规定:烧结瓦、混凝土瓦屋面的坡度不应小于30%,沥青瓦屋面的坡度不应小于 20%。

1.细部构造

(1)檐口

烧结瓦、混凝土瓦屋面的瓦头挑出檐口的长度宜为 50～70mm,沥青瓦屋面的瓦头挑出宜为 10～20mm,如图 7.1.16 所示。

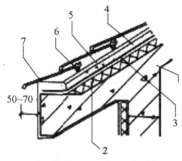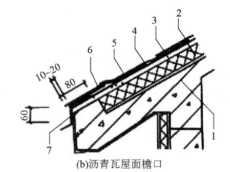

(a)烧结瓦、混凝土屋面檐口　　　　　　(b)沥青瓦屋面檐口

1-结构层;2-保温层;3-防水层或防水垫层;　　1-结构层;2-保温层;3-持钉层;4-防水层或防水垫层;
4-持钉层;5-顺水条;6-挂瓦条;7-烧结瓦或混凝土瓦　　5-沥青瓦;6-起始层沥青瓦;7-金属滴水板

图 7.1.16　瓦屋面檐口

（2）泛水

瓦屋面山墙及突出屋面结构的交接处是屋面防水的薄弱环节,对这些部位应进行泛水处理,其泛水高度不应小于 250mm,如图 7.1.17 所示。

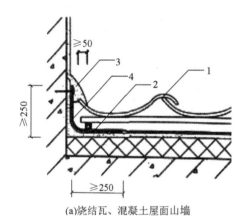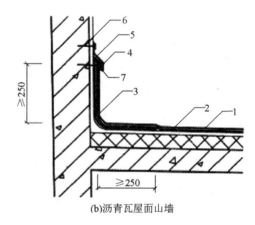

(a)烧结瓦、混凝土屋面山墙　　　　　　(b)沥青瓦屋面山墙

1-烧结瓦或混凝土瓦;2-防水层或防水垫层　　1-沥青瓦;2-防水层或防水垫层;3-附加层;
3-聚合物水泥砂浆;4-附加层　　　　　4-金属盖板;5-密封材料;6-水泥钉;7-金属压条

图 7.1.17　瓦屋面山墙泛水处理

2. 基层

瓦屋面的基层可以用木基层,也可以用混凝土基层,基层应平整、干净、干燥。其构造做法如表 7.1.7 所示。

表 7.1.7　不同基层的构造做法

瓦屋面	基层种类	构造顺序			
烧结瓦混凝土瓦	木基层		铺设防水层或防水垫层	钉顺水条、挂瓦条	挂瓦
	混凝土基层	抹水泥砂浆	铺设防水层或防水垫层		
	有保温层的混凝土基层	铺设防水层或防水垫层	设细石混凝土持钉层		

续　表

瓦屋面	基层种类	构造顺序		
沥青瓦	木基层		铺设防水层 或防水垫层	铺钉沥青瓦
	混凝土基层	抹水泥砂浆		
	有保温层的 混凝土基层	铺设防水层 或防水垫层	铺设持钉层	

3. 防水垫层

铺设防水垫层的基层应平整、干净、干燥。铺设防水垫层时,应平行屋脊自下而上铺贴。平行屋脊方向的搭接宜顺流水方向;垂直屋脊方向的搭接宜顺年最大频率风向,搭接缝应交错排列。

4. 烧结瓦和混凝土瓦铺装

平瓦和脊瓦应边缘整齐,表面光洁,不得有分层、裂纹和露砂等缺陷。

顺水条应垂直正脊方向(顺水方向)铺钉在基层上,其间距不宜大于500mm,顺水条应铺钉牢固、平整,如图7.1.18所示。钉挂瓦条时就应拉通线,挂瓦条的间距应根据瓦片尺寸和屋面坡长经计算确定,挂瓦条铺钉平整、牢固,上棱应成一直线。

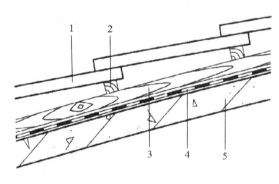

1-块瓦;2-挂瓦条;3-顺水条;4-防水垫层;5-屋面板

图7.1.18　块瓦屋面

铺设瓦屋面时,瓦片应均匀分散堆放在两坡屋面基层上,严禁集中堆放。挂瓦应从两坡的檐口同时对称进行。瓦后爪应与挂瓦条挂牢,并应与邻边、下面两瓦落槽密合;整坡瓦面应平整,行列应横平竖直,不得有翘角和张口现象;正脊和斜脊应铺平挂直,脊瓦搭盖应顺主导风向和流水方向。

5. 沥青瓦铺装

防水垫层铺设完成后,在屋面弹出水平及垂直基准线,按线进行沥青瓦的铺设。

沥青瓦自檐口向上铺设,屋脊部位应从斜屋脊的屋檐处开始铺设并向上直到正脊。固定钉钉入沥青瓦,钉帽应与沥青瓦表面齐平。

沥青瓦应边缘整齐,切槽应清晰,厚薄均匀,表面应无孔洞、棱伤、裂纹、皱折和起泡等缺陷。

7.1.4　其他屋面施工简介

1. 植被屋面

在屋面防水层上覆盖种植土,可提高屋顶的隔热、保温性能,还有利于屋面防水防渗、保护防水层。种植土可栽培花草或农作物,有利于美化环境、净化空气,且有经济效益,但增加了屋顶的荷载。屋面种植用水除利用天然降雨外,应另补人工水源。植被屋面如图 7.1.19 所示。

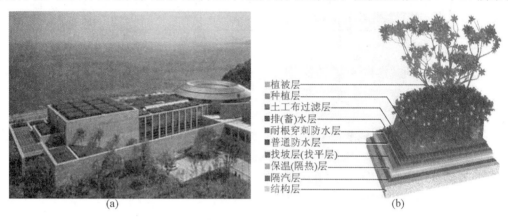

(a)

植被层
种植层
土工布过滤层
排(蓄)水层
耐根穿刺防水层
普通防水层
找坡层(找平层)
保温(隔热)层
隔汽层
结构层

(b)

图 7.1.19　植被屋面

种植隔热层与防水层之间宜设细石混凝土保护层,排水层陶粒粒径不应小于 25mm,大粒径应在下,小粒径应在上;排水层上应铺设过滤层土布,过滤层土布应沿种植土周边向上铺设至种植土高度,并应与挡墙或挡板黏牢;种植土表面应低于挡墙高度 100mm。

2. 蓄水屋面

用现浇钢筋混凝土做防水层,并长期储水的屋面叫蓄水屋面。混凝土长期浸在水中可避免碳化、开裂,提高耐久性。蓄水屋面可隔热降温,还可养殖鱼虾而获得经济效益。水池池底和池壁应一次浇成,振捣密实,初凝后立即注水养护。水池的长度与宽度若超过 40m时,应设置变形缝。水深以 200～600mm 为宜,水源主要利用天然雨水,还应另补人工水源,溢水口应与檐沟及雨水管相接。蓄水屋面如图 7.1.20 所示。

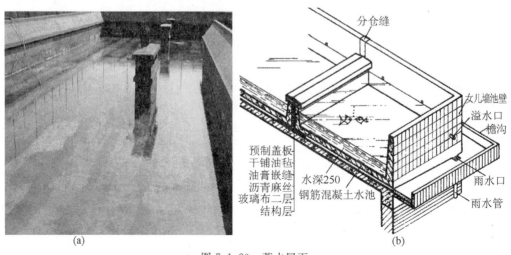

(a)

分仓缝
女儿墙池壁
溢水口
檐沟
预制盖板
干铺油毡
油膏嵌缝
沥青麻丝
玻璃布二层
结构层
水深250
钢筋混凝土水池
雨水口
雨水管

(b)

图 7.1.20　蓄水屋面

每个蓄水区的防水混凝土应一次浇筑完毕,不得留施工缝。防水混凝土应用机械振捣密实,表面应抹平和压光,初凝后应覆盖养护,终凝后浇水养护不得少于 14d,蓄水后不得断水。

蓄水池的所有孔洞应预留,不得后凿;所设置的给水管、排水管和溢水管等,均应在蓄水池混凝土施工前安装完毕。

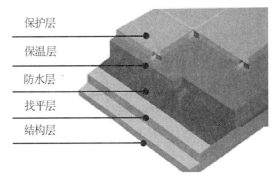

图 7.1.21　倒置式屋面

3. 倒置式屋面

保温层设置在防水层上面,这种做法又称为"倒置式保温屋面",其构造层次为保温层、防水层、结构层。这种屋面对采用的保温材料有特殊的要求,应当使用吸湿性低而气候性强的憎水材料作为保温层(如聚苯乙烯泡沫塑料板或聚氯脂泡沫塑料板),并在保温层上加设钢筋混凝土、卵石、砖等较重的覆盖层。倒置式屋面如图 7.1.21 所示。

7.1.5　常见屋面渗漏防治方法

人类房屋建筑的历史已经有两千多年,但屋面渗漏始终都是房屋建筑工程质量的一大顽症,是最为常见的质量通病。几乎所有的房屋建筑在完工后,都不同程度地存在屋面渗漏现象。屋面渗漏严重影响房屋建筑的基本使用功能,给用户的生活带来很大的不便,甚至造成极大的损失。因此在施工过程中对建筑屋面渗漏采取有效的防治措施,并在施工完成后深入观察与检验,发现渗漏隐患,针对不同的渗漏原因采取不同的渗漏处理办法。

屋面渗漏现象通常表现为:屋面混凝土板孔细通道渗漏、滴水、湿渍与水迹,屋面排烟(气)道、落水管、透气管、地漏等管周渗水,如图 7.1.22 所示。

(a)墙面梁底渗漏

(b)混凝土不密实渗漏

图 7.1.22　屋面渗漏现象

1. 混凝土结构渗漏的防治措施

混凝土结构渗透一般可分为普通部位渗透和施工缝处的渗透。普通部位的渗透主要考虑在以下三个方面进行防治:选用良好的级配骨料,严格控制砂、石子含泥量,降低水灰比,提高混凝土的密实性;混凝土配置须严格控制水灰比和水泥用量,粗细骨料级配应准确,减少孔隙率;模板安装必须牢固,确保足够的强度和刚度,严防不均匀沉陷。

施工缝由于前后浇筑时间不同,因此更加容易渗透,在施工过程中应严格控制混凝土浇筑的间歇时间,一般控制在150～180min。在施工缝的设计上应尽量采用企口缝,如凸形、凹形、V形、阶梯形缝。此外浇筑前在施工缝处先铺一层与混凝土成分相同的水泥砂浆,施工过程中已硬化的混凝土表面的水泥薄膜和松动混凝土应清除,并冲洗干净且不得积水。

2. 卷材防水屋面渗漏的防治措施

(1)伸出屋面的突出构造物、管道或预埋件等,应在防水层施工前安装完毕,严禁在屋面防水层完工后凿孔打洞。基层与突出屋面结构的连接处及基层的转角处均应做成圆弧。

(2)屋面找平层应平整,水泥砂浆抹平收水后应二次压光并充分养护,无积水,含水率不大于10%。找平层宜设分格缝,缝宽为20mm,缝口设在屋面板的拼缝处,分格缝间距使用水泥砂浆材料时应小于6m,使用沥青砂浆材料时应小于4m。

(3)选用合格的卷材,腐朽、变质及破损的应剔除不用。

(4)基层应干净干燥,铺贴前底子油涂刷均匀。

3. 涂膜防水屋面渗漏的防治措施

(1)沥青基防水涂料、高聚物改性沥青防水涂料、合成高分子防水涂料和胎体增强材料必须符合设计及相应的技术标准要求。涂料延伸性、固体含量、柔性、不透水性和耐热度,以及胎体拉力和延伸率均应检验合格。

(2)高聚物改性沥青防水涂膜和合成高分子涂料严禁在雨天、雪天施工,溶剂型涂料施工气温宜为-5～+35℃;水乳型涂料及沥青基防水涂膜施工温度宜为5～35℃。

(3)天沟、檐沟、水落口与屋面交接处应增设玻璃丝布1～2层,宽度为200～300mm。水落口周围与屋面交接处做密封处理,如图7.1.23所示,涂膜伸入水落口的深度≥50mm。泛水处的涂膜防水层宜直接涂刷至女儿墙的压顶下,压顶做防水处理。涂膜防水层的收头

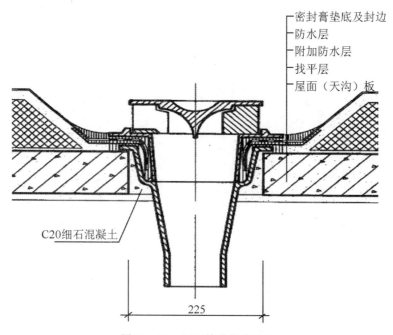

图 7.1.23　屋面特殊部位处理

应用防水涂料多遍涂刷或用密封材料封严。变形缝内应填充泡沫塑料或沥青麻丝,其上放衬垫材料,并用卷材封盖,顶部应加扣混凝土盖板或金属盖板。

【注意事项】 防水涂膜施工一定要多遍薄涂,不得图省事一下子就把料涂上,造成流淌堆积,表干内湿,留下渗漏隐患。防水卷材大面积施工,搭接缝很关键,热熔施工火候一定要掌握住,火力太小会造成虚焊,外表很漂亮,里边有空隙;火力太大会把材料烧焦,降低防水寿命。防水层施工完以后,成品保护很重要,非上人屋面一般不另外做保护层,因此绝对不能在上面推车子或堆钢管扣件等杂物。

7.2 卫生间防水工程

建筑物中不可忽视的重要防水部位是卫生间,卫生间的施工面积小、穿墙管道多、设备多、阴阳转角复杂、房间长期处于潮湿状态,且维修时对吊顶及附属装修等有影响,影响住房的正常使用,综合费用较高,因此卫生间防水工程是一个关键项目,在设计以及施工过程中应特别予以重视。

通过大量的试验和实践证明,传统的卷材防水做法已不适应卫生间防水施工要求,以涂膜防水代替各种卷材防水,尤其是选用高弹性的聚氨酯涂膜防水或选用弹塑性的氯丁胶乳沥青涂料防水等新材料和新工艺,可以使卫生间的地面和墙面形成一个没有接缝、封闭严密的整体防水层,从而提高卫生间的防水工程质量。

7.2.1 聚氨酯防水涂料施工

聚氨酯防水涂料是一种双组分反应固化型合成高分子防水涂料,甲组分是由聚醚和异氰酸酯经缩聚反应得到的聚氨酯预聚体,乙组分是由增塑剂、固化剂、增稠剂、促凝剂、填充剂组成的彩色液体。使用时将甲、乙两组分按一定比例混合,搅拌均匀后,涂刷在需施工基面上,经数小时后反应固结为富有弹性、坚韧又有耐久性的防水涂膜。卫生间的地面构造如图 7.2.1 所示。

1. 聚氨酯防水涂料的特点

(1)能在潮湿或干燥的各种基面上直接施工,与基面黏结力强。

(2)涂膜有良好的柔韧性,对基层伸缩或开裂的适应性强,抗拉性强度高。

(3)涂膜密实,防水层完整,无裂缝、无针孔、无气泡、水蒸气渗透系数小,既具有防水功能又有隔汽功能。

(4)绿色环保,无毒无味,不污染环境,对人身无伤害。

(5)施工简便,工期短,维修方便。

2. 工艺流程

清理基层表面→涂刷基层处理剂→细部附加层施工→第一遍涂膜→第二遍涂膜→第三遍涂膜→第一次蓄水试验→防水层验收→保护层施工→防水层第二次蓄水试验。

(1)清理基层表面

首先应将基层上的浮灰、油污等清理干净。基层要做到不得有突出的尖角、凹坑和起砂现象,不得有疏松、砂眼或空洞存在。在卫生间等周圈墙角处应使用 1：2 水泥砂浆将其抹

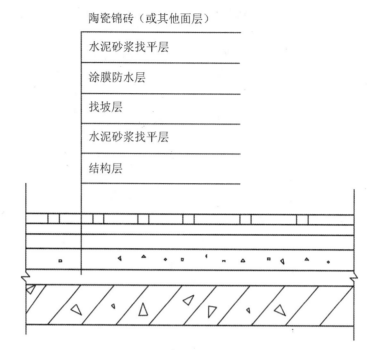

陶瓷锦砖（或其他面层）

水泥砂浆找平层

涂膜防水层

找坡层

水泥砂浆找平层

结构层

图 7.2.1 卫生间的地面构造

成 $R=50$mm 均匀光滑的小圆角。穿墙管道及连接应安装牢固，接缝严密，若有铁锈、油污应以钢丝刷、砂纸、溶剂等予以清理干净。清理基层表面如图 7.2.2 所示。

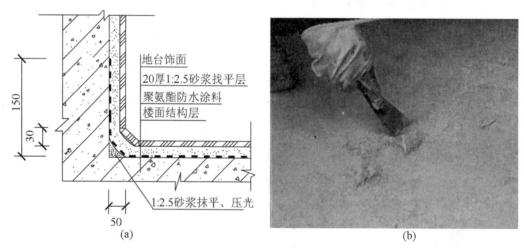

地台饰面
20厚1:2.5砂浆找平层
聚氨酯防水涂料
楼面结构层

1:2.5砂浆抹平、压光

(a)   (b)

图 7.2.2 清理基层表面

（2）涂刷基层处理剂

①配制基层处理剂。先将聚氨酯甲料、乙料加入二甲苯，比例为 1：1.5：1.5（重量比）配合搅拌均匀，配制量应视具体情况定，不宜过多。

②涂刷基层处理剂。将按上法配制好的底胶混合料，用长把滚刷均匀涂刷在基层表面，涂刷量为 $0.15\sim0.20$kg/m²，涂后常温季节 4h 以后，手感不黏时，即可做下道工序，如图 7.2.3 所示。

【注意事项】 基层处理剂为低黏度聚氨酯,可以起到隔离基层潮气,提高涂膜与基层黏结强度的作用。涂刷基层处理剂前,基层表面应保持干燥。

(3) 附加层施工

地面的地漏、管根、出水口,卫生洁具等根部(边沿)、阴、阳角等部位,应在大面积涂刷前,先做一布二油防水附加层,两侧各压交界缝200mm。涂刷防水材料的具体要求是,常温4h表干后,再刷第二道涂膜防水材料,24h实干后,即可进行大面积涂膜防水层施工。

图7.2.3 涂刷基层处理剂

(4) 涂刷第一遍涂料

如图7.2.4所示,将已配好的聚氨酯涂膜防水材料用塑料或橡皮刮板均匀涂刷在已涂好底胶的基层表面,每平方米用量为0.8~1.0kg,立面涂刷高度不应小于150mm。不得有漏刷和鼓泡等缺陷,24h固化后,可进行第二道涂层。

(5) 涂刷第二、三遍涂料

在已固化的涂层上,采用与第一道涂层相互垂直的方向均匀涂刷在涂层表面,涂刷

图7.2.4 涂刷防水涂料

量与第一道相同,不得有漏刷和鼓泡等缺陷。24h固化后,再按上述配方和方法涂刮第三道涂膜,涂刮量以0.4~0.5kg/m² 为宜。三道涂膜厚度为1.5mm。除上述涂刷方法外,也可采用长把滚刷分层进行相互垂直的方向分四次涂刷。如条件允许,也可采用喷涂的方法,但要掌握好厚度和均匀度。细部不易喷涂的部位,应在实干后进行补刷。

(6) 第一次蓄水试验

待防水层完全干燥后,可进行第一次蓄水试验,24h后无渗漏为合格。遇有渗漏,应进行补修,至不出现渗漏为止,如图7.2.5所示。

(7) 保护层施工

防水层蓄水试验不漏,质量检查合格后,即可铺设一层厚度为15~25mm的水泥砂浆保护层或黏铺地面砖、陶瓷锦砖等饰面层。为了增加防水涂膜与黏结饰面层之间的黏结力,在防水层表面需边涂聚氨酯防水涂料,边稀撒砂粒。砂粒黏结固化后,即可进行保护层施工。施工时应注意成品保护,不得破坏防水层。

图7.2.5 蓄水试验

（8）第二次蓄水试验

卫生间装饰工程全部完成后，工程竣工前还要进行第二次蓄水试验，以检验防水层完工后是否被水电或其他装饰工程损坏。蓄水试验合格后，卫生间的防水施工才算完成。

3. 聚氨酯涂膜防水材料的质量要求

技术性能应符合设计要求或标准规定，并应附有质量证明文件和现场取样进行检测的试验报告以及其他有关质量的证明文件。涂膜厚度应均匀一致，总厚度不应小于 1.5mm。涂膜防水层必须均匀固比，不应有明显的凹坑、气泡和渗漏的现象。

7.2.2 氯丁胶乳沥青防水涂料施工

氯丁胶乳沥青防水涂料防水层是以阳离子氯丁胶乳和石油沥青为主要原料生产的水乳型防水涂料，采用冷作施工，配以玻璃丝布一起铺贴，形成一个无缝无硬角的整体防水层。它兼有橡胶和沥青的双重优点，这种防水层具有防水、抗渗、耐老化、不易燃、无毒、抗基层变形能力强等优点，而且还具有施工为冷作业，操作方便，施工成本较低等优点。

氯丁胶乳沥青防水涂料施工工艺流程为：基层找平处理→满刮一遍氯丁胶乳沥青水泥腻子→满刮第一遍涂料→做细部构造加强层→铺贴玻璃布，同时刷第二遍涂料→铺第二层布，刷第三遍涂料→铺第三层布，刷第四遍涂料→蓄水试验

1. 基层找平处理

先检查基层水泥砂浆找平层是否平整，泛水坡度是否符合设计要求，面层有凹凸不平处时，用水泥砂浆找平，或用水泥腻子补平，用钢丝刷、开刀等将黏结在面层上的浆皮铲掉，最后用笤帚将尘土扫干净。

2. 满刮一遍氯丁胶乳沥青水泥腻子

将搅拌均匀的氯丁胶乳沥青防水涂料倒入小桶中，掺少许水泥搅拌均匀，用刮板将基层满刮一遍，管根及转角处要厚刮并抹均匀。

3. 满刮第一遍涂料

待基层氯丁胶乳水泥腻子干燥后，开始涂刷第一遍涂料。要求表面均匀，涂刷不能过厚或堆积，避免露底或漏刷。

4. 做细部构造加强层

阴阳角先做一道加强层，即将玻璃丝布铺贴好，然后用油漆刷刷氯丁胶乳沥青防水涂料，要贴实、刷平，不得有折皱。做管子根部加强层时，可将玻璃丝布（或无纺布）剪成锯齿形，铺贴在管表面，上端与标准地面平，下端贴实在管根部平面上，宽为150mm，同时刷氯丁胶乳沥青防水涂料，要贴实贴平。

5. 铺贴玻璃布，同时刷第二遍涂料

附加层铺贴实干后，接着即可铺大面第一层玻璃纤维布，玻璃布可卷成圆卷，边铺边刷第三遍胶料。铺贴时用手刷将其刷展平整，排除气泡，并使胶料浸透布纹。一般平面施工从低处向高处做，按顺水接槎从里往门口做，先做水平后做垂直面。玻璃布搭接不得小于10cm，收口处要贴牢。

6. 铺第二层布，刷第三遍涂料

待第二层涂料干燥后，即可涂刷第三遍胶料。同样要涂刷均匀，不得漏刷，不得有白茬、折皱。

7. 铺第三层布,刷第四遍涂料

第三遍涂料干燥后,再铺一层布,同时涂刷最后一遍涂料,干透后做蓄水试验。

8. 蓄水试验

待涂料干燥后,可进行蓄水试验。方法是临时封闭地漏口,然后蓄水,时间不少于24h,如无渗漏,即认为合格。如发现渗漏,应及时修补,再做蓄水或淋水试验,直至不漏为止。

7.2.3 涂膜防水施工注意事项

施工材料多属易燃物质,存放、配料以及施工现场必须严禁烟火,现场要配备足够的消防器材。施工用材料如有毒性,存放材料的仓库和施工现象必须通风良好,无通风条件的地方必须安装机械通风设备。

在施工过程中,严禁上人踩踏未完全干燥的涂膜防水层,操作人员应穿平底胶布鞋,以免损坏涂膜防水层。凡需做附加补强层的部位应先施工,然后进行大面防水层施工。已完工的涂膜防水层必须经蓄水试验无渗漏现象后,方可进行保护层的施工。进行保护层施工时,切勿损坏防水层,以免留下渗漏隐患。

7.2.4 渗漏与堵漏技术

卫生间用水频繁,防水处理不当就会发生渗漏。主要表现在楼板管道滴漏水、地面积水、墙壁潮湿渗水,甚至下层顶板和墙壁也出现滴水等现象。治理卫生间的渗漏,必须先查找渗漏的部位和原因,然后采取有效的针对性措施。

1. 板面及墙面渗水

混凝土、砂浆施工的质量不良,存在微孔渗漏;板面、隔墙出现轻微裂缝;防水涂层施工质量不好或被损坏,都会出现板面及墙面的渗水现象,如图7.2.6所示。

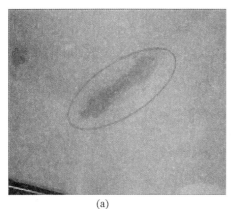 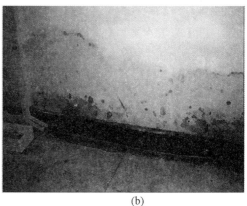

(a)　　　　　　　　　　　　　　　　　(b)

图 7.2.6　卫生间板面及墙面渗水

堵漏措施有:

(1)拆除卫生间渗漏部位饰面材料,涂刷防水涂料。

(2)如有开裂现象,则应对裂缝先进行增强防水处理,再刷防水涂料。增强处理一般采用贴缝法、填缝法和填缝加贴缝法。贴缝法主要适用于微小的裂缝,可刷防水涂料并加贴纤维材料或布条,做防水处理。填缝法主要用于较显著的裂缝,施工时要先进行扩缝处理,将缝扩展成 15mm×15mm 左右的 V 形槽,清理干净后刮填嵌缝材料。填缝加贴缝法除采用填缝处理外,在缝表面再涂刷防水涂料,并黏纤维材料处理。

(3) 当渗漏不严重,饰面拆除困难时,也可直接在其表面刮涂透明或彩色聚氨酯防水涂料。

2. 卫生洁具及穿楼板管道、排水管口等部位渗漏

卫生洁具及管口周边填塞不严;由于振动及砂浆、混凝土收缩等原因出现裂隙;卫生洁具及管口周边未用弹性材料处理,或施工时嵌缝材料及防水涂料黏结不牢;嵌缝材料及防水涂层被拉裂或拉高黏结面等情况,易出现渗漏,如图 7.2.7 所示。

堵漏措施有:

(1) 将漏水部位彻底清理,刮填弹性嵌缝材料,如图 7.2.8 所示。

(2) 在渗漏部位涂刷防水涂料,并粘贴纤维材料增强。

图 7.2.7 卫生洁具及穿楼板管道、排水管口等部位渗漏　　　图 7.2.8 堵漏

【实训四】 防水卷材粘贴

实训任务:

1. 3mm 厚自黏型 SBS 改性沥青防水卷材进场验收;

2. 屋面定位、弹线和试铺;

3. 自黏型 SBS 改性沥青防水卷材干铺法铺贴。

操作步骤:

1. 防水材料进场验收

屋面防水材料进场检验项目应符合表 7.3.1 的规定。

表 7.3.1 高聚物改性沥青防水卷材进场检验项目

现场抽样数量	外观质量检验	物理性能检验
进行规格尺寸和外观质量检验,在外观质量检验合格的卷材中,任取一卷进行物理性能检验	表面平整,边缘整齐,无孔洞、缺边、裂口、胎基未浸透,矿物粒料粒度,每卷卷材的接头	可溶物含量、接力、最大接力时延伸率、耐热度、低温柔度、不透水性

将卷材立放于平面上,用一把钢板尺平放在卷材的端面上,用另一把最小分度值为1mm的钢板尺垂直伸入卷材端面最凹处,测得的数值即为卷材端面的里进外出值,然后将卷材展开按外观质量要求检查。沿宽度方向裁取 50mm 宽的一条,胎基内不应有未被浸透的条纹。

验收后完成如表 7.3.2 所示的记录。

表 7.3.2 卷材外观检验项目

项目	技术要求
成卷卷材卷紧卷齐,端面里进外出不超过 10mm	
厚度	
胎基浸透情况	
表面及边缘平整情况	
有无孔洞、缺边和裂口、矿物粒(片)料粒度应均匀一致并紧密地黏附于卷材表面	

2. 卷材定位、弹线及试铺

(1)材料及工具用具准备

粉线、卷尺、卷材等。

(2)实施方法

卷材定位弹线及试铺实训按表 7.3.2 的步骤实施,在实训室内可采用模拟操作的方式进行实训,在实施过程中注意操作要领,同时在实施过程中做相关记录。

表 7.3.2 卷材定位弹线及试铺实训实施过程

序号	实施步骤	要领	质量检查
1	定位弹线	卷材平行于屋脊铺贴	
2	试铺	卷材搭接缝应顺流水方向搭接,搭接宽度取 100mm	
		相邻两幅卷材短边搭接缝错开 500mm	
		上下层卷材长边搭接缝错开幅宽的 1/3	

3. 干铺法铺贴卷材

(1)材料及工具用具准备

自黏型卷材、剪刀、大压辊、扁平辊、手持压辊等。

(2)基层清理

基层清扫干净,不得有积水等现象,基层面要平整,用 2m 直尺检查,直尺与基层间隙不应超过 5mm。在基层表面均匀涂抹乳化沥青或沥青软膏。厚度以覆盖住基面为准。

(3)铺贴:将卷材对准基准线铺开 6m 长,用裁纸刀将隔离纸划开,将未铺开卷材的隔离纸从背面撕开,同时将未铺开卷材沿基准线慢慢向前推铺,边撕隔离纸边铺贴。铺好后再将未铺贴的 6m 卷材按照上述方法同样粘贴在基层上。

(4)排气:用压辊用力向前、向外滚压,排出空气。排除空气后,平面部位卷材可用外包橡胶的大压辊滚压,使其粘贴牢固。滚压应从中间向两侧边移动,做到排气彻底。

(5)检查:搭接缝、卷材收头封口严密,卷材表面平整,不得出现褶皱、扭曲、翘边等质量问题。

铺贴卷材在实施过程中注意操作要领,同时在实施过程中做相关记录,如表7.3.3所示。

表 7.3.3　铺贴卷材实训实施过程

序号	实施步骤	要领	质量检查
1	基层清理	基层面要平整,不得有积水等现象	
	铺贴	每铺完一幅卷材,应立即用干净而松软的长柄压辊从卷材一端顺卷材横向顺序滚压一遍,彻底排除卷材与基层间的空气	
3	排气	排除空气后,平面部位卷材可用外包橡胶的大压辊滚压,使其粘贴牢固。滚压应从中间向两侧边移动,做到排气彻底	
4	搭接缝处理	收头封口严密	

本章小结

本章主要讲述了屋面及卫生间的防水做法。对屋面防水应掌握防水类型的正确选用,屋面防水构造及施工工艺方法;了解各种防水做法的优缺点,层面防水质量标准及案例技术。在其他部位防水中,做好卫生间防水是确保房屋正常使用的关键,应了解常用材料的类型和特点,同时掌握防水材料的施工工艺。

屋面及其他部位防水施工时,关键是掌握根据防水等级和设防要求,进行防水层的施工。为了使学生在工作实践过程中,掌握职业知识技能,开设了屋面防水卷材模拟实训,通过理论与实践一体化,从而使学生构建自己的经验和知识体系。

 思考题

1. 卷材分为哪几类? 各有什么特点?

2. 什么是基层处理剂? 常用的基层处理剂有哪些?

3. 卷材与基层的粘贴方法有哪些?

4. 什么是涂膜防水屋面? 它具有什么特点?

5. 什么是热熔法、冷黏法、自黏法?

 习题

1. 当屋面坡度大于 25% 时,应( )。

A. 采用高聚物改性沥青防水卷材　　　　B. 采取防止沥青卷材的下滑措施

C. 采用合成高分子防水卷材　　　　D. 采取搭接法铺贴卷材

2. 铺贴屋面防水卷材时,在同一坡面上最后铺贴的应为( )。

    A. 大屋面   B. 滚铺卷材   C. 女儿墙根部   D. 水落口周围

3. 冷黏法是指用( )粘贴卷材的施工方法。

    A. 喷灯烘烤   B. 胶黏剂   C. 热沥青胶   D. 卷材上的自黏胶

4. 屋面防水涂膜严禁在( )进行施工。

    A. 四级风的晴天   B. 5℃以下的晴天

    C. 35℃以上的无风晴天   D. 雨天

5. 在涂膜防水屋面施工的工艺流程中,喷涂基层处理剂后的工作是( )。

    A. 节点部位增强处理   B. 表面基层清理

    C. 涂布大面防水涂料   D. 铺贴大屋面胎体增强材料

6. 屋面卷材铺贴采用( )时每卷材两边的粘贴宽度不应少于150mm。

    A. 热熔法   B. 条黏法   C. 搭接法   D. 自黏法

7. 采用热熔法粘贴卷材的工序中不包括( )

    A. 铺撒热沥青胶   B. 滚铺卷材   C. 排气辊压   D. 刮封接口

8. 热熔法施工时,待卷材底面热熔后立即滚铺,并( )

    A. 采取搭接法铺贴卷材   B. 采用胶黏剂黏结卷材与基层

    C. 喷涂基层处理剂   D. 进行排气辊压等工序

9. 平行于屋脊铺贴时,卷材长边搭接不应小于( )。

    A. 50mm   B. 70mm   C. 100mm   D. 150mm

10. 上下两层油毡接缝应错开油毡幅宽的( )。

    A. 1/5   B. 1/4   C. 1/3 或 1/2   D. 2/3

11. 为减少开裂,水泥砂浆找平层应设分格缝,纵横缝的最大间距不宜大于( )。

    A. 4m   B. 6m   C. 8m   D. 10m

12. 高聚物改性沥青卷材厚度小于( )时,不得采用热熔法施工。

    A. 2mm   B. 3mm   C. 5mm   D. 10mm

第8章 装饰工程

对建筑物进行装饰是为了满足人们视觉要求以及对建筑主体结构进行保护而采取的艺术处理及加工,包括抹灰、饰面、楼地面、吊顶、涂料、裱糊、刷浆与门窗安装等工程,是房屋建筑施工的最后一个施工工程,具有工程量大、施工工期长、耗用劳动量多、占建筑物总造价比重大等特点。

 学习目标

1. 熟悉一般建筑装饰工程的基础知识和施工工艺;
2. 熟悉建筑装饰分项工程材料及施工质量验收要求;
3. 掌握墙体抹灰、瓷砖镶贴操作工艺及质量评价。

知识要点	能力要求
抹灰工程	了解一般抹灰工程的质量等级
	了解一般抹灰工程的材料及常用工具
	了解抹灰工程的分类
	熟悉抹灰工程的质量标准及检验方法
	熟悉常见装饰抹灰的几种施工工艺
	掌握一般抹灰的施工工艺
饰面工程	了解饰面材料及要求
	了解饰面工程的质量要求及检验方法
	掌握饰面板(砖)的三种施工工艺
	熟悉裱糊施工工艺
	了解玻璃幕墙的结构形式
	熟悉幕墙安装的施工工艺
楼地面工程	了解楼地面的组成及分类
	了解基层的施工
	了解垫层的施工
	熟悉整体面层的施工工艺
	掌握板块面层的施工工艺
	熟悉木板面层的施工工艺

知识要点	能力要求
吊顶和隔墙工程	了解吊顶的功能及组成
	熟悉吊筋、龙骨安装工艺
	了解隔墙的类别
	熟悉几种隔墙施工工艺
涂料及刷浆工程	了解涂料类别、涂饰功能、施工条件
	熟悉墙面漆施工工艺、真石漆施工流程
	熟悉刷浆材料、施工条件及施工工艺流程
门窗工程	了解木门窗安装方法
	了解铝合金门窗安装工艺
	了解塑钢门窗安装工艺
	了解门窗玻璃的选择和安装
	熟悉门窗材料进场验收、安装质量验收有关内容

8.1　抹灰工程

抹灰工程按材料特点和装饰效果分为一般抹灰和装饰抹灰两大类。一般抹灰按构造和材料又可分为石灰砂浆、混合砂浆、聚合物水泥砂浆、麻刀灰、纸筋灰、石膏灰等;装饰抹灰按做法和工艺分为水刷石、水磨石、干黏石、拉毛灰、喷涂、滚涂等。抹灰工程按工程部位分为顶棚抹灰、墙面抹灰、地面抹灰,墙面抹灰按位置又进一步分为外墙抹灰和内墙抹灰。下面分别就工程中常见的抹灰工程进行介绍。

8.1.1　一般抹灰

1. 一般抹灰工程质量等级

一般抹灰工程按质量标准分为三个级别。

(1)普通抹灰:通常用于简易住宅、地下室等。其要求为:一底一面,亦可一遍成活,分层赶实修整,表面压光。

(2)中级抹灰:通常用于一般住宅、公用或工业建筑。其要求为:一底一中一面,做到阳角找方,设置标筋,分层赶实修整,表面压光。

(3)高级抹灰:通常用于大型公共建筑、纪念性建筑。其要求为:一底数中一面,做到阴阳角找方,设置标筋,分层赶实修整,表面压光。

2. 一般抹灰的材料与工具

(1)砂浆的种类及用途

砂浆按拌制工艺分为现拌砂浆和预拌砂浆。现拌砂浆按材料种类分为石灰砂浆、混合砂浆、水泥砂浆、纸筋灰砂浆、麻刀灰砂浆、聚合物砂浆等;预拌砂浆按生产方式分为湿拌砂浆和干混砂浆两大类。湿拌砂浆是在工厂加水拌和后,用搅拌输送车运至工地妥善存储,并在规定时间内使用完毕的砂浆拌和物。干混砂浆是在工厂将干态材料混合而成的固态混合物,在工地加水搅拌均匀即可使用,也称为干灰砂浆、干粉砂浆。

现拌砂浆是在工地现场按使用要求临时拌制而成。石灰砂浆由石灰和中砂按比例配制,仅用于低档或临时建筑中干燥环境下的墙面打底和找平层;混合砂浆由水泥、石灰和中砂按比例配制,常用于干燥环境下墙面一般抹灰的打底和找平层;水泥砂浆由水泥和中砂按比例配制,用于地面抹灰、装饰抹灰的基层和潮湿环境下墙面的一般抹灰;纸筋灰砂浆是在砂浆中掺入纸筋,水泥纸筋灰用于顶棚打底,石灰纸筋灰用于顶棚及墙面抹灰的罩面,现在已为腻子粉所取代;麻刀灰砂浆是在砂浆中掺入砍碎的麻绳类纤维,用于灰板条、麻眼网上的抹灰打底,作用是防裂,现在已很少使用;聚合物砂浆是在砂浆中添加聚合物黏结剂,提高砂浆与基层的黏结强度及砂浆的柔性、内聚强度等性能,常用于饰面板(砖)的镶贴、保温系统中聚苯颗粒的胶浆及抹面砂浆;在水泥砂浆中掺入色石子,就是装饰抹灰的石子浆。

预拌砂浆是由专业生产厂家生产、用于建设工程中的各种砂浆拌和物,又称商品砂浆。预拌砂浆按性能分为普通预拌砂浆(砌筑砂浆、抹灰砂浆、地面砂浆)和特种砂浆(保温砂浆、装饰砂浆、自流平砂浆、防水砂浆等)。预拌砂浆的优点体现在三个方面:由专业厂家生产,配合比计量精确,质量有保证;性能和品质优异,根据特定设计配合比添加多种外加剂进行改性,可满足保温、抗渗、灌浆、修补、装饰等多种功能性要求;高质环保,社会效益高,干混砂浆在工地加水搅拌均匀即可使用,湿拌砂浆封闭运输,空气污染少。

目前部分大中城市已限期禁止现场搅拌砂浆,预拌砂浆代替现拌砂浆已是历史的必然。

(2)常用工具

常见的装饰工具如图8.1.1所示。

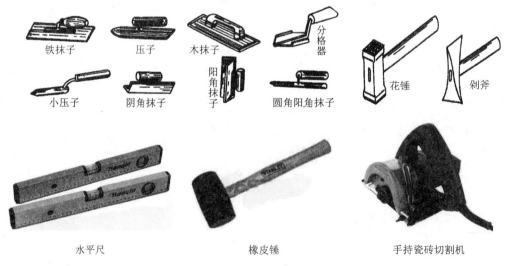

图 8.1.1 常见的装饰工具

3. 一般规定

(1)现场拌制抹灰砂浆用的水泥使用前应按规范要求取样进行凝结时间和安定性复检,复检合格方能使用;拌制抹灰砂浆用的生石灰使用前必须充分熟化,防止产生爆灰现象,抹灰用的石灰膏熟化时间不少于15d,罩面用的磨细生石灰粉的熟化时间不少于30d。

（2）外墙抹灰施工前应先安装好门窗框、护栏，并将墙上的施工孔洞堵塞填补密实；室内墙面、柱面和门窗洞口的阳角做法一般按设计规定执行，设计无规定时，应采用1：2水泥砂浆做成暗护角，高度不低于2m，每侧宽度不小于50mm。

（3）若抹灰层需要具有防水、防潮功能时，像卫生间或地下室等空间墙体抹灰应采用防水砂浆。

（4）为了防止墙体抹灰出现水平或垂直裂缝，抹灰时墙体与混凝土梁、柱交接处应采取防裂措施，宜采用耐碱纤维网格布或金属钢丝网加强，加强网格布设于基层抹灰与面层抹灰层之间，搭接宽度不应小于150mm，多数设计要求为300mm。外墙装饰涂料宜采用专用弹性腻子和有防水性能的弹性涂料。顶层粉刷砂浆中宜掺入抗裂纤维。

（5）外墙抹灰砂浆用砂含泥量应低于3％；基层抹灰不应少于两遍，每遍厚度宜为7～8mm，但不超过10mm，面层厚度宜为7～10mm；各抹灰层接缝应错开，避免位于不同基体交接处，抹灰层与基层以及各抹灰层之间必须黏结牢固；抹灰层在凝结前应防止快干、水冲、撞击、振动和受冻，在凝结后应防止玷污和损坏。水泥砂浆应在湿润条件下养护。

4. 一般抹灰施工工艺

（1）基层处理

剔平补齐凹凸不平的砖墙面，嵌填脚手孔洞、管线沟槽及门窗框缝隙；清理基层表面存在的灰尘、污垢、油渍、铁丝、钢筋头等。

光滑混凝土表面必须凿毛并刷掺107胶的纯水泥浆或喷刷界面处理剂；不同结构基层的交接处铺钉钢丝网或纤维网，砖墙、砖柱阳角处做暗护角；吸水的墙体提前1～2d浇水湿润。

（2）四角规方（高级抹灰）

小房间以一面墙为基线，用方尺规方；较大的房间要在地面弹出十字线，依据十字线在离墙角10cm处吊线规方。

（3）做灰饼冲筋

根据墙面的平整度和垂直度决定抹灰厚度（最薄处不小于7mm），先在墙的上角各做一个标准灰饼（直径约5cm），然后用托线板吊线做墙下角的灰饼，再挂线每隔1.2～1.5m加做若干标准灰饼，上下灰饼之间抹宽度约10cm的砂浆冲筋，木杠刮平，如图8.1.2所示。

(a)垂球找灰饼标准厚度　　(b)托线板控制垂直度　　(c)灰饼与标筋

图8.1.2　抹灰冲筋工艺

（4）弹出准线和墙裙、踢脚板线

装饰工程进行前，一般要用水准仪在墙上放出一根 50 基准线（距楼面标高 50cm，俗称"50 线"），用该线上翻或下翻来控制顶棚、门窗、地面标高和墙裙、踢脚板上口水平线，如图 8.1.3 所示。

现在流行的激光投线仪，既可在施工阶段提供室内各类装饰工程的基准线，又可作为专业验收工具，如图 8.1.4 所示。

(a)   (b)

图 8.1.3 放出 50 基准线   图 8.1.4 自动安平激光投线仪

（5）抹灰施工

①抹灰施工顺序

一般先外墙后内墙，先顶棚、墙面后地面；外墙由屋檐开始自上而下，先抹阳角线、台口线，后抹窗和墙面，再抹勒脚、散水和明沟；内墙和顶棚应在屋面防水完工后进行，一般先房间后走廊，再楼梯和门厅。

②分层抹灰

底层抹灰厚度一般为 5～9mm，其作用是使抹灰层与基层牢固结合，并对基层初步找平，底层涂抹后应间隔一定时间，让其干燥后再涂抹中间层和罩面层。

中间层起找平作用，可一次或分次涂抹，厚度约为 5～12mm，在灰浆凝固前应交叉刻痕，以增强与面层的黏结。面层起装饰作用，其厚度一般为 2～5mm，应确保表面平整、光滑、无裂纹。

③抹灰层厚度

抹灰层厚度一般为 15～20mm，最厚不超过 25mm。室内墙裙和踢脚板一般要比罩面层凸出 3～5mm。

④细部构造

外墙窗台、窗楣、雨篷、阳台、压顶和突出墙面腰线等，上面应做流水坡度（一般为 1：10），下面应做滴水线或滴水槽，其深度和宽度均不小于 10mm。

⑥机械喷涂抹灰

我国从 20 世纪 70 年代即开始机械喷涂抹灰施工的应用，但未得到大规模的推广。近年随着干混砂浆的大量应用，机械喷涂抹灰将重新得到广泛应用。

袋装或筒仓的预拌干混砂浆按一定比例的砂浆和水在砂浆喷涂机中搅拌充分，通过喷枪即可实现现场喷涂，如图 8.1.5 所示。

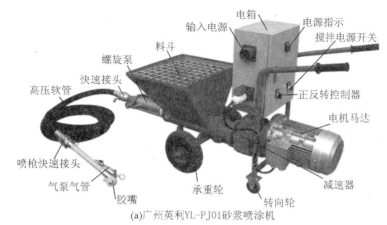

电箱
输入电源
电源指示
搅拌电源开关
料斗
螺旋泵
快速接头
高压软管
正反转控制器
电机马达
喷枪快速接头
气泵气管
胶嘴
承重轮
转向轮
减速器

(a)广州英利YL-PJ01砂浆喷涂机

(b)

(c)

图 8.1.5　机械喷涂抹灰

8.1.2　装饰抹灰施工

装饰抹灰与一般抹灰相比较,两者在施工工艺上都要分层施工,底、中层做法基本相同,差异在于面层做法。装饰抹灰的底层做法均为 1∶3 水泥砂浆打底,面层做法则多种多样,并随着新材料的出现而有新的工艺做法。

1. 水刷石

水刷石一般用于墙体外墙面装饰,是用水泥、石屑、小石子或矿物颜料等加水拌和,抹在建筑物的表面,半凝固后,用硬毛刷蘸水刷洗或喷雾器喷水除去表面的水泥浆而使石屑或小石子半露,也叫"汰石子"。

水刷石施工工艺的主要环节如下。

(1) 弹线、安装分格条:在水泥砂浆基层面上用墨斗分格弹线,用素水泥浆嵌贴木分格条。

(2) 抹水泥石渣浆:在水泥砂浆基层面上浇水或喷水湿润,薄刮 1mm 厚素水泥浆(内掺水泥用量 5% 的 107 胶);抹 8～12mm 厚水泥石渣浆面层(高于分格条 1～2mm),石渣浆体积配比 1∶1.25(中八厘)～1.5(小八厘),稠度 5～7cm;水分稍干,拍平压实 2～3 遍。

（3）喷刷：待手指按压石渣浆面层无陷痕时，用棕刷蘸水自上而下、自左而右刷掉面层水泥浆，直至石子表面完全外露为止，也可用喷雾器自上而下喷水冲洗。喷刷过早易造成石子浆成片脱落，过迟则不宜洗刷干净水泥浆，造成观感、质量差的缺陷。

（4）勾缝：取出分格条，局部修理、勾缝。

2. 干黏石

干黏石俗称"甩石子"，是在抹好找平层后，边抹黏结层边用拍子或喷枪把石渣往黏结层上甩，边甩边拍实压，黏结牢固，但不能拍出或压出水泥浆，获得石渣排列致密、平整的饰面效果。干黏石饰面的装饰效果与水刷石相近，但比水刷石饰面湿作业少，操作工艺简单，工效高，造价低。

干黏石施工工艺的主要环节如下。

（1）弹线、安分格条：做找平层，隔日按设计图案用墨斗弹线再用素水泥浆嵌贴分格条。

（2）抹黏结层、甩石渣：先抹一层 6mm 厚的（1∶2）～（1∶2.5）水泥砂浆中层，再抹一层厚度为 1mm 的聚合物水泥浆（水泥∶107 胶＝1∶0.3）黏结层，随即将 4～6mm 厚的石渣用手工或喷枪黏（或甩、喷）在黏结层上，要求石子分布均匀不露底，黏石后及时用干净抹子轻轻将石碴压入黏结层内，要求压入 2/3，外露 1/3，以不露浆且黏牢为原则。

（3）勾缝：初凝前取出分格条，修补、勾缝。

3. 斩假石

斩假石又称剁斧石，是用人工在水泥面上剁出斧头剁石的斜纹，获得有纹路的石面样式，主要应用于外墙装饰。

斩假石施工工艺的主要环节如下。

（1）安装分格条：在找平层上按设计的分格弹线嵌分格条。

（2）抹面层：基层上洒水湿润，刮一层 1mm 厚水泥浆，随即铺抹 10mm 厚的 1∶1.25 水泥石渣浆（石渣掺量 30％）面层，铁抹子赶平压实，软毛刷蘸水把表面水泥浆刷掉，露出的石渣应均匀一致。

（3）剁石：洒水养护 2～5d 即可开始试剁，试剁石子不脱落便可正式剁。剁斧由上往下剁成平行齐直剁纹（分格缝周围或边缘留出 15～40mm 不剁），剁石深度以石渣剁掉 1/3 为适宜。

（4）勾缝：拆出分格条，清除残渣，素水泥浆勾缝。

4. 真石漆

真石漆是以天然花岗岩等天然碎石、石粉为主要材料，以合成树脂乳液为主要黏结剂并辅以多种助剂配制而成的涂料。目前，真石漆主要应用于外墙装饰，在室内装饰中的应用还并不广泛。

墙面施工工艺要求主要体现在以下方面：

基层面要求平整、干燥（有 10d 以上养护期），无浮尘、油脂及沥青等油污，墙基 pH 不大于 10，含水率不大于 10％，并对整体墙面进行检查，是否有空鼓现象，并对多孔质、粗糙表面进行修补打磨，确保墙面整体效果。

墙面批腻子施工：用外墙专用腻子对墙面进行批刮，首先对局部不平整的墙面进行施工，后对整体墙面进行批刮，并用砂纸打磨，直至墙面平整为止。

抗碱封闭底漆施工：待上述工作完成后，采用 TER-D-6020 抗碱封闭底漆进行施工，最好先滚涂，再用排刷刷一遍，防止漏刷，增强墙体与面涂的黏合强度及防水功能，底漆用量约

$0.1\sim0.15kg/m^2$。

主涂层真石漆施工：待底漆干燥后($25℃/12h$)，采用 TER-C-801 真石漆进行喷涂施工。施工采用专用喷枪进行喷涂施工，调节枪头孔径及气流，喷出所需效果即可。其用量为$5\sim6kg/m^2$。

勾缝修整施工：在施工结束后，对不良的墙面及时修整，对分割线进行勾缝，勾缝要求匀直，确保墙面整体美观。

透明保护漆施工：待上述工作全部结束后，采用 TER-D-7020 金属漆专用罩面漆进行施工，可用辊筒在金属漆表面均匀地涂布。该工序可以提高整体墙面的抗污自洁能力及抗水功能，增强整体效果。

清理场地，避免污染墙面。

8.1.3　一般抹灰、装饰抹灰质量的允许偏差和检验方法

1. 一般抹灰（石膏底层）

一般抹灰分为普通抹灰和高级抹灰，当设计无要求时，按普通抹灰来检查。

刮底层石膏前，应将墙面的尘土、油污清除干净，再满刷一道界面剂，待干燥后进行下一道工序刮底层石膏找平，刮底层石膏应分层进行，当底层石膏总厚度大于或等于 35mm 时，应采取措施；不同材料基体交接处要采取防裂措施（即粘贴网格布或专用的墙布），粘贴时搭接宽度不小于 100mm。

刮腻子前应检查石膏层与基层之间是否黏结牢固，有无脱层、空鼓、裂缝现象，然后进行面层石膏及耐水腻子工序，耐水腻子表面应光滑、洁净，接槎平整。

一般抹灰工程质量的允许偏差和检验方法应符合表 8.1.1 的规定。

表 8.1.1　一般抹灰的允许偏差和检验方法

项次	项目	允许偏差/mm		检验方法
		普通抹灰	高级抹灰	
1	立面垂直度	4	3	用 2m 垂直检测尺检查
2	表面平整度	4	3	用 2m 靠尺和塞尺检查
3	阴阳角方正	4	3	用直角检测尺检查
4	分格条(缝)直线度	4	3	拉 5m 线，不足 5m 拉通线，用钢直尺检查
5	墙裙勒脚上口直线度	4	3	拉 5m 线，不足 5m 拉通线，用钢直尺检查

注：施工过程中检验填写预检记录（通用表格）

2. 水性涂料（乳胶漆类）

涂刷涂料之前，应检查耐水腻子表面是否平整、坚实、牢固、有无粉化、起皮、裂缝等；涂料涂饰施工环境温度应以 $5\sim35℃$ 为宜，水性涂料涂饰工程应涂刷均匀，不得漏刷、透底、起皮、掉粉。薄涂料的涂饰质量和检验方法应符合表 8.1.2 的规定。

表 8.1.2 薄涂料的涂饰质量和检验方法

项次	项目	普通涂料	高级涂料	检验方法
1	颜色	均匀一致	均匀一致	
2	泛碱、咬色	允许少量轻微	不允许	
3	流坠、疙瘩	允许少量轻微	不允许	观察
4	砂眼、刷纹	允许少量轻微砂眼,刷纹通顺	无砂眼,无刷纹	
5	装饰线、分色线直线度允许偏差	2mm	1mm	拉 5m 线,不足 5m 拉通线,用钢直尺检查

8.2 饰面工程

饰面工程是对一个成型空间的地面、墙面、顶面及立柱、横梁等表面采用大理石、花岗石等天然石材加工而成的板材,或将面砖、瓷砖等烧制而成的陶瓷制品通过构造连接安装或镶贴于表面形成装饰层。附着在其上面的装饰材料和装饰物是与各表面刚性地连接为一体的,它们之间不能产生分离甚至剥落现象。饰面工程具有保护和装饰功能。块料的种类可分为饰面板和饰面砖两大类。饰面板包括石材饰面板、金属饰面板、塑料饰面板、镜面玻璃饰面板等;饰面砖包括釉面瓷砖、外墙面砖、陶瓷面砖和玻璃马赛克等。

8.2.1 装饰材料的种类及要求

1. 天然石饰面板(见图 8.2.1)

天然石饰面板主要有大理石、花岗岩、青石板、蘑菇石等。要求棱角方正、表面平整、石质细密、光泽度好,不得有裂纹、色斑、风化等隐伤。

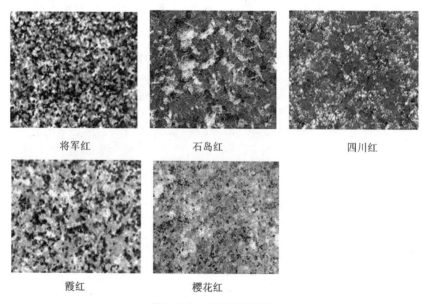

将军红   石岛红   四川红

霞红   樱花红

图 8.2.1 天然石饰面板

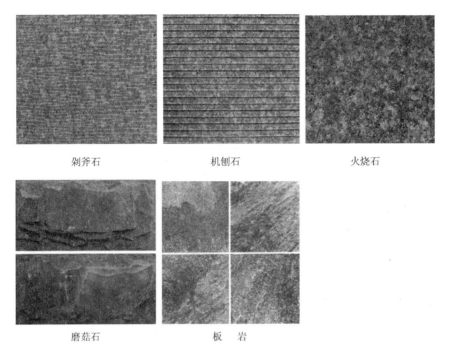

剁斧石　　　　　　　机刨石　　　　　　　火烧石

磨菇石　　　　　　　板　岩

图 8.2.1　天然石饰面板(续)

2. 人造石饰面板(见图 8.2.2)

人造石饰面板主要有预制水磨石板、人造大理石板、人造石英石板。要求几何尺寸准确、表面平整光滑、石粒均匀、色彩协调,无气孔、裂纹、刻痕和露筋等现象。

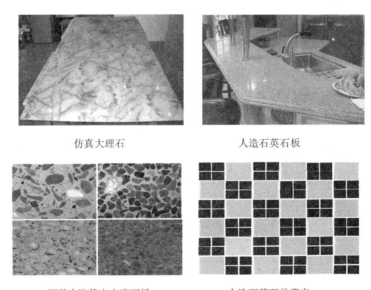

仿真大理石　　　　　　　人造石英石板

不发火防静电水磨石板　　　　人造石英石马赛克

图 8.2.2　人造石饰面板

3. 金属饰面板(见图 8.2.3)

金属饰面板主要有彩色铝合金饰面板、彩色涂层镀锌钢饰面板和不锈钢饰面板三大类。具有自重轻、安装简便、耐候性好的特点,可使建筑物的外观色彩鲜艳、线条清晰、庄重典雅。

不锈钢钛金板　　　　　　　铝塑板

不锈钢镜面板　　　　不锈钢防滑板　　　　不锈钢蚀刻板

图 8.2.3　金属饰面板

4. 塑料饰面板(见图 8.2.4)

塑料饰面板主要有聚氯乙烯塑料板(PVC)、三聚氰胺塑料板、塑料贴面复合板、有机玻璃饰面板。其特点是板面光滑、色彩鲜艳、硬度大、耐磨耐腐蚀、防水、吸水性小,应用范围广。

三聚氰胺塑料板　　　　　　　塑料贴面复合板

聚氯乙烯塑料板(PVC)　　　　有机玻璃饰面板(俗称"亚克力板")

图 8.2.4　塑料饰面板

5. 饰面砖(见图 8.2.5)

饰面砖是以黏土、石英砂等材料,经研磨、混合、压制、施釉、烧结而形成的瓷质或石质装饰材料,统称为瓷砖。按品种可分为釉面砖、通体砖、抛光砖、玻化砖、陶瓷锦砖(马赛克)等。要求表面光洁、色彩一致,不得有暗痕和裂纹,吸水率不大于 10%。

瓷制釉面砖　　　　　陶制釉面砖　　　　　金属釉面砖

抛光砖　　　　　　　　　　玻化砖

图 8.2.5　饰面砖

不同饰面砖的制作工艺有所不同。抛光砖是通体砖的表面经打磨、抛光的一种光亮的砖,坚硬耐磨,适合在除洗手间、厨房以外的多数室内空间中使用。玻化砖是经打磨但不抛光,表面如镜面一样光滑透亮,其吸水率、边直度、弯曲强度、耐酸碱性等方面都优于普通釉面砖、抛光砖及大理石,缺陷是灰尘、油污等容易渗入,适用于客厅、卧室的地面及走道等。通体砖的表面不上釉,正面和反面的材质和色泽一致,通体砖比较耐磨,但其花色比不上釉面砖,适用于室外墙面及厅堂、过道和室外走道等地面。马赛克是由数十块小块的砖组成一个相对的大砖,主要有陶瓷马赛克、玻璃马赛克,适用于室内小面积的墙面和室外墙面。

【注意事项】 在施工中必须加强对材料的选用检测和保护工作,一般要注意以下几点:①粘贴用水泥应进行凝结时间、安定性和抗压强度的复检;②用于室内的天然石材应进行放射性指标的检验;③应对陶瓷面砖的吸水率和抗冻性指标进行检验;④饰面板(砖)的预埋件(或后置埋件)、连接节点、防水层应进行隐蔽工程验收;⑤外墙饰面砖粘贴前和施工中,均应在相同基层上做样板件,并对样板件的饰面砖黏结强度进行检验;⑥施工前应进行选板、预拼、排号工作,分类竖向堆放待用;⑦采用湿作业法施工的饰面板工程,石材应进行防碱背涂处理。饰面板与基体之间的灌注材料应饱满密实。

8.2.2　饰面板(砖)施工

饰面板(砖)墙面安装可采用安装法、镶贴法和胶黏法三大类施工方法,大规格的天然石或人造石(边长>400mm)一般采用安装法施工,小规格的饰面板(边长<400mm)一般采用镶贴法施工,胶黏法起步较晚,发展很快,是今后的发展方向。

1. 安装法施工

安装法施工方法有湿贴法、干挂法和GPC工艺。

(1)湿贴法(传统安装方法)施工(见图8.2.6)

①按设计要求在基层表面绑扎好钢筋网,钢筋网应与预埋铁环(或冲击电钻打孔预埋短钢筋)绑扎或焊接;

②用台钻在板的上、下两个面打眼,孔位距板宽两端1/4处,孔径 φ5mm、深18mm,并用金刚錾子把孔壁轻剔一道槽,将20cm左右的铜丝一端用木楔黏环氧树脂楔进孔内固定,另一端顺孔槽卧入槽内;

③安装一般从中间或一端开始,用铜丝把板材与钢筋骨架绑扎固定,板材与基层间的缝隙(灌浆厚度)一般为20~50mm,上下口的四角用石膏临时固定,板与板的接缝为干接,交接处应四角平整,用托线板靠直靠平,方尺阴阳角找正;

④用1:2水泥砂浆调成粥状分层灌浆,第一次灌15cm左右,间隔1~2h,待砂浆初凝后再灌第二层约20~30cm,待初凝后再灌第三层,第三层灌浆应低于板材上口5cm;

⑤全部石板安装完后,清除所有石膏和余浆痕迹,按石板颜色调制色浆嵌缝,边嵌边擦干净,然后打蜡出光。

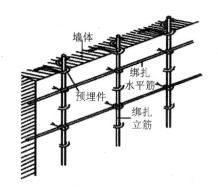

墙面、柱面绑扎钢筋网

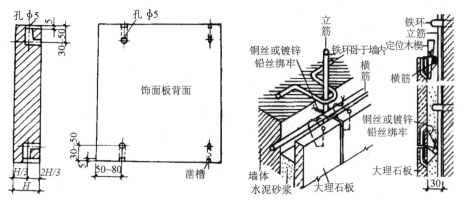

图8.2.6 湿贴法工艺

（2）干挂法施工（见图8.2.7）

干挂法是直接在板材上打孔，然后用不锈钢连接器与埋在混凝土墙体内的膨胀螺栓相连，板与墙体间形成80～90mm的空气层。该工艺多用于30m以下的钢筋混凝土结构，造价较高，不适用于砖墙或加气混凝土基层。

石材干挂

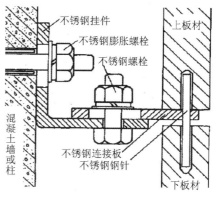

石材干挂法节点大样

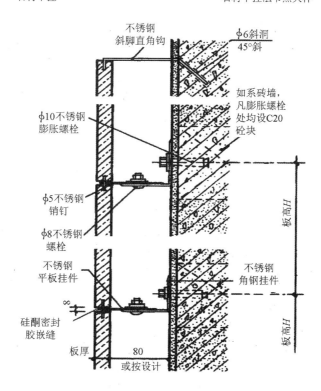

图8.2.7　干挂法工艺

（3）GPC工艺

GPC工艺是干挂工艺的发展，它是以钢筋混凝土作为衬板，用不锈钢连接环与饰面板连接后而浇筑成整体的复合板，再通过连接器悬挂到钢筋混凝土结构或钢结构上的做法，可用于超高层建筑，并满足抗震要求。

2. 镶贴法施工(见图 8.2.8)

墙面小规格的面砖、釉面砖均采用镶贴法安装。

(1)镶贴前应进行选砖、预排,使规格、颜色一致、灰缝均匀。

(2)镶贴前应找好规矩,按砖的实际尺寸弹出横竖控制线,定出水平标高和皮数,接缝宽度一般为 1～1.5mm,然后按间距 1.5m 左右用废瓷砖做灰饼,找出标准。

(3)镶贴时一般从阳角开始,由下往上逐层粘贴,使不成整块的砖留在阴角部位;室内墙面如有水池、镜框者,可以水池、镜框为中心往两边分贴。

墙面如有突出的管线、灯具、卫生器具支承物时,应用整块瓷砖套割吻合,不得用非整砖拼凑镶贴。总之,先贴阳角、大面,后贴阴角、凹槽等难度较大的部位。

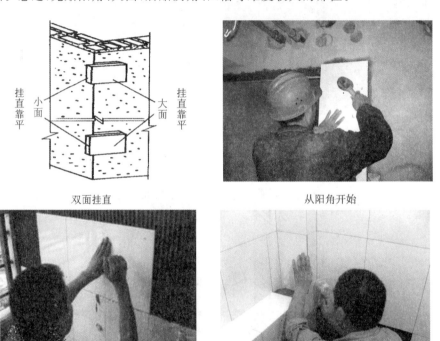

双面挂直　　　　　　　　　　　从阳角开始

瓷砖套割　　　　　　　　　　　后贴阴角

图 8.2.8　镶贴法施工

(4)采用水泥混合砂浆镶贴时,可用小铲把轻轻敲击;采用 107 胶水泥砂浆镶贴时可用手轻压,并用橡皮锤轻轻敲击,使其与基层黏结密实牢固。用靠尺随时检查平直方正情况,修整缝隙。凡遇缺灰、黏结不密实等情况时,应取小瓷砖重新粘贴,不得在砖口处塞灰,以防空鼓。

(5)室外接缝应用水泥浆嵌缝,室内接缝应用与釉面砖相同颜色的水泥浆或白水泥浆嵌缝。待嵌缝材料硬化后,用棉纱、砂纸或稀盐酸刷洗,然后用清水冲洗干净。

8.2.2　裱糊工程

1. 裱糊材料及要求

常用材料有塑料壁纸(纸基,用高分子乳液涂布面层,再印花、压纹而成)、玻璃纤维布

（玻璃纤维布为基层，涂耐磨的树脂，印压彩色图案、花纹或浮雕）、无纺墙布（用天然纤维和合成纤维无纺成型，上树脂，印压彩色图案、花纹的高级装饰墙布）及黏结剂。

2. 墙纸（布）裱糊工艺流程

清扫基层、填补缝隙→墙面接缝处贴接缝带、补腻子、磨砂纸→满刮腻子、磨平→涂刷防潮剂→涂刷底胶→墙面弹线→壁纸浸水→壁纸、基层涂刷黏结剂→墙纸裁纸、刷胶→上墙裱贴、拼缝、搭接、对花→赶压胶黏剂气泡→擦净胶水→修整。

3. 基层处理

（1）混凝土或抹灰基层：墙面清扫干净，将表面裂缝、坑洼不平处用腻子找平。先在墙面上满刮乙烯乳胶腻子一遍，干后用砂纸磨平磨光，将灰尘清扫干净，再用排笔或喷枪涂刷一遍 1∶1 的 107 胶溶液作为底胶，要求薄而均匀，不得漏刷和流淌。

（2）木基层：木基层应刨平，无毛刺，无外露钉头。接缝、钉眼处用腻子补平，满刮腻子，打磨平整。

（3）石膏板基层：石膏板接缝用嵌缝腻子处理，并用接缝带贴牢。表面刮腻子，涂刷底胶一般使用 107 胶，底胶一遍成活，不得有遗漏。

4. 塑料壁纸的裱糊（见图 8.2.9 和图 8.2.10）

（1）弹垂直线

为使壁纸的花纹、图案、线条纵横连贯，在底胶干后，根据房间大小、门窗位置、壁纸宽度和花纹图案的完整性进行弹线，从墙的阳角开始，以壁纸宽度弹垂直线，作为裱糊的准线。

（2）裁纸、闷水和刷胶

弹垂直线

裁墙纸

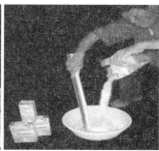
调　胶

刷　胶

折叠闷放

图 8.2.9　裱糊施工工艺 1

对缝裱糊壁纸

接缝辊压

裁去余边(一)

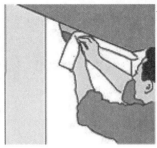

裁掉余边(二)

裁掉余边(三)

图 8.2.10　裱糊施工工艺 2

①裁纸：壁纸粘贴前应进行预拼试贴，以确定裁纸尺寸，使接缝花纹完整、效果良好。裁纸应根据弹线实际尺寸以墙面高度进行分幅拼花裁切，并注意留有 20～30mm 的余量。

②闷水：裁好的壁纸应放入水槽中浸泡 3～5min，取出后把明水抖掉，静置 10min 左右。

③刷胶：墙面和纸背面的刷胶应同时进行；墙面涂刷胶黏剂应比壁纸宽 20～30mm，涂刷一段，裱糊一张；墙纸胶液用毛刷涂刷在墙纸背面，注意四周边缘要涂满胶液，胶结剂应涂刷均匀、不漏刷；背面带胶的壁纸则只在墙面涂刷胶黏剂；涂好的墙纸，涂胶面对折放置 5min，使胶液透入纸底后即可张贴，每次涂刷数张墙纸，并依顺序张贴。

（3）裱糊壁纸

以阴角处弹好的垂直线作为裱糊第一幅壁纸的基准，第二幅开始先上后下对称裱糊，对缝必须严密、不显接槎，花纹图案的对缝端正吻合；拼缝对齐后用刮板由上至下抹压平整，挤出多余的胶黏剂用湿棉丝及时揩擦干净，不得有气泡和斑污，上下多出的壁纸用刀切削整齐。

（4）修边清洁

将上下两端多余墙纸裁掉，刀要锋利以免有毛边，再用清洁湿毛巾或海绵蘸水将残留在墙纸表面的胶液完全擦干净，以免墙纸变黄。

（5）施工注意事项

墙纸干燥后若发现表面有气泡，用刀割开注入胶液再压平即可消除；胶面墙纸施工室温建议最好在 18℃ 左右，过冷或过热都会影响施工质量。张贴后、干燥前，避免过堂风急剧，保持通风干燥。

5. 玻璃纤维布和无纺墙布的裱糊（见图 8.2.11）

玻璃纤维布和无纺墙布的裱糊与塑料壁纸基本相同，但应注意以下几点：

（1）基层处理：玻璃纤维布和无纺墙布布料较薄，盖底能力较差，若基层表面颜色较深或相邻基层颜色不同时，应在满刮腻子中掺入适量白色涂料等。

（2）裁剪：裁剪尺寸应适当放长 100~150mm，裁边应顺直，裁剪后应卷拢，横放贮存备用，切勿直立。

（3）刷胶黏剂：玻璃纤维布和无纺墙布无吸水膨胀现象，裱糊前无须用水湿润，粘贴时背面不用刷胶。

（4）裱糊墙布：在基层上用排笔刷好胶黏剂后，把裁好成卷的墙布自上而下按对花要求缓缓放下，墙布上边应留出 50mm 左右，然后用湿毛巾将墙布抹平贴实，再用裁纸刀割去多余布料；阴阳角、线角及偏斜过多的部位，可裁开拼接，也可搭接，对花要求可适当放宽，但切忌将墙布横拉斜扯，造成墙布歪斜变形甚至脱落。

刷胶　　　　　　　　　　　　对折放置

阴角开始　　　　　　对缝　　　　　　清洁修边

图 8.2.11　裱糊施工工艺 3

8.2.3　玻璃幕墙

玻璃幕墙是以玻璃板片作为墙面材料，与金属构件组成的悬挂在建筑物主体结构上的非承重连续外围墙体，具有防水、隔热、保温、气密、防火、抗震和避雷等功能。

1. 玻璃幕墙的分类

玻璃幕墙按结构形式分为点式玻璃幕墙、框支撑玻璃幕墙、全玻璃幕墙。框支撑玻璃幕墙又可进一步分为明框玻璃幕墙、全隐框玻璃幕墙、半隐框玻璃幕墙。玻璃幕墙按安装方式分为单元式玻璃幕墙、框架式玻璃幕墙。

（1）全隐框玻璃幕墙（见图 8.2.12）

框架均隐在玻璃后面，幕墙全部荷载均由玻璃通过胶传给铝合金框架。

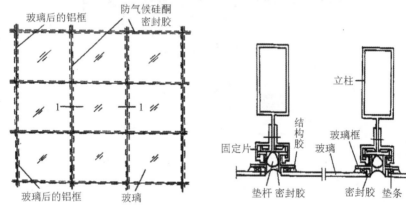

图 8.2.12　全隐框玻璃幕墙

（2）半隐框（竖隐横不隐）玻璃幕墙（见图 8.2.13）

立柱隐在玻璃后面，玻璃安放在横梁的玻璃镶嵌槽内，镶嵌槽外加盖铝合金压板。

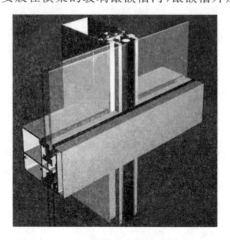

图 8.2.13　竖隐横不隐玻璃幕墙

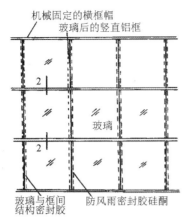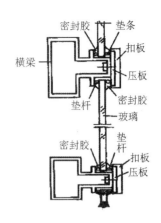

图 8.2.13　竖隐横不隐玻璃幕墙(续)

(3)半隐框(横隐竖不隐)玻璃幕墙(见图 8.2.14)

幕墙玻璃横向用结构胶粘贴方式在车间制作后运至现场,竖向采用玻璃镶嵌槽内固定,镶嵌槽外竖边用铝合金压板固定。

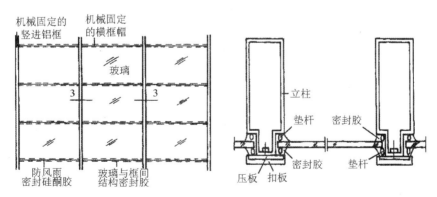

图 8.2.14　横隐竖不隐玻璃幕墙

(4)挂架式(点支承)玻璃幕墙(见图 8.2.15)

采用四爪式不锈钢挂件与立柱相焊接,玻璃四角在厂家钻 ϕ20mm 孔,挂件的每个爪与 1 块玻璃 1 个孔相连接,1 块玻璃固定于 4 个挂件上,又称"点式玻璃幕墙"。

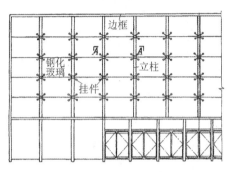

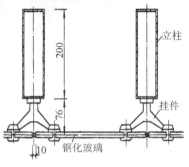

图 8.2.15　挂架式玻璃幕墙

（5）无骨架（全玻）玻璃幕墙（见图 8.2.16）

前述幕墙均为金属骨架支托玻璃饰面，无骨架幕墙的玻璃则既是饰面，又是承受自重和风载的结构构件。

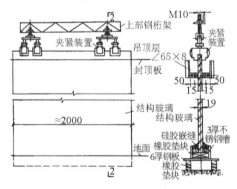

图 8.2.16　无骨架玻璃幕墙

无骨架玻璃幕墙的骨架除主框架外，次骨架为玻璃肋，沿玻璃肋上下左右用胶固定，如图 8.2.17 所示。无骨架玻璃幕墙常用于建筑物首层，下端为支点。但高度大于 4m 时，幕墙应吊挂在主体结构上。

为增强幕墙的刚度和风荷载下的安全稳定，除玻璃应有足够的厚度外，应设置与面玻璃垂直的玻璃肋。肋玻璃的设置方式有三种，如图 8.2.18 所示。

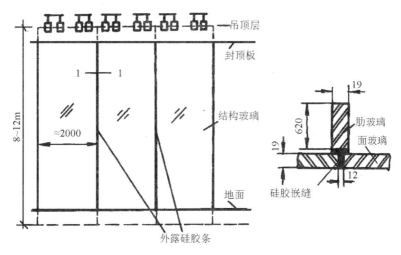

图 8.2.17 无骨架玻璃幕墙玻璃肋的设置

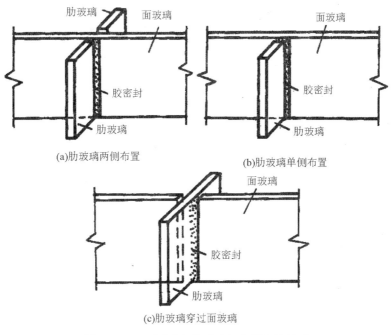

图 8.2.18 面玻璃与肋玻璃相交部位的处理

2. 幕墙材料要求

(1) 铝合金型材：质量应符合现行国家标准，尺寸允许偏差应达到高精级或超高精级，型材表面应进行阳级氧化(厚度 AA15)、电泳涂漆(厚度 B 级)、粉末喷涂(厚度 $40\sim120\mu m$)和氟碳涂层(厚度 $\geqslant40\mu m$)。幕墙连接处和吊挂处的铝合金型材的壁厚应通过计算确定，并大于或等于 5mm，立柱和横梁的壁厚铝合金型材大于或等于 3mm。

(2) 钢材：宜采用奥氏体不锈钢，且含镍量不小于 8%；金属材料和零件附件除不锈钢外，钢材表面应进行表面热浸镀锌处理、无机富锌涂料处理。幕墙吊挂处的钢型材的壁厚 $\geqslant3.5mm$。

（3）玻璃：应根据功能要求选用安全玻璃（钢化和夹层玻璃）、中空玻璃、吸热玻璃、防火玻璃等，幕墙玻璃的厚度≥6mm，无骨架玻璃幕墙玻璃的厚度≥12mm。中空玻璃应采用双道密封。

（4）橡胶制品：宜采用三元乙丙、氯丁橡胶及硅橡胶的压模成型产品；密封胶条应采用挤出成型产品，并符合现行标准。

（5）硅酮结构密封胶：隐框、半隐框幕墙所采用的结构黏结材料必须是中性硅酮结构密封胶，其性能必须符合《建筑用硅酮结构密封胶》（GB 16776）的规定，并在有效期内使用。

3. 幕墙安装施工工艺

幕墙安装的工艺流程为：

放样定位→安装支座→安装立柱→安装横梁→安装玻璃→打胶→清理。

（1）放样定位、安装支座

根据幕墙的造型、尺寸和图纸要求，进行幕墙的放样、弹线。各种埋件的数量、规格、位置及防腐处理须符合设计要求；在幕墙骨架与建筑结构之间设置连接固定支座，上下支座须在一条垂直线上。

（2）安装立柱

在两固定支座间，用不锈钢螺栓将立柱按安装标高要求固定，立柱安装轴线偏差≤2mm，相邻两立柱安装标高偏差≤3mm。支座与立柱接触处用柔性垫片隔离。立柱安装调整后应及时紧固。

（3）安装横梁

确定各横梁在立柱的标高，用铝角将横梁与立柱连接起来，横梁与立柱的接触处设置弹性橡胶垫。相邻两横梁水平标高偏差≤1mm。同层横梁的标高偏差，当幕墙宽度≤35m 时≤5mm；当幕墙宽度＞35m 时≤7mm。同层横梁安装应由下而上进行。

（4）安装玻璃

①明框幕墙：明框幕墙是用压板和橡皮将玻璃固定在横梁和立柱上。固定玻璃时，在横梁上设置定位垫块，垫块的搁置点离玻璃垂直边缘的距离宜为玻璃宽度的 1/4，且不宜小于150mm，垫块的宽度应不大于所支撑玻璃的厚度，长度不宜小于 25mm。

②隐框幕墙：隐框幕墙的玻璃是用结构硅酮胶黏结在铝合金框格上，从而形成玻璃单元块。玻璃单元块在工厂用专用打胶机完成。玻璃单元块制成后，将单元块中铝框格的上边挂在横梁上，再用专用固定片将铝框格的其余三条边钩夹在立柱和横梁上，框格每边的固定片数量不少于两片。

③半隐框幕墙：半隐墙幕墙在一个方向上为隐框，在另一方向上则为明框。隐框方向上的玻璃边缘用结构硅碉胶固定，在明框方向上的玻璃边缘用压板和连接螺栓固定，隐框边和明框边的具体施工方法可分别参照隐框幕墙和明框幕墙的玻璃安装方法。

④玻璃与构件不得直接接触，玻璃四周与构件凹槽底部应保持一定的空隙，每块玻璃下应至少放置两块宽度与槽口宽度相同、长度不小于 100mm 的弹性定位垫块；玻璃四周镶嵌的橡胶条材质应符合设计要求，镶嵌应平整，橡胶条比边框内槽长 1.5%～2%，橡胶条在转角处应斜面断开，并用黏结剂黏结牢固后嵌入槽内。

⑤高度超过 4m 的无骨架玻璃（全玻）幕墙应吊挂在主体结构上，吊夹具应符合设计要求，玻璃与玻璃、玻璃与玻璃肋之间的缝隙应用硅酮结构密封胶填嵌密实。

⑥挂架式(点支承)玻璃幕墙应采用带万向头的活动不锈钢爪,其钢爪间的中心距离应大于250mm。

(5) 打胶

打胶的温度和湿度应符合相关规范的要求。

(6) 清理

玻璃幕墙的玻璃安装完后,应用中性清洁剂和水对有污染的玻璃和铝型材进行清洗。

4. 幕墙工程的缺陷及发展趋势

玻璃幕墙有绚丽的外观,但也有"光污染"、能耗大、造价高等缺陷。下一代玻璃幕墙是集发电、隔音、隔热、安全、装饰功能于一体的光电幕墙和能改变建筑生态和建筑色彩的生态幕墙。

8.2.4 饰面工程的质量要求

下面以饰面砖工程质量检验为例对饰面工程的质量要求进行说明。

1. 主控项目

(1) 饰面板(砖)的品种、规格、颜色和图案必须符合设计要求。

检验方法:观察检查。

(2) 板(砖)安装(镶贴)必须牢固,以水泥为主要黏结材料时,严禁空鼓,无歪斜、缺楞掉角和裂缝等缺陷。

检验方法:观察检查和用小锤轻击检查。

2. 一般项目

(1) 饰面板(砖)表面质量应符合以下规定:

合格:表面基本平整、洁净。

优良:表面平整、洁净、色泽协调一致。

检验方法:观察检查。

(2) 饰面板(砖)接缝应符合以下规定:

合格:接缝填嵌密实、平直、宽窄均匀。

优良:接缝填嵌密实、平直、宽窄一致,颜色一致,阴阳角处的板(砖)压向正确,非整砖的使用部位适宜。

检验方法:观察检查。

(3) 突出物周围的板(砖)套割质量应符合以下规定:

合格:套割缝隙不超过5mm,墙裙、贴脸等上口平顺。

优良:用整砖套割吻合、边缘整齐,墙裙、贴脸等上口平顺,突出墙面的厚度一致。

检验方法:观察检查或尺量检查。

(4) 滴水线应符合以下规定:

合格:滴水线顺直。

优良:滴水线顺直,流水坡向正确。

检验方法:观察检查。

3. 饰面板(砖)安装(镶贴)的允许偏差和检验方法应符合表8.2.1的规定。

表 8.2.1 饰面板(砖)安装(镶贴)的允许偏差和检验方法

项次	项目		允许偏差/mm								检验方法
			天然石			人造石			饰面砖		
			光面	粗磨面	天然面	人造大理石	水磨石	水刷石	外墙面砖	釉面砖	陶瓷锦砖	
1	表面平整		1	3	—	1	2	4	2			用 2m 靠尺和楔形塞尺检查
2	立面垂直	室内	2	3	—	2	2	4	2			用 2m 托线板检查
		室外	3	6	—	3	3	4	3			
3	阳角方正		2	4	—	2	2		2			用方尺和楔形塞尺检查
4	接缝平直		2	4	5	2	3	4	3			拉 5m 线检查,不足 5m 拉通线和尺量检查
5	墙裙上口平直		2	4	3	2	2	3	2			
6	接缝高低		0.3	3	—	0.3	0.5	3	室外 1,室内 0.5			用直尺和楔形塞尺检查
7	接缝宽度偏差		0.5	1	2	0.5	0.5	2	—			尺量检查

8.3 楼地面工程

在建筑中人们在楼地面上从事各项活动,安排各种家具和设备;地面要经受各种侵蚀、摩擦和冲击作用,因此要求地面有足够的强度和耐腐蚀性。地面作为地坪或楼面的表面层,首先要起保护作用,使地坪或楼面坚固耐久。按照不同功能的使用要求地面应具有耐磨、防水防滑、易于清扫等特点。在高级房间还要求有一定的隔声吸音功能及弹性、保温和阻燃性等。

8.3.1 楼地面的组成及分类

1. 楼地面的组成

楼地面是底层地面和楼板面的总称。楼地面由面层、结合层、找平层、防潮层、保温层、垫层、基层等组成。根据不同的设计,其组成也不尽相同。

由于楼地面处于直接地面顶层,故要求它具有足够的承载力、耐磨性、耐腐蚀性,具备抗渗漏、隔声效果等。

2. 楼地面分类

按面层施工方法不同可将楼地面分三大类:一是整体楼地面,又分为水泥砂浆地面、水泥混凝土地面、水磨石地面、水泥钢(铁)屑地面、防油渗地面等;二是块材地面,又分为预制板材、大理石和花岗石、水磨石地面;三是木竹板块地面等。另外,还有塑料地面等。

8.3.2　基层施工

（1）抄平弹线统一标高。检查墙、地、楼板的标高，并在各房间内弹离楼地面高500mm的水平控制线，房间内一切装饰都以此为基准。

（2）楼面基层为楼板时，对于预制板楼板，应做好板缝灌浆、堵塞和板面清理工作。

（3）地面基层为土质时，应是原土和夯实回填土。回填土夯实同基坑回填土夯实要求。

8.3.3　垫层施工

1．碎砖垫层

碎砖料应分层铺均匀，每层虚铺厚度不大于200mm，适当洒水后进行夯实。碎砖料可用人工或机械方法夯实，夯至表面平整。

2．三合土垫层

三合土垫层是用石灰、砾石和砂的拌和料铺设而成，其厚度一般不小于100mm。石灰应用消石灰；拌和物中不得含有有机杂质；三合土（消石灰：砂：砾石）的配合比（体积比）一般采用1：2：4或1：3：6。

三合土可用人工或机械夯实，夯打应密实，表面平整。最后一遍夯打时，宜浇浓石灰浆，待表面灰浆晾干后进行下一道工序施工。

3．混凝土垫层

混凝土垫层用厚度不小于60mm、等级不低于C10的混凝土铺设而成。混凝土的配合比由计算确定，坍落度宜为10～30mm，要拌和均匀。混凝土采用表面振动器捣实，浇筑完后，应在12h内覆盖浇水养护不少于7d。混凝土强度达到1.2MPa以后，才能进行下道工序施工。

8.3.4　整体面层施工

1．水泥砂浆地面

水泥砂浆地面面层的厚度为20mm，用强度等级不低于32.5MPa的水泥和中粗砂拌和配制，配合比为1：2或1：2.5。

施工时，应清理基层，同时将垫层湿润，刷一道素水泥浆，用刮尺将满铺水泥砂浆按控制标高刮平，用木抹子拍实，待砂浆终凝前，用铁抹子原浆收光。终凝后覆盖浇水养护，这是水泥砂浆面层不起砂的重要保证措施。

2．水磨石地面

水磨石地面分为普通水磨石和高级（彩色）水磨石面层。石子浆用石粒以水泥为胶结料加水按1：1.5～2.5（水泥：石子）的体积比拌制而成。面层厚度宜为12～18mm，视石子粒径而定。

（1）抹找平层：抹12mm厚1：3水泥砂浆找平层，养护1～2d。

（2）镶嵌分格条（见图8.3.1）：弹分格线，分格条安设时两侧用素水泥浆黏结固定。玻璃条用素水泥浆抹八字条固定；铜条用每米4眼，穿22♯铅丝卧牢。

（3）铺石子浆：在底层刮素水泥浆，随后将不同色彩的水泥石子浆填入分格中，厚约8mm（比嵌条高约1mm），收水后用滚筒滚压，浇水养护。

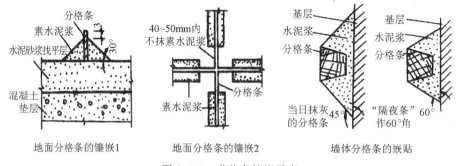

图 8.3.1 分格条镶嵌示意

（4）试磨：开磨前应先试磨，以表面石粒不松动、不脱落，砂浆抗压强 $100\sim130\mathrm{N/mm}^2$ 方可开磨，开磨时间与气温、水泥品种有关，一般 $1\sim5\mathrm{d}$ 后可开磨。普通水磨石磨光遍数不少于 3 遍，高级水磨石不少于 4 遍。

（5）粗磨、细磨、磨光：第 1 遍用 $54\sim70$ 号粗金刚石磨，第 2 遍用 $90\sim120$ 号中金刚石磨，第 3 遍用 $180\sim240$ 号细金刚石磨，第 4 遍用 $240\sim300$ 号油石磨；头磨和中磨要求边磨边加水，磨匀磨平，使分格条外露，磨后将泥浆冲洗干净，用同色浆涂抹修补砂眼，并养护 $2\mathrm{d}$；细磨后擦草酸一道，干燥后打蜡即光亮如镜。

3. 地坪漆的施工

地坪漆的种类繁多，主要有环氧地坪漆、聚氨酯地坪漆、丙烯酸地坪漆等。最常用的是环氧类地坪漆。

（1）基层的处理

新建工程的地坪须养护 $28\mathrm{d}$，地面含水率小于 9%；老地坪基层原有的切缝或裂缝须进行填补，油污、旧漆等黏附物须用地面铣刨机处理；有防滑、耐磨等要求的地坪基层应进行抛丸或打磨、吸尘，必要时进行高压洗尘，保证地面清洁。确保地坪基层的平整度及表面强度。

（2）环氧树脂地坪漆施工（见图 8.3.2）

图 8.3.2 环氧树脂地坪漆施工实景

环氧树脂地坪漆分为溶剂型和无溶剂型。溶剂型即普通型环氧树脂地坪漆，又称薄涂型，使用滚筒施工，比较方便，用量少，成本低；无溶剂型属自流平型，使用带齿镘刀施工，一次施工厚度 $0.5\mathrm{mm}$，外观光滑平整，有镜面效果。按工序可分为底、中、面涂。

①基层处理：依据地面状况做好打磨、修补、除污、除尘，使之坚硬、平整，增加地坪涂层与地面的附着力。

②底涂施工：环氧封闭底漆配好后，辊涂、刮涂或刷涂，使其充分润湿混凝土，并渗入混凝土内层。

③腻子涂布（中涂）：将环氧双组分加入适量腻子粉，用镘刀将其涂布，增加地面的平整度。

④面涂批补：采用面涂材料配石英细粉批涂，填补中涂较大颗粒间的空隙，待完全固化后，用无尘打磨机打磨地面，打磨平整，吸尘器吸尽灰尘。

⑤面涂施工：将环氧色漆及固化剂混合均匀后，可镘涂、刷涂、辊涂或喷涂，获得平整均匀的表面涂层。地坪投入使用时间：涂漆后 10～24h 后方可上人，72h 后方可重压。

（3）环氧自流平面涂层施工（见图 8.3.3）

自流平面涂层须待中涂层施工 12h 后方可进行。当地坪漆流出 500mm 且自流平后，先用锯齿刮板轻缓进行第 1 遍梳理；当地坪漆流出 1000mm 后，用消泡滚筒进行第 2 遍梳理、除泡。合格后，封闭现场、防尘，保养 72h 方可使用。

锯齿刮板梳理1　　　　　　　　锯齿刮板梳理2

消泡滚筒除泡

图 8.3.3　环氧自流平面涂层施工实景

8.3.5　板块面层施工

板块面层的材料包括地砖、抛光砖、花岗岩、大理石等板块状材料。板块基层吸水铺贴前须预先放水里浸湿再阴干待铺。现在多数板块基材吸水普遍较少。

板块面层施工工艺（见图 8.3.4）如下。

（1）施工准备：厨卫地面防水验收，清理基层并洒水湿润，预埋管线固定，块材浸水阴干。

（2）找规矩：弹地面标高线，四边取中、挂十字线。

（3）试排块材：由中间向四周预排块材，非整块排至地面圈边或不显眼处，不同颜色块材交接宜安排在门下；检查板块间隙（天然石材不大于1mm，水磨石不大于2mm）。

（4）铺设顺序：由中间开始十字铺设，再向各角延伸，小房间从里向外。

①基层或垫层上扫水泥浆结合层；

②铺30mm厚（1∶3）～（1∶4）干硬性砂浆（比石材宽20～30mm，长1m）；

③试铺板材，锤平压实，对缝，合格后搬开，检查砂浆表面是否平实；

④板背面抹水灰比0.4～0.5的水泥浆，正式铺板材，锤平（水平尺检测）；浅色石材用白水泥浆及白水泥砂浆。

⑤养护灌缝：24h后洒水养护3d（不得走人、车），检查无空鼓后用1∶1细砂浆灌缝至2/3高度，再用同色浆擦严、擦净，保护，3d内禁止走人。

小房间从里向外铺贴

铺贴法施工现场

楼梯踏步的套花铺贴

圆柱踢脚细部

图8.3.4 地砖铺贴施工实景

8.3.6 木板地面施工

木板面层多用于室内高级装修地面。该地面具有弹性好，耐磨性好，不易老化等特点。木板面层有单层和双层两种。单层是在木搁栅上直接钉企口板；双层是在木搁栅上先钉一层毛地板，再钉一层企口板。木搁栅有空铺和实铺两种形式。

实铺式地面是将木搁栅铺于钢筋混凝土楼板上，木搁栅之间填以炉渣隔音材料。木地板拼缝用得较多是企口缝、截口缝、平头接缝等,其中以企口缝最为普遍,如图 8.3.5 所示。

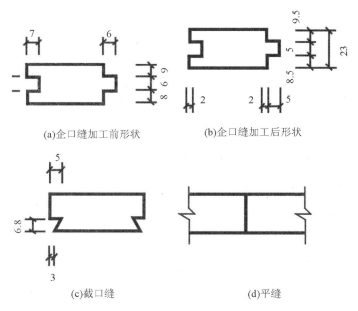

(a)企口缝加工前形状   (b)企口缝加工后形状

(c)截口缝   (d)平缝

图 8.3.5 木板拼缝处理

1. 长条板地面施工

将木搁栅直接固定在基底上,然后用圆钉将面层钉在木搁栅上。用钉固定木板的方法有明钉和暗钉两种钉法。明钉是将钉帽砸扁,垂直钉入板面与搁栅,一般钉两只钉,钉的位置应在同一直线上,并将钉帽冲入板内 3~5mm。暗钉是将钉帽砸扁,从板边的凹角处,斜向钉入,但最后一块地板用明钉。

2. 拼花板地面施工

拼花板地面一般采用黏结固定的方法施工。弹线按设计图案及板的规格,结合房间的具体尺寸弹出垂直交叉的方格线。黏结一般用玻璃胶粘贴。刨平、打磨时应注意木纹方向,一次不要刨得太深,每次刨削厚度不大于 0.5mm,并应无刨痕。刨平后用砂纸打磨,做清漆涂刷时应透出木纹,以增加装饰效果。

图 8.3.6 木踢脚板

3. 木踢脚板(见图 8.3.6)

踢脚板规格为 150mm×(20~25)mm,背面开槽以防止翘曲。踢脚板背面应做防腐处理。踢脚板用钉子钉牢于墙内防腐木砖上,钉帽砸扁冲入板内。踢脚板接缝处应做企口或错口相接。踢脚板与木板面层转角处装钉木压条。要求踢脚板与墙紧贴,装钉牢固,上口平直。

8.4 吊顶和隔墙工程

8.4.1 吊顶工程

吊顶是一种室内装修,具有保温、隔热、隔音和吸声作用,可以增加室内亮度和美观度,是现代室内装饰的重要组成部分。吊顶由吊筋、龙骨、面层三部分组成。

1. 吊筋

(1)吊筋主要承受吊顶棚的重力,并将这一重力直接传递给结构层;同时,还能用来调节吊顶的空间高度。

(2)现浇钢筋混凝土楼板吊筋做法如图 8.4.1 所示。

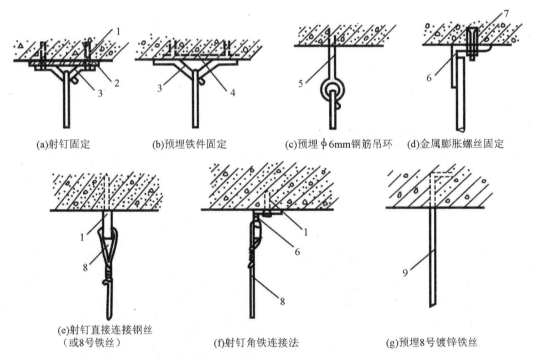

1—射钉;2—焊板;3—10 钢筋吊环;4—预埋钢板;5—φ6mm 钢筋;
6—角钢;7—金属膨胀螺丝;8—铝合金丝(8 号、12 号、14 号);9—8 号镀锌铁丝

图 8.4.1 吊筋固定方法

2. 龙骨安装

(1)木龙骨

木龙骨多用于板条抹灰和钢板网抹灰吊顶顶棚,如图 8.4.2 所示。

(2)金属龙骨

金属龙骨分为轻钢龙骨和铝合金龙骨,它们都有各自相应的主件和配件。T 形铝合金龙骨安装如图 8.4.3 所示。

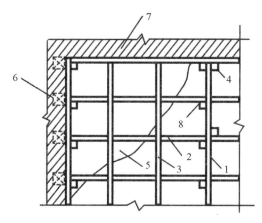

1—大龙骨;2—小龙骨;3—横撑龙骨;4—吊筋;
5—罩面板;6—木砖;7—砖墙;8—吊木

图 8.4.2　木质龙骨吊顶

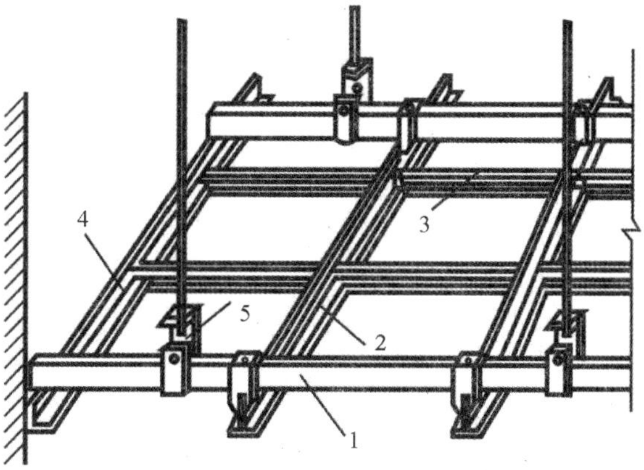

1—大龙骨;2—大 T;3—小 T;
4—角条;5—大吊挂件

图 8.4.3　T形铝合金吊顶

（3）施工安装程序

吊顶有暗龙骨吊顶和明龙骨吊顶之分。

龙骨的安装顺序是:弹线定位→固定吊杆→安装主龙骨→安装次龙骨→横撑龙骨。

①弹线定位。根据楼层标高水平线,用尺竖向量至顶棚设计标高,沿墙四周弹出顶棚标高水平线,并沿顶棚标高水平线在墙上画好龙骨分档位置线。

②固定吊杆。按照墙上弹出的标高线和龙骨位置线找出吊点中心,将吊杆焊接在预埋件上。

③安装主龙骨。吊杆安装在主龙骨上,根据龙骨的安装程序,因为主龙骨在上,所以吊件同主龙骨相连,再将次龙骨用连接件与主龙骨固定。

④固定次龙骨。次龙骨垂直于主龙骨布置,交叉点用次龙骨吊挂件将其固定在主龙骨上。

⑤固定横撑龙骨。横撑龙骨应用次龙骨截取。

3. 饰面板安装

吊顶的饰面板材包括纸面石膏装饰吸声板、石膏装饰吸声板、矿棉装饰吸声板、珍珠岩装饰吸声板、聚氯乙烯塑料天花板、聚苯乙烯泡沫塑料装饰吸声板、钙塑泡沫装饰吸声板、金属微穿孔吸声板、穿孔吸声石棉水泥板、轻质硅酸钙吊顶板、硬质纤维装饰吸声板、玻璃棉装饰吸声板等。选材时要考虑材料的密度、保温、隔热、防火、吸音、施工装卸等性能,同时应考虑饰面的装饰效果。

（1）饰面板与龙骨的连接

①黏结法用各种胶黏剂将板材粘贴于龙骨上或其他基板上。

②钉接法用铁钉或螺钉将饰面板固定于龙骨上。

③挂牢法指利用金属挂钩将板材挂于龙骨下的方法。

④搁置法指将饰面板直接搁于龙骨翼缘上的做法。

⑤卡牢法利用龙骨本身或另用卡具将饰面板卡在龙骨上的做法,常用于以轻钢、型钢龙骨配以金属板材等。

（2）板面的接缝处理

①密缝法指板之间在龙骨处对接，也叫对缝法。板与龙骨的连接多为黏接和钉接。

②离缝法。凹缝两板接缝处利用板面的形状和长短做出凹缝，有 V 形缝和矩形缝两种，缝的宽度不小于 10mm。

饰面板的边角处理，根据龙骨的具体形状和安装方法有直角、斜角、企口角等多种形式。

4. 吊顶工程质量要求及检验方法

见表 8.4.1 和表 8.4.2。

表 8.4.1 暗龙骨吊顶工程安装的允许偏差和检验方法

项次	项目	允许偏差/mm				检验方法
		纸面石膏板	金属板	矿棉板	木板、塑料板、搁栅	
1	表面平整度	3	2	2	2	用 2m 靠尺和塞尺检查
2	接缝直线度	3	1.5	3	3	拉 5m 线，不足 5m 拉通线，用钢直尺检查
3	接缝高低差	1	1	1.5	1	用钢直尺和塞尺检查

表 8.4.2 明龙骨吊顶工程安装的允许偏差和检验方法

项次	项目	允许偏差/mm				检验方法
		纸面石膏板	金属板	矿棉板	木板、塑料板、搁栅	
1	表面平整度	3	2	3	2	用 2m 靠尺和塞尺检查
2	接缝直线度	3	2	3	3	拉 5m 线，不足 5m 拉通线，用钢直尺检查
3	接缝高低差	1	1	2	1	用钢直尺和塞尺检查

8.4.2 轻质隔墙工程

将室内完全分隔开的叫隔墙。将室内局部分隔，而其上部或侧面仍然连通的叫隔断。隔墙按用材可分为砖隔墙、骨架轻质隔墙、玻璃隔墙、混凝土预制板隔墙、木板隔墙等。

1. 砌筑隔墙

砌筑隔墙一般采用半砖顺砌。砌筑底层时，应先做一个小基础；楼层砌筑时，必须砌在梁上，梁的配筋要经过计算。不得将隔墙砌在空心板上。隔墙用 M2.5 以上的砂浆砌筑，隔墙的接槎如图 8.4.4 所示，需满足相应的构造要求。

半砖隔墙两面都要抹灰，但为了不使抹灰后墙身太厚，砌筑两面应较平整。

2. 骨架板材隔墙

（1）双面钉贴板材隔墙

双面钉贴板材隔墙是指在方木骨架或金属骨架上，双面镶贴胶合板、纤维板、石膏板、矿棉板、刨花板或木丝板等轻质材料的隔墙。其骨架的做法和板条墙相近,但间距要按照面层板材的大小而定。横撑必须水平,间距根据板材大小决定,如图8.4.5所示。

板材拼缝要留3～5mm间隙,并用压条压住。压料可用木条、铝合金条或硬塑料条。

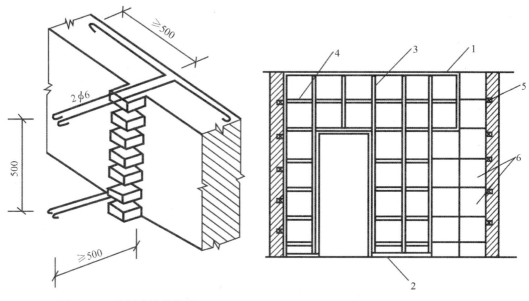

图 8.4.4 砖隔墙接槎构造

1-上槛;2-下槛;3-立筋;4-横撑;5-木砖;6-板材
图 8.4.5 骨架板材隔墙

（2）单层镶嵌板材隔墙

同上述方法相比,单层镶嵌板材隔墙的板材用量减半,但事先要在立筋和横撑上开口槽,然后将裁好的板材镶嵌进去,由下而上逐块安装,最上面一块用小木条压边。这种方法只适用于略能弯曲的胶合板、纤维板等,如用石膏板材,则需在四周加贴木条压边来固定。

（3）骨架板材隔墙安装的允许偏差和检验方法（见表8.4.3）

表 8.4.3 骨架板材隔墙安装的允许偏差和检验方法

项次	项目	允许偏差/mm		检验方法
		纸面石膏板	人造木板、水泥纤维板	
1	立面垂直度	3	4	用2m靠尺和塞尺检查
2	表面平整度	3	3	用2m靠尺和塞尺检查
3	阴阳角方正	3	3	用直角测尺检查
4	接缝直线度	—	3	拉5m线,不足5m拉通线,用钢直尺检查
5	压条直线度	—	3	拉5m线,不足5m拉通线,用钢直尺检查
6	接缝高低差	1	1	用钢直尺和塞尺检查

8.5 涂料及刷浆工程

8.5.1 涂料工程

涂料是涂敷于建筑构件的表面,并能与建筑构件材料很好地黏结,形成完整而坚韧的保护膜的材料,称为"建筑涂料"。建筑涂料具有保护建筑物的功能,如防腐、防水、防油、耐化学品、耐光、耐温等;装饰建筑物的功能,如颜色、光泽、图案和平整性等;以及为改善建筑物的某些特殊要求而需要的特殊功能,如标记、防污、绝缘等。

涂料由成膜物质、颜料、溶剂、助剂四部分组成。油漆是涂料的旧称,泛指油类和漆类涂料产品,现通称"涂料",在现代化工产品的分类中属精细化工产品,是一类多功能性的工程材料。

1. 涂料施工为保证质量需满足以下条件:

(1) 基层处理——清理基层表面杂物,修补孔洞和裂缝,使基层处于平整、干净、干燥状态。一般木材面含水率不超出 12%;混凝土、砂浆含水率不超出 8%;刷乳胶漆者不超出 10%。

(2) 其他工程全部完工。

(3) 施工环境要求:清洁无灰尘,温度不低于 10℃,湿度不超出 60%。大风雨雾天不宜外部施工。

2. 涂料涂刷分级及施工流程

(1) 涂刷分级:按质量要求一般分普通和高级两级。

普通——满刮一遍腻子,刷三遍涂料;高级——满刮两遍腻子,刷三至五遍涂料。腻子有石膏腻子、金属面腻子、乳胶腻子等。

(2) 施工流程:基层修补与找平→修补腻子→满刮腻子→涂料施涂。

3. 涂刷工具(见图 8.5.1 和图 8.5.2)

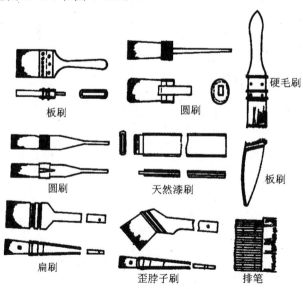

图 8.5.1 涂刷工具

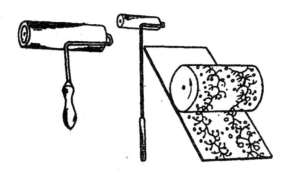

图 8.5.2　涂料辊

8.5.2　墙面漆涂饰

1. 涂料及工具

墙面涂料一般为丙烯酸乳胶漆,按建筑部位分为内墙乳胶漆和外墙乳胶漆;按施工层次分为底漆和面漆。

2. 施工流程

基层处理→磨平→第1遍满刮腻子(横刮)→磨平→第2遍满刮腻子(竖刮)→磨平→弹线、分格、黏条(外墙)→封闭底漆→第1遍涂料→补腻子→磨平(光)→第2遍涂料→磨平(光)→第3遍涂料。

3. 墙面漆的涂饰方法

常用的涂刷方法有刷涂、滚涂、喷涂三种。不同施工方法将得到不同漆面效果。

(1) 刷涂:刷涂工具宜用羊毛刷,刷出来的漆面光滑。刷涂应两至三遍,每一遍刷子的走向应一致,或上下或左右,应待第一遍漆膜干透后再刷第二遍。刷涂是墙面漆损耗最小的一种施工方法。刷涂会有少量刷痕,深色墙面漆不适宜用刷涂的方法。

(2) 滚涂:大面积墙面用滚筒涂刷,墙角等处用排笔卡边,涂饰工具的不同会造成饰面效果的差异。滚筒按照毛的长短、质地和花纹也分很多种,可得到不同的漆膜(质感)效果。采用短毛(羊绒)滚筒做出来的效果接近喷涂效果,比较平滑;采用中毛或长毛滚筒在墙面漆不加水的情况下可做出立体效果,花纹较大。

(3) 喷涂:分为有气喷涂和无气喷涂,有气喷涂是空压机带喷枪,施工效率较低,墙面漆需过度稀释,只适宜在木器漆喷涂中使用。

高压无气喷涂是近年迅速发展的一种墙面漆涂漆工艺。它利用压缩空气驱动高压泵,使涂料增压至 $10\sim25$ MPa,通过喷嘴小孔(直径 $0.2\sim1$ mm)喷出。当受高压的涂料离开喷嘴到达空气时,便雾化成极细的小漆粒附到被喷涂的墙面上,一次喷涂就能渗入缝隙或凹陷处,边角处也能形成均匀的漆膜,光泽度好,附着力高,一次喷涂厚度为 $100\sim300\mu$m。

4. 墙面漆涂饰的施工要点

(1) 基层处理:这是墙面漆质量的关键,保证墙体清洁、平整、干燥是墙面漆施工的基本条件,外墙漆施工须待天气晴朗 10d 以上。

(2) 刮腻子:墙面至少应满刮两遍腻子,先横刮后竖刮,用砂纸打磨凹凸及粗糙表面,使墙面平整,并清除表面浮尘。卫生间等潮湿处应使用耐水腻子。

（3）封闭底漆：腻子层完全干燥后，用封闭底漆涂刮墙体 2 遍，间隔时间为 6～8h，底漆在干透后应完全遮盖墙体，无发花现象。墙体碱性过大时，应使用抗碱封闭底漆。

（4）涂料的稀释及搅拌：涂料的施工黏度控制着涂刷厚度。外墙漆一般不需稀释，当黏度过大时可适量稀释，但稀释用水量不能超过 20％，过量稀释会导致墙面出现粉化、流挂现象；内墙漆稀释兑水量宜为 20％～30％，过量稀释会影响漆膜的质感、耐擦洗性能和遮盖力。

使用前应将涂料搅拌均匀。一个包装用量使用不完时，应将所需要用量倒出在其他容器中，再加水稀释，不要直接在涂料包装桶内加水稀释。

（5）控制色差：外墙漆应使用同一厂家的同一批号涂料，不得与其他牌号的涂料混用。

（6）喷涂施工：喷枪与墙面距离控制在 350～600mm 为宜，且喷嘴必须垂直墙面距离一致，运行线与墙面平行。涂层接槎必须留在分格处，以防出现"虚喷"、"花脸"。

（7）施工环境：外墙漆不得在大风、雨天或尘土飞扬等恶劣天气施工，环境温度不宜低于 10℃，空气湿度不大于 85％；内墙漆施工时室内不能有大量灰尘，温度不宜低于 5℃，要保持周围环境清洁。

8.5.3 真石漆施工

真石漆也叫仿石漆或石头漆，是建筑涂料中艺术质感较强的涂料产品，属于合成树脂乳液砂壁状建筑涂料的范围，是以纯丙乳酸与天然彩石砂配制而成，装饰效果酷似大理石、花岗石的外墙漆。真石漆涂层由抗碱封闭底漆、真石漆和耐候防水罩面漆三部分组成，涂饰方法为喷涂，真石漆的喷涂采用专用喷枪，喷净厚度为 2～3mm，如多遍喷涂，需间隔 2h，干燥 24h 后方可打磨。打磨用 400～600 目砂纸，轻轻抹平真石漆表面凸起的砂粒即可。真石漆装饰效果如图 8.5.3 所示。

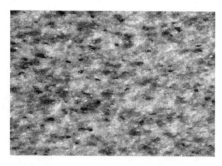

图 8.5.3 真石漆装饰效果

1. 真石漆施工工具

（1）脚手架：脚手架必须离被喷涂墙面 30～40cm，靠墙不要有横水杆，墙体不能有脚手眼。宜用吊栏、架桥，毛竹脚手架在施工时要注意留出合适的施工距离。

（2）功率 5kW 以上，气量充足，能自动控制压力，压力为 0.5～1.0MPa 的空压机，带三根气管，能满足三人以上同时施工。

（3）喷枪：上壶喷枪，容量 500mL，口径 1.3mm 以上。容量不能太大，否则操作不便。口径太小，则施工速度慢，不适合大面积施工。

（4）各种口径喷嘴：4mm、5mm、6mm、8mm 等，口径越小则喷涂越平整均匀，口径越大则花点越大，凹凸感越强。

（5）无气喷枪一套。

（6）橡胶管：氧气管，直径8mm。

（7）毛刷、滚筒、铲刀若干。

（8）遮挡用工具：塑料布、纤维板、图钉、胶带。

2. 真石漆施工工艺流程

（1）基层要求

批刮腻子之前，应彻底清除疏松、起皮、空鼓、粉化的基层，然后去除灰尘、油污等污染物。

用外墙腻子修补墙面，第一道局部找平，用腻子或填缝胶填补大的孔洞和缝隙，待腻子干燥后，局部打磨，再满批腻子使基层平整。腻子完全干燥后，进行打磨使基层平整。

由于真石漆有一定的厚度，对基层的平整度要求不像薄质平涂那样高。

基层表面应干燥具有一定的强度，水泥砂浆基层要求硬化21d以上，气温若低，适当延长时间。

（2）涂封闭底漆

待腻子干透后，涂刷一遍封闭底漆。封闭底漆一般无须另外加稀释剂进行稀释。其目的是清理基层，增加基层强度及涂膜的黏结强度。一般采用辊涂施工，也可以喷涂施工。喷涂时，用无气喷枪均匀薄喷一遍，施工温度10℃以上，喷涂量$0.2\sim0.3kg/m^2$。

（3）喷涂实色底漆

喷涂实色底漆的目的是使底材的颜色一致。能有效避免真石漆涂膜透底导致的发花现象，也能减少真石漆用量，以达到颜色均匀的良好装饰效果。基层着色处理材料主要用附着力、耐久性、耐水性好的外用薄涂乳胶漆。根据所确定天然石材的颜色或样板的颜色进行调色配料，尽可能使涂料的颜色接近真石漆本身的颜色。涂料一定要涂刷均匀，不可有漏涂、透底部位，一般涂刷两遍。为了达到仿石材的装饰效果，同时也利于施工操作，可以对真石漆进行分格涂喷，并且在分格缝上涂饰所选择的基层着色涂料，在大面喷涂时对分格缝部位应完全遮挡或进行刮缝处理。

（4）喷涂中层真石漆

真石漆一般不需要加水，必要时可加少量水调节，但喷涂时应注意控制产品施工黏度一致，气压、喷口大小、距离等应严格保持一致。遇有风的天气时，应停止施工。

真石漆的施工难度大，如果控制不好，涂膜容易产生局部发花现象。因此真石漆喷涂时，注意出枪和收枪不要在正喷涂的墙面上完成；而且喷枪移动的速度要均匀；每一喷涂幅度的边缘，要在前面已经喷涂好的幅度边缘上重复1/3，且搭界的宽度要保持一致；保持涂膜薄厚均匀。

真石漆的施工关键在于涂料的稠度要合适，第一遍喷涂略稀一些的涂料，待均匀一致、干燥后再喷第二遍涂料。喷第二遍涂料时，涂料略稠些，喷得厚些。当喷斗的料喷完后，用喷出的气流将喷好的饰面吹一遍，使之波纹状花纹更接近石材效果。如果想达到大理石花纹装饰效果，可以用双嘴喷斗施工，同时喷出的两种颜色，或用单嘴喷斗分别喷出的两种颜色，达到颜色重叠、似隐似现的装饰效果。

采用喷涂方法，喷涂压力在$0.5\sim1.0MPa/cm^2$，根据样板要求选择合适喷嘴，施工温度在10℃以上，厚度$1\sim2mm$，涂抹两道，间隔2h，干燥24h后打磨。喷枪应垂直于待喷涂面施工,距离约 60cm。在阴阳角施工过程中,喷涂时特别注意不能一次喷厚,采用薄喷多层法,即表面干燥后重喷,喷枪距离为 80cm,运动速度快,且不能垂直于阴阳角喷,只能采用散射,即喷涂两个面,让喷涂不匀的雾花的边缘扫入阴阳角。喷涂量 3～5kg/m²。

(5)打磨:采用 400～600 目砂纸,轻轻抹平真石漆表面凸起砂料及尖角,切忌用力过猛。

(6)喷罩面漆:为了保护饰面、增加光泽、提高耐污染能力,增强整体装饰效果,在涂料喷涂完成后,进行罩面处理,喷涂罩光清漆。待真石漆完全干透后(一般晴天至少保持 3d),方可喷涂罩光清漆,施工时可适量添加稀释剂,注意保持黏度、气压、喷口大小一致,注意预防流挂现象。采用喷涂(刷涂、辊涂均可),用无气喷枪均匀薄喷一遍,施工温度不得低于10℃,完全干燥需要 10d,喷涂量 0.2～0.3kg/m²。

3. 不同颜色的真石漆施工工艺

(1)白色、浅色的真石漆施工

墙体先批刮一遍白水泥,要求平整、无明显批痕;或者直接涂刷有色液体底漆,再按规定喷涂中层、面层。

(2)深色的真石漆施工

底漆按规定喷涂,在施工中层时,只需薄喷一层,厚度控制在 1～2mm,再罩面漆。

8.5.4 一般刷浆工程

刷浆工程是建筑内墙、顶棚或外墙的表面经刮腻子等基层处理后,刷、喷浆料。其目的是保护墙体,美化建筑,满足使用要求。按其所用材料、施工方法及装饰效果,刷浆工程包括一般刷浆、彩色刷浆和美术刷浆工程的施工。

1. 材料要求

(1)生石灰块或石膏:用于普通喷浆使用。

(2)大白粉:建材商店有成品供应,有方块、圆块、根据需要购买。

(3)建筑石膏粉:成品料购买,是一种气硬性的胶结材料。

(4)滑石粉:细度为 140～325 目,白度为 90%。

(5)胶黏剂:聚醋酸乙烯乳液,羧甲基纤维素。

(6)颜料:氧化铁黄、氧化铁红、群青、锌白、铬黄、络绿等,用遮盖力强,耐光、耐气候影响的各种矿物颜料。

(7)其他:用于一般刷石灰水的食盐,用于刷普通大白浆的火碱,面粉等。

2. 主要机具

一般应备有手压泵或电动喷浆机、大小浆桶刷子、排笔、开刀、胶刮板,塑料刮板、0 号及 1 号木砂纸、50～80 目钢丝笃、浆罐、大小水桶、胶皮管、喷浆机、手压泵等零星配件、腻子板等。

3. 作业条件

(1)室内抹灰工的作业已全部完成。

(2)室内水暖管道,电气设备预埋预设均以完成,且完成管洞处灰活的修理。

(3)油工的头遍油已刷完。

(4)抹灰的灰层已干燥。

（5）做好样板间且经过鉴定符合要求。

4. 操作工艺

工艺流程：抹灰湿作业已完成并与油工办好交接手续,灰层干燥程度已满足要求→零星补找石膏腻子(对混凝土墙尤其重要)→满刮石膏腻子2道→满刮大白腻子2～3遍→喷浆→复找腻子应平、应光→喷浆1～2道→喷交活浆(也称扫胶)

（1）基层清理：混凝土墙表面的浮砂、灰尘、疙瘩要清除干净,表面的隔离剂、油污等应用碱水(火碱：水=1：10)清刷干净,然后用清水冲洗墙面,将墙面上的碱液清净。

（2）喷、刷胶水：刮腻子之前在混凝土墙面上先喷、刷一道胶水(重量配比为水：乳液=5：1),要喷、刷均匀,不得有遗漏。

（3）填补缝隙,局部刮腻子：用石膏腻子将缝隙及坑洼不平处找平,应将腻子填实补平,并将多余的废腻子收净,腻子干后,用砂纸磨平,并把浮尘扫净。如发现还有腻子塌陷处和凹坑应重新复找腻子使之补平。石膏腻子配合比为石膏粉：乳液：纤维素水溶液=100：4.5：60,其中纤维素水溶液浓度为3.5%。

（4）石膏墙面拼缝处理：接缝处应用嵌缝腻子填满,上糊一层玻璃网格布或绸布条,用乳液将布条黏在缝上,黏条时应把木条拉直糊平,并刮石膏腻子一道。

（5）满刮腻子：根据墙体基层的不同和浆活等级要求不同,刮腻子的遍数和材料也不同。如混凝土墙,应刮2道石膏腻子和1～2道大白腻子；抹灰墙及石膏板墙刮2道大白腻子即可达到喷浆的基层要求了。刮腻子时应横竖刮,并注意接槎和收头时腻子要刮净,每道腻子干后,应磨砂纸,将腻子磨平磨完后,将浮尘清净。如面层要涂刷带颜色的浆料时,腻子中将要掺入相同颜色的适量颜料。腻子配合比为乳液：滑石粉(或大白粉)：20%纤维素=1：5：3.5(重量比)。

（6）喷第一道浆：喷浆前应先将门窗口圈用排笔刷好,如墙面和顶棚为两种颜色时,应在分色线处用排笔齐线并刷20cm宽以利接槎,然后再大面积喷浆。喷浆顺序应先顶棚后墙面,先上后下顺序进行。喷浆时喷头距墙面为20～30cm,移动速度要平稳,使涂层厚度均匀。顶板为槽形板时,应先喷凹面四周的内角再喷中间平面,浆料配比与调制方法如下：

①调制石灰浆

a. 将生石灰块放入容器内适量加入清水,至块灰熟化后再按比例加入清水。其配合比为生石灰：水=1：6(重量比)。

b. 将食盐化成盐水,掺盐量为石灰浆重量的0.3%～0.5%,将盐水倒入石灰浆内搅拌匀,再用50～60目的钢丝笼过滤,所得浆液即可施喷。

c. 采用石灰膏时,将石灰膏放入容器中,直接加清水搅拌,掺盐量同上,拌匀后,过笼使用。

②调制大白浆

a. 将大白粉破碎放入容器中,加清水拌和成浆。

b. 将羧甲基纤维素放入缸内,加水搅拌使之溶解。其拌和配合比为羧甲基纤维素：水=1：40(重量比)。

c. 聚醋酸乙烯乳液加水稀释与大白粉拌和,其配合比例为大白粉：乳液=10：1。

d. 将以上三种浆液按大白：乳液：纤维素=100：13：16混合搅拌后,过80目钢笼,拌匀后即成大白浆。

e. 如配色浆,则先将颜料用水化开,过笼后放入大白浆中。

f. 配可赛银浆:将可赛银粉末放入容器内,加清水溶解搅匀后即为可赛银浆。

(7)复找腻子:第一遍浆干后,对墙面上的麻点、坑洼、刮痕等用腻子重新复找刮平、干后,用细砂纸轻磨,并把粉尘扫净,达到表面光滑平整。

(8)喷第二遍浆:方法同上。

(9)喷交活浆:第二遍浆干后,用细砂纸将粉尘、溅沫、喷点等轻轻磨去,并打扫干净,即可喷交活浆,交活浆应比第二遍浆的胶量适当增大点,防止喷浆的涂层掉粉。

(10)喷内墙涂料:耐擦洗涂料等基层处理与喷刷浆相同,面层涂层使用购入建筑产品,涂刷即可,并可参照产品使用说明处理。

(11)室外刷浆:砖混结构的窗台、旋脸、窗套等部位在拌大白灰时趁湿刮一层白水泥膏,使之与面层压实在一起,并将滴水线(槽)按规矩预先埋设好,并乘灰层未干,紧跟涂刷第一遍白水泥浆(配比:白水泥加水重 20% 107 胶拌匀),涂刷时可用油刷或排笔自上而下涂刷,注意应少蘸勤刷,防止污染。

8.6 门窗工程

普通门窗主要有木门窗、铝合金门窗和塑钢门窗。特种门窗则有防火门窗、防盗门、自动门、全玻门、旋转门、金属卷帘门和人防密闭门等。本书只讨论普通门窗的安装。

8.6.1 木门窗的安装

1. 先立口(先立门窗框)工艺

工艺流程:门窗位置定位→立门窗框→(砌墙时)木砖固定→安装门窗过梁→(装饰阶段后期)安装门窗扇→油漆。

工艺要点:①立框前检查成品质量,校正规方,钉好斜拉条和下坎的水平拉条;②按施工图示位置、标高、开启方向、与墙洞口关系(里平、外平、墙中)立口;③立门窗框时应水平拉通线,竖向用线坠找直吊正;④砖墙砌筑时随砌随检查是否倾斜和移动,并用木砖楔紧安牢。

先立口的窗框固定如图 8.6.1 所示。先立口工艺目前已较少使用。

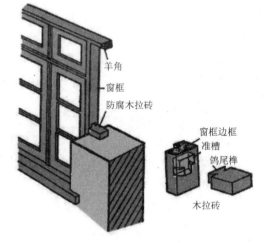

图 8.6.1 先立口的窗框固定

2. 后塞口(后塞门窗框)工艺

工艺流程:(砌墙时)预埋木砖→(抹灰前)门窗框固定→(抹灰后)门窗扇安装→油漆。

工艺要点:①检查门窗洞口的尺寸、垂直度和木砖数量(每侧不少于 2 处,间距≤1.2m);②找水平拉通线、竖向找直吊正,确定门窗框安装位置;③门框应在地面施工前安装,窗框应在内外墙抹灰前安装;④每块木砖应钉 2 个 10cm 长的钉子并将钉帽砸扁,顺木纹钉入木砖内,使门框安装牢固。

注意:门窗框的走头应封砌牢固严实;寒冷地区门窗框与外墙间的空隙应填塞保温材料;门窗框与砖墙的接触面及固定用木砖应作防腐处理。

3. 门、窗扇的安装

合页槽位置:距门窗扇上、下端宜取立挺高度的 1/10,且避开上、下冒头。

五金配件安装:应采用木螺钉,先钉入全长 1/3,拧入 2/3;硬木应钻 2/3 螺钉长度、0.9 倍螺钉直径的引孔,以防安装劈裂或拧断螺钉。

门锁安装:不宜安装在冒头与立挺的结合处。

门窗拉手:窗拉手距地面宜为 1.5~1.6m,门拉手距地面宜为 0.9~1.05m。

8.6.2 铝合金门窗的安装

1. 铝合金门窗的进场验收

(1)涂层及外观:铝型材表面处理有阳极氧化(厚度 AA15)、电泳涂漆(厚度 B 级)、粉末喷涂(厚度 40~120μm)和氟碳涂层(厚度≥30μm)。型材表面无凹陷或鼓出,色泽一致无明显色差,保护膜不应有擦伤划伤的痕迹。铝合金表面外观如图 8.6.2 所示。

(2)强度及壁厚:型材抗拉强度≥157N/mm^2,屈服强度≥108N/mm^2,型材厚度≥14mm。

(3)五金配件:配件应选用不锈钢或表面镀锌、喷塑的材质。

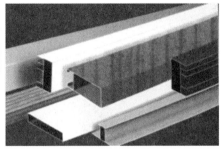

(a)电泳涂漆　　　　　　　　　　(b)粉末喷涂

(c)氟碳涂层

图 8.6.2　铝合金型材表面处理

2. 门窗框与墙体的固定方法

铝合金门窗采用先预留门窗洞口,后安装门窗。饰面材料为水泥砂浆时,洞口宽度、高度各加大 50mm,墙面贴瓷砖时各加大 60mm,墙面贴大理石时各加大 100mm。

（1）连接条安装法：适用于钢结构，如图 8.6.3 所示。

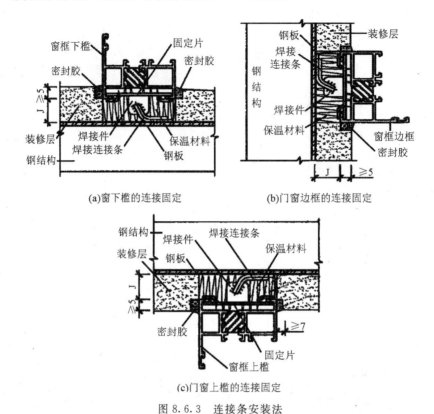

(a)窗下槛的连接固定　(b)门窗边框的连接固定

(c)门窗上槛的连接固定

图 8.6.3　连接条安装法

（2）附框安装法：适用于钢筋混凝土结构、砖墙结构，如图 8.6.4 所示。

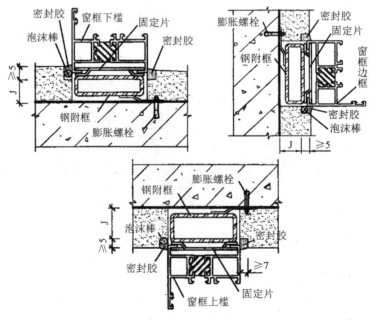

图 8.6.4　附框安装法

（3）射钉连接法：适用于钢筋混凝土结构。

（4）燕尾铁角连接法：适用于砖墙结构。

（5）金属胀锚螺栓连接法：适用于钢筋混凝土结构、砖墙结构。

3. 铝合金门窗的安装

（1）工艺流程：画线定位→门窗框安装就位→门窗框固定→门窗框与墙体间隙填塞→门窗扇及玻璃安装→五金配件安装。

（2）画线定位：门窗安装在内外装修基本结束后进行，以避免土建施工的损坏；门窗框的上下口标高以室内50线为控制标准，外墙的下层窗应从顶层垂直吊正。

（3）安装就位：根据门窗定位线安装门窗框，并调整好门窗框的水平、垂直及对角线长度，符合标准后用木楔临时固定。

（4）门窗框固定：门窗框校正无误后，将连接件按连接点位置卡紧于门窗框外侧。

当采用连接条焊接连接时，连接条端边与钢板焊牢；当采用燕尾铁角连接时，应先在钻孔内塞入水泥砂浆，将燕尾铁角塞进砂浆内，再用螺钉穿过连接件与燕尾铁角拴牢。

当采用金属胀锚螺栓连接时，应先将胀锚螺栓塞入孔内，螺栓端伸出连接件，套上螺母栓紧；当采用射钉连接时，每个连接点应射入2枚射钉。固定点间距不大于500mm。

（5）门窗框与墙体缝隙填塞：设计未规定填塞材料品种时，应采用矿棉或玻璃棉毡条分层填塞缝隙，外表面留5～8mm深槽口填嵌密封胶，严禁用水泥砂浆填塞。

（6）密封胶的填嵌：在门窗框周边与抹灰层接触处采用密封胶密封。密封胶表面应光滑、顺直、无裂纹。阳极氧化处理的铝合金型材严禁与水泥砂浆接触。

4. 断桥铝的介绍

断桥铝又叫"隔热断桥铝型材"，是用塑料型材将两层铝合金既隔开又紧密连接成整体，解决了铝合金传导散热快的致命缺点。断桥铝是目前节能建筑中推广使用的铝合金型材。

8.6.3 塑钢门窗的安装

1. 塑钢门窗的进场验收

（1）门窗外观：窗框要洁净、平整、光滑，大面无划痕、碰伤，型材无开焊断裂。

（2）窗框与窗扇的搭接量：平开窗的搭接量约为8～10mm；推拉窗扇与框的滑道根部的间隙为12mm（搭接量20mm）。

（3）排水孔：排水孔位置要正确、通畅，推拉窗的中间滑道也要开设排水孔。

（4）钢衬及玻璃：框、扇空腔内均应有钢衬，两端与腔口固定牢靠；玻璃安装平整牢固，且不可直接接触型材。

2. 塑钢门窗的安装

塑钢门窗安装采用预留洞口的方法，安装后洞口每侧有5mm的间隙，不得采用边安装边砌口或先安装后砌口的方法施工。

（1）施工准备：立框前，应对50线进行检查，并找好窗边垂直线及窗框下皮标高的控制线，同排窗应拉通线，以保证门窗框高低一致；上层窗杠安装时，应与下层窗框吊齐、对正。

（2）安装方法：有连接件法、直接固定法和假框法，固定点距窗角150mm，固定点间距不大于600mm。安装塑钢门窗，采用塑料膨胀螺钉连接时，需先在墙体上的连接点处钻孔，孔内塞入塑料胀管；采用预埋件连接时，需在墙体连接点处预埋钢板，窗台先钻孔。

（3）立框：按照洞口弹出的安装线先将门窗框立于洞口内，用木楔调整横平竖直，然后按连接点的位置，将调整铁脚卡紧门窗框外侧，调整铁脚另一端与墙体连接。

采用塑料膨胀螺钉连接时，用螺钉穿过调整铁脚的孔拧入塑料胀管中；采用预埋件连接时，调整铁脚用电焊焊牢于预埋钢板上；采用射钉连接时，将射钉打入墙体，使调整铁脚固定住。窗台处调整铁脚应先将其垂直端塞入钻孔内，水平端点再卡紧窗框，待窗框校正完后，再在钻孔内灌入水泥砂浆。

（4）门窗框洞口间隙的填塞

严禁用水泥砂浆作窗框与墙体之间的填塞材料，宜使用闭孔泡沫塑料、发泡聚苯乙烯、塑料发泡剂分层填塞，缝隙表面留 5～8mm 深的槽口嵌填密封材料。

（5）门窗扇的安装

安装五金配件时，应先在框、扇杆件上钻出略小于螺钉直径的孔眼，然后用配套的自攻螺钉拧入，严禁将螺钉用锤直接打入。

塑钢门窗交工之前，应将型材表面的塑料胶纸撕掉，如果塑料胶纸在型材表面留有胶痕，宜用香蕉水清洗干净。

8.6.4　建筑玻璃的选择及安装

常用的建筑玻璃有平板玻璃、吸热玻璃、反射玻璃、夹层玻璃、夹丝玻璃、磨砂玻璃、钢化玻璃、镀膜玻璃、防火玻璃等。

1. 普通平板玻璃

建筑工程中普通平板玻璃宜优先选用优质浮法玻璃。外墙窗、门扇玻璃厚度宜为 5～6mm；室内屏风等面积较大又有框架保护的玻璃厚度宜为 7～9mm；室内大面积隔断及栏杆处安装的玻璃厚度宜为 9～10mm；地弹簧玻璃门或人流较大的隔断之中玻璃厚度宜为 11～12mm。

2. 安全玻璃（见图 8.6.5）

建筑工程中单块面积大于 1.5m² 时必须使用安全玻璃。安全玻璃主要有防火玻璃、夹丝玻璃、钢化玻璃、夹层玻璃及防护玻璃等。

防火玻璃用于防火门窗、隔断墙、采光顶等既透明又防火的建筑部件中；夹丝玻璃防火性能优越兼具防盗性能，主要用于屋顶天窗、阳台窗。

(a)钢化玻璃自爆　　　　　(b)夹层玻璃检验

图 8.6.5　安全玻璃

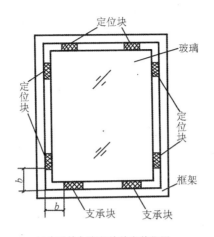

(c)支承块与定位块的安装位置

图 8.6.5　安全玻璃(续)

钢化玻璃的抗弯强度、抗冲击强度、能承受的温差分别是普通玻璃的3、5、3倍,同时改善了玻璃的易碎性质,钢化玻璃破碎也呈无锐角的小碎片。钢化玻璃广泛用作高层建筑门窗、玻璃幕墙、室内隔断、采光顶棚、玻璃护栏等的玻璃。其缺点一是钢化后的玻璃不能再进行切割和加工,二是钢化玻璃在温差变化大时有自爆的可能性。

夹层玻璃即使碎裂,碎片也会被黏在PVB中间膜上,能有效防止碎片坠落事件的发生。夹层玻璃有极好的抗震抗入侵能力。中间膜能抵御锤子、劈柴刀等凶器的连续攻击。

3.玻璃的安装

(1)玻璃下端不得与窗框直接接触,应用氯丁橡胶垫块将玻璃垫起。

(2)玻璃应放置在玻璃凹槽中间,内外间隙不小于2mm,否则密封困难;同时内外间隙也不能大于5mm,否则胶条起不到挤紧、固定作用。

(3)玻璃的密封与固定:首先用橡胶条嵌入凹槽挤紧玻璃,然后在胶条上注入硅酮密封胶;再用10mm长橡胶块挤住玻璃,然后在凹槽中注入硅酮密封胶;最后将橡胶条压入凹槽、挤紧,表面不再注胶。

8.6.5　门窗安装质量的验收

(1)提供质量证明文件:材料产品合格证书、性能检测报告、进场验收记录和复验报告。

(2)隐蔽验收项目:预埋件和锚固件,隐蔽部位的防腐、填嵌处理。

(3)验收批的划分:相同品种、类型和规格的门窗每100樘为一检验批,每检验批至少抽查5%,且不少于3樘;高层建筑的外墙窗,每检验批至少抽查10%,且不少于6樘。

(4)性能指标的复验:外墙金属窗、塑钢窗的抗风压性能、空气渗透性能和雨水渗漏性能。

8.6.6　门窗节能的发展趋势

门窗节能是建筑节能的关键部件之一,门窗节能有三个发展趋势:

(1)窗型:推拉窗不是节能窗,淘汰推拉窗,保留平开窗、固定窗,发展平开带悬转等新窗型是发展趋势。

(2) 玻璃：主要推广使用 Low-E(又称低辐射玻璃)中空玻璃。

(3) 型材：发展复合型型材。如铝塑复合窗、木铝复合窗等。

【实训五】 墙面抹灰

实训任务：

完成 1.2m×4m 的标准墙单面抹灰。

施工要求：

要求完成制作标志块、标筋，底层抹灰、中层抹灰，做阳角护角、抹罩面灰等操作。

操作步骤：

1. 施工前准备

(1) 主要材料：水泥、砂、石灰膏等，实训宜用 1∶3 石灰砂浆代替其他砂浆，这样有利于工作面的及时清理及材料的重复使用。标志块、标筋抹灰的材料用量比较少，故可采用手工拌制。实际工程施工应按设计要求选用材料。

(2) 主要机具：砂浆搅拌机、手推车、2m 靠尺、方尺、铝合金刮板、木抹子、铁抹子、灰桶、脚手架、脚手板等。

(3) 现场准备：砌体完成后应隔一段时间待墙体稳定后才能抹灰，以防止抹灰层开裂。

2. 清理基层

(1) 清理基层表面的灰尘、油渍、污垢以及砖墙面的余灰等；

(2) 对突出墙面的灰浆和墙体应凿平；

(3) 上灰前应对砖墙基层提前浇水湿润。

3. 做标志块(贴灰饼)

(1) 上灰前用用托线板检查墙面的平整和垂直情况，然后确定抹灰厚度。

(2) 做标志块，先在 1.1m 高处、墙面两近端处(或距阳角或阴角 150～200mm 处)，根据已确定的抹灰的厚度，用 1∶3 水泥砂浆做成约 50mm 见方的上标志块。先做两端，用托线板做出下部标志块。

(3) 引准线：以上、下两个标志块为依据拉准线，在准线两端钉上铁钉，挂线作为抹灰准线。然后依次拉好准线，每隔 1.2～1.5m 做一个标志块。

4. 做标筋(也称"冲筋")

(1) 先将墙面浇水湿润，再在上、下两个灰饼之间抹一层砂浆，其宽度为 60～70mm，接着抹两层砂浆，形成梯形灰埂，并比标志块高出 1～2mm。手工抹灰时一般冲竖筋。

(2) 连续做好几条灰埂后，以标志块为准用刮尺将灰埂搓到与标志块一样平为止，同时要将灰埂的两边用刮尺修成斜面，形成标筋。

(3) 用刮尺搓平前，连续抹几条灰埂，要根据墙面的吸水程度来定。吸水快时要少抹几条，吸水慢时要多抹几条，否则会造成刮杠困难。筋埂抹好后，可用刮尺两头紧贴灰饼，上下或左右搓，直至把灰埂搓出与灰饼齐平为止。

5. 底层抹灰

先薄薄地抹一层1：3的石灰砂浆与基层黏结。

6. 中层抹灰

待底层灰有一定强度后（手触及不软），用木抹子压实搓毛，待其收水后，即可上中层。紧接着分层抹至与标筋之间的墙面砂浆抹满。抹灰时一般自上而下、自左向右涂抹，其厚度以垫平标筋为准，然后用短刮尺靠在两边标筋上，自上而下进行刮灰，并使其略高于标筋，再用刮尺赶平。最后用木抹子搓实。

7. 做阳角护角

首先清理基层并浇水湿润，用钢筋卡或毛竹片固定好靠尺后，校正使其垂直，并与相邻两侧标筋相平，然后用1：2石灰砂浆分层抹平，等砂浆收水后拆除了靠尺，再用阳角抹子抹光，最后用铁板50mm外的砂浆切成直槎。

8. 抹罩面灰

当底子灰六七成干时，就可抹罩面灰了。如果底子灰较干，应先洒水湿润。用铁抹子从边角开始，自左向右，先竖向薄薄抹一遍，再横向抹第二遍，厚度约为2mm，并压平压光。

9. 质量验收、拆除

本项目检查分为学生分组互检和教师组织检查两次，其中学生互检情况也要纳入实习考核范围。质量关键是黏结牢固，无开裂、空鼓与脱落，如果黏结不牢，出现空鼓、开裂、脱落等缺陷，会降低对墙体的保护作用，且影响装饰效果。

检查完毕后，在教师指导下有序进行抹灰的拆除工作，打扫干净并清理好现场，交还工具。

【实训六】 瓷砖粘贴

实训任务：

在1.2m×4m标准墙背面水泥砂浆抹灰基层面上完成200mm×300mm规格瓷砖镶贴。

施工要求：

(1) 镶贴前墙面洒水湿透；

(2) 应选用材质密实、吸水率不大于18％的质量较好的瓷砖，以减少裂缝的产生；

(3) 瓷砖粘贴必须牢固，满贴法施工的瓷砖应无空鼓、裂缝。表面平整、洁净、颜色一致，拼缝均匀，周边顺直，阴阳角方正。瓷砖接缝应平直、光滑。嵌缝无脱断，应连续、密实；宽度和深度应符合设计要求；

(4) 粘贴前面砖要浸泡透，将有隐伤的面砖挑出。应使用和易性、保水性较好的砂浆粘贴。操作时不得用力敲击砖面，防止产生隐伤；

(5) 瓷砖黏结砂浆厚度控制在7～10mm，过厚或过薄均易产生空鼓。

操作步骤：

基层处理 ⟶ 抹底子灰 ⟶ 抄平放线 ⟶ 贴标志块 ⟶ 镶贴瓷砖 ⟶ 擦缝

1. 基层处理

(1) 墙面凹凸太多的部位应予剔平或用1：3水泥砂浆补平，表面太光的要凿毛，或用1：1水泥砂浆掺加107胶抹一薄层。

（2）清除表面污垢、油漆，洒水湿润。

2. 抹底子灰

抹底灰的操作包括装档、刮杠、搓平。底灰装档要分层进行。当标筋完成 2h，达到一定强度就要进行底层砂浆抹灰。底层抹灰要薄，使砂浆牢固地嵌入砖缝内。一般应从上而下进行，在两标筋之间的墙面上砂浆抹满后，即用长刮尺两头靠着标筋，从上而下进行刮灰，使抹的底层灰与标筋面略低，再用木抹子搓实，并去高补低。

中层砂浆抹灰应待底层灰七八成干后方可抹中层砂浆层，一般应从上而下，自左向右涂抹。中层抹灰其厚度以垫平标筋为准，并使其略高于标筋。

中层砂浆抹好后，即用刮尺刮平。凹陷处即补抹砂浆，然后再刮，直至平整为止。紧接着要用木抹子搓磨一遍，使其表面平整、密实。

3. 抄平放线

弹出水平控制，进行皮数设计，水平皮数从顶向下排列设计皮数，竖直皮数从阳（阴）角等次要位置排列设计皮数。

4. 贴标志块

利用砖的阴、阳角挂直，中间距离为 1.5～1.8m 上下对齐，左右在同一标高上。

5. 镶贴瓷砖

先照图 8.7.1 排好底砖，根据标志块厚度确定镶贴厚度（素浆为 3～5mm，砂浆为 5～7mm）。然后由下往上镶贴，并随时检查质量、自检、划缝清理。瓷砖水平和竖直缝偏差不能超过 1.5mm。

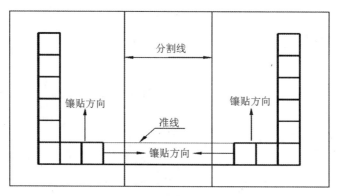

图 8.7.1　瓷砖的镶贴方向

6. 擦缝

瓷砖贴好隔一天，先用清水将砖全面湿润，用棉纱抹擦干，然后用白水泥加水调成稠粥状水泥浆，然后用刮板将水泥将往缝里刮满、刮实、刮严，要求粗细均匀，溢出砖面的水泥浆随手用抹布擦干净，最后换干净棉纱擦出瓷砖原有本色。

7. 质量检验与拆除

瓷砖镶贴完后，要进行质量检查。饰面砖粘贴的允许偏差和检验方法如表 8.7.1 所示。

表 8.7.1　饰面砖粘贴允许偏差和检验方法

项次	项　目	允许偏差/mm	检 验 方 法
1	立面垂直度	2	用 2m 垂直检测尺检查
2	表面平整度	1.5	用 2m 靠尺和塞尺检查
3	接缝直线度差	2	拉 5m 线,用钢直尺检查
4	接缝高低差	0.5	用钢直尺和塞尺检查
5	接缝宽度	1	用塞尺检查
6	阴阳角方正	2	用直角检测尺检查

检查完毕后,在教师指导下有序进行抹灰的拆除工作,打扫干净并清理好现场,交还工具。

本章小结

本章就装饰装修工程施工的内容进行了详细的阐述,内容不仅涵盖了抹灰工程、饰面工程、楼地面工程、吊顶工程、涂料及刷浆工程、门窗工程等材料、施工质量要求,而且对各分项工程施工工艺进行了详细的介绍。通过本章学习,学生可以获得一般建筑装饰装修工程现场施工和质量监督的初步工作能力,能正确阅读和理解装饰装修工程规范、规程、技术交底资料,熟悉其材料、施工工艺、验收标准,为今后完成施工岗位工作任务打下良好的专业基础;另外对建筑装饰工程的现状和发展方向有个大致了解。

思考题

1. 一般抹灰做灰饼冲筋的目的是什么?

2. 常用一般抹灰有哪些做法?装饰抹灰有哪些做法?

3. 试述一般抹灰有哪几个层次?各层次起何作用?

4. 饰面板材有哪些品种?

5. 试述天然花岗岩安装施工工艺。

6. 简述卫生间或厨房间采用釉面砖镶贴施工工艺。

7. 哪些饰面砖镶贴前要浸水湿润?有何要求?

8. 简述楼地面的组成层次。

9. 楼地面一般分为哪几类?

10. 简述水泥砂浆地面的施工工艺要点并收集专项施工方案。

11. 简述水磨石地面的施工工艺要点并收集专项施工方案。

12. 吊顶一般由哪几部分组成?

13. 吊顶有什么功能?吊顶龙骨安装的一般程序是什么?

14. 涂料的功能有哪些?涂料施工应具备哪些基本条件?

15. 涂料施工程序具体是怎样的?

16. 试说明后塞口安装木门窗施工工艺。

17. 试说明铝合金门窗的安装工艺要点。

18. 试说明常用建筑玻璃的种类。

19. 试说明玻璃幕墙安装施工工艺。

20. 涂料的功能有哪些?涂料施工应具备哪些基本条件?

21. 涂料施工程序具体是怎样的?

22. 真石漆施工工艺要点有哪些?

习题

1. 在抹灰工程中,主要起找平作用的是( )。
   A. 基层 　　　　 B. 底层 　　　　 C. 中层 　　　　 D. 面层

2. 在墙面抹灰施工过程中,基层处理后的下一道工序是( )。
   A. 找规矩、做灰饼 　 B. 抹底灰 　　　 C. 浇水湿润基层 　 D. 做标筋

3. 墙面修整、弹线、打孔—固定连接件—安装板块—调整固定—嵌缝—清理,该工艺是( )。
   A. 湿挂法 　　　 B. 干挂法 　　　 C. 铺贴法 　　　 D. 挂灌法

4. 在湿作业安装法安装大规格石材饰面板时,抹底层砂浆后的一道工序是( )。
   A. 弹线分格 　　 B. 排块材 　　　 C. 浸块材 　　　 D. 贴灰饼

5. 基层处理—试拼—弹线—试排—刷水泥素浆及铺砂浆结合层—铺砌板块—灌缝、擦缝—养护—打蜡,这是( )施工的流程。
   A. 拼花面层 　　 B. 饰面面层 　　 C. 整体面层 　　 D. 板块面层

6. 用油漆刷、排笔等将涂料刷涂在物体表面上的一种施工方法,称为( )。
   A. 滚涂 　　　　 B. 刷涂 　　　　 C. 刮涂 　　　　 D. 弹涂

7. 下列各项不属于涂料主要施工方法的是( )。
   A. 弹涂 　　　　 B. 喷涂 　　　　 C. 滚涂 　　　　 D. 刷涂

8. 塑料门窗在运输和存放时,应( )排放,樘与樘之间用非金属软质材料隔开。
   A. 水平 　　　　 B. 竖直 　　　　 C. 倾斜 　　　　 D. 反向

9. 饰面工程中的饰面板主要有( )。
   A. 釉面瓷砖 　　 B. 外墙面砖 　　 C. 陶瓷锦砖 　　 D. 大理石

10. 下列选项中,属于砂浆按用途划分的是( )。
    A. 水泥砂浆 　　 B. 预拌砂浆 　　 C. 轻质砂浆 　　 D. 抹面砂浆

11. 幕墙的硅酮结构密封胶还应有国家指定检测机构出具的( )试验报告,双组分硅酮结构胶应有均匀性及拉断试验报告。
    A. 相容性 　　　 B. 剥离黏结性 　 C. 防水性 　　　 D. 强度
    E. 耐久性

12. 幕墙工程完成后,应有( )性能检测,由检测单位出具检测报告。
    A. 抗风压性能 　 B. 空气渗透性能 　 C. 平面变形性能

D. 雨水渗透性　　　E. 抗震性能

13. 石材地面一般采用( )mm 厚 1：4 干硬性水泥砂浆找平。

　　A. 20　　　　　　B. 30　　　　　　C. 40　　　　　　D. 50

14. 铝合金龙骨悬吊式顶棚主龙骨是承重龙骨,其间距一般为( )mm 左右,安装时,第一根主龙骨离墙面距离不大于 200mm。

　　A. 1000　　　　　B. 800　　　　　　C. 600　　　　　　D. 500

15. 灯具安装时其重量大于( )时,必须固定在螺栓或预埋吊钩上。

　　A. 1kg　　　　　B. 2kg　　　　　　C. 3kg　　　　　　D. 4kg

16. 嵌入式灯具一般安装在有吊平顶的顶棚上,当设计无规定时,安装于轻质吊平顶上的灯具重量不得大于( )。

　　A. 0.5kg　　　　B. 1kg　　　　　　C. 1.5kg　　　　　D. 2kg

17. 石灰硬化的理想环境条件是在( )中进行。

　　A. 水　　　　　　B. 潮湿空气　　　C. 干燥空气　　　D. 水或空气

18. 石灰在硬化过程中蒸发掉大量的水分,引起体积的显著( ),容易产生裂纹。

　　A. 膨胀　　　　　B. 变形　　　　　　C. 收缩　　　　　　D. 徐变

19. 石灰熟化过程中的"陈伏"是为了( )。

　　A. 有利于结晶　　　　　　　　　B. 蒸发多余水分

　　C. 消除过火石灰的危害　　　　　D. 降低发热量

20. 抹面砂浆中掺入适量的麻刀或玻璃纤维,目的是( )。

　　A. 改善工作性　　B. 提高抗裂性　　C. 提高耐久性　　D. 提高黏结强度

习题答案

第一章　AAAAB　CDDAB　AADCA　DBACA

第二章　ADDCB　ACDAC　BC

第三章　BBDDA　CCAAC　BCBCB　ACCBA

第四章　CACDB　DCBCB　BAADA　BBBCA

第五章　BCBAA　ACCAC

第六章　BBCBD　BBDCB　CDCAB　BDABB

第七章　BABDA　DADCC　BB

第八章　CABAD　BABDD　(AB)(ABD)AAC　ACCCB(注：有两题为多选题)

参考文献

[1] 中华人民共和国住房和城乡建设部.建筑工程施工质量验收统一标准：GB 50300—2013[S].北京：中国计划出版社,2013.

[2] 中华人民共和国住房和城乡建设部.砌体结构工程施工质量验收规范：GB 50203—2011[S].北京：中国计划出版社,2011.

[3] 中华人民共和国建设部,国家质量监督检验检疫总局.建筑地基基础工程质量验收规范：GB 50202—2002[S].北京：中国计划出版社,2002.

[4] 中华人民共和国住房和城乡建设部.混凝土结构工程施工质量验收规范：GB 50204—2015[S].北京：中国建筑出版社,2002.

[5] 中华人民共和国住房和城乡建设部.建筑地基基础设计规范：GB 5007—2011[S].北京：中国建筑工业出版社,2010.

[6] 中华人民共和国建设部,国家质量监督检验检疫总局.建筑装饰装修工程质量验收规范：GB 50210—2001[S].北京：中国计划出版社,2001.

[7] 中华人民共和国住房和城乡建设部.建筑地面工程施工质量验收规范：GB 50209—2010[S].北京：中国计划出社,2002.

[8] 中华人民共和国住房和城乡建设部.建筑地基处理技术规范：JGJ 79—2012[S].北京：中国建筑工业出版社,2012.

[9] 中华人民共和国住房和城乡建设部.建筑施工模板安全技术规范：JGJ 162—2008[S].北京：中国建筑出版社,2008.

[10] 中华人民共和国建设部.建筑桩基技术规范：JGJ 94—2008[S].北京：中国建筑工业出版社,2008.

[11] 中华人民共和国住房和城乡建设部.建筑基坑支护技术规程：JGJ 120—2012[S].北京：中国建筑工业出版社,2012.

[12] 江正荣.建筑地基与基础施工手册[M].2版.北京：中国建筑工业出版社,2005.

[13] 史佩栋.实用桩基工程手册[M].北京：中国建筑工业出版社,1999.

[14] 朱永祥.地基基础工程技术[M].合肥：中国科学技术大学出版社,2008.

[15] 肖先波.地基与基础[M].上海：同济大学出版社,2009.

[16] 本书编写组.砌筑工长上岗指南：不可不知的 500 个关键细节[M].北京：中国建材工业出版社,2012.

[17] 畅艳惠等.砌筑工长一本通[M].北京：中国建材工业出版社,2009.

[18] 宋功业.砌体结构工程施工[M].天津：天津大学出版社,2010.

[19] 钟振宇.建筑施工工艺实训[M].2版.北京：科学出版社,2015.

［20］周良,邵疆蓉.建筑施工技术与工艺［M］.北京:高等教育出版社,2013.

［21］张建荣,董静.建筑施工操作工种实训［M］.上海:同济大学出版社,2011.

［22］房贞政.预应力结构理论［M］.北京:中国建筑工业出版社,2014.

［23］李晨光等.预应力结构设计及工程应用［M］.北京:中国建筑工业出版社,2013.

［24］姚谨英等.预应力结构设计及工程应用［M］.北京:中国建筑工业出版社,2013.

［25］施岚青,陈嵘.预应力混凝土应用技术［M］.北京:中国建筑工业出版社,2004.

［26］高树栋,李久林,邱德隆.国家体育场(鸟巢)工程主钢结构吊装技术［J］.建筑技术,2007,38(7):488～495.

［27］余厚极.简明结构吊装手册［M］.北京:中国建筑工业出版社,1995.

［28］梁建智.结构吊装工程［M］.2版.北京:中国建筑工业出版社,2001.

［29］魏群.常用起重机械速查手册［M］.北京:中国建筑工业出版社,2009.

［30］卜一德.起重吊装计算及安全技术［M］.北京:中国建筑工业出版社,2008.

［31］欧阳命.简述装配式钢筋混凝土单层工业厂房结构吊装［J］.山西建筑,2008,34(25):155～156.

［32］刘永强.建筑防水工程施工［M］.北京:人民交通出版社,2011.

［33］徐峰,邹侯招.建筑涂料技术与应用［M］.北京:中国建筑工业出版社,2009.

［34］赵志缙等.建筑施工［M］.上海:同济大学出版社,2004.

［35］杨橙宇,周和荣.建筑施工技术与机械.北京:高等教育出版社,2002.

［36］姚谨英.建筑施工技术［M］.3版.北京:中国建筑工业出版社,2007.

［37］王明义,曾繁锋.主体结构施工［M］.武汉:中国地质大学出版社,2007.

［38］方承训,郭立民.建筑施工.北京:中国建筑工业出版社,1997.

［39］卢循.建筑施工技术.北京:中国建筑工业出版社,1991.

［40］丁克胜.土木工程施工［M］.武汉:华中科技大学出版社,2009.

［41］张保兴.建筑施工技术［M］.北京:中国建材工业出版社,2010.